新 군대윤리

新 군대윤리

2021년 8월 20일 초판 인쇄
2021년 8월 25일 초판 발행

지은이 고성진 · 김병진 · 나승학 · 강찬영 | **펴낸이** 이찬규 | **펴낸곳** 북코리아
등록번호 제03-01240호 | **전화** 02-704-7840 | **팩스** 02-704-7848
이메일 sunhaksa@korea.com | **홈페이지** www.북코리아.kr
주소 13209 경기도 성남시 중원구 사기막골로 45번길 14 우림2차 A동 1007호
ISBN 978-89-6324-793-9 (93390)

값 20,000원

新 군대윤리

군 인성교육 강화를 위한
필수교재

고성진 · 김병진 · 나승학 · 강찬영 지음

북코리아

머리말

우리 사회를 떠들썩하게 만드는 사건들의 한복판에는 소위 성공한 사람들의 도덕적 해이(moral hazard)가 자리하고 있음을 본다. 무한경쟁에서 살아남아 사회의 지도층이 되었지만, 자신들의 성공과 성취를 지탱할 만한 인격과 도덕성을 갖추지 못해 자신은 물론이고 조직까지 위기에 처하게 만드는 경우를 종종 보게 된다. 리더에게 윤리적 소양은 더 이상 선택의 문제가 아니라, 개인과 조직의 필수적인 덕목이 된 지 오래다. 과거 눈앞의 이윤만을 추구하던 기업들도 앞다투어 윤리경영, 기업의 사회적 책임(CSR: Corporate Social Responsibility) 등의 문제에 관심을 가지기 시작했고, 이는 단지 기업의 이미지 관리 차원이 아니라, 이윤추구 더 나아가 생존이 걸린 본질적인 문제로 간주되고 있다.

군조직도 마찬가지이다. 군은 기업과는 비교할 수 없는 높은 수준의 도덕성이 요구되는 집단이다. 또한 군은 사적인 이윤추구가 아닌, 공적인 목적을 다하기 위해 만들어진 조직으로, 존재 자체가 사회적 책임을 전제하고 있다고 해도 과언이 아니다. 이러한 태생적 역할을 제대로 수행하기 위해, 무엇보다 구성원들의 마음가짐이 매우 중요하다. 특히 조직의 리더인 간부들의 능력만큼이나 도덕성이 요구된다. 군인의 삶과 윤리는 분리된 것이 아니라 불가분리의 관계로 연결되어 있고, 군대윤리는 군조직에서 빠질 수 없는 주제가 되었다. 아무리 유능한 지도자라 하더라도 윤리적인 문제를 일으키게 되면 그 조직은 제대로 기능을 수행할 수 없으며, 이는 군의 사기와 대군 신뢰도에 직접적인 영향을 주게 된다.

특히 군대는 국민의 안전을 지키기 위해 전쟁을 준비하며, 무력을 사용하고, 살상(殺傷)을 전제로 훈련이 진행된다. 군의 강력한 군사력은 무력을 억제하고, 평화를 유지하는 데 사용될 수도 있지만, 반대로 파괴의 도구가 될 수도 있기 때문에, 도덕성과 관련하여 리더의 역할은 강조될 수밖에 없다. "전쟁과 사랑에는 모든 것이 용납된다"는 말이 보여주듯이, 과거에는 승리를 위해 윤리를 무시했던 시절도 있었다. 하지만 윤리적 고려 없는 전쟁수행은 수많은 문제를 만들어내고, 전쟁을 수행하는 개인의 전투의지에 심각한 영향을 주었으며, 심지어 전쟁을 패배로 이끌기도 했다. 이제는 군인이 윤리적 소양을 갖추는 것은 임무수행, 특히 전쟁승리를 위해 필수적인 요소라는 인식이 자리하게 되었다. 우리 시대에 있어서, 군대 리더의 윤리성 확립은 개인의 발전은 물론 부대의 전투력 향상에 기여하고 나아가 군에 대한 대국민 신뢰와 지지를 이끌어내는 데 필수적인 요소라 할 수 있다.

이 책은 이러한 문제의식을 바탕으로, 대학 수준의 과정에서 군대윤리를 교육하기 위해 필요한 기본적인 내용들을 담고 있다. 본 서의 내용은 총 다섯 가지 주제로 구성되어 있다. 구체적인 내용을 간략히 소개하면 다음과 같다. 제1부에서는 군대윤리 전반에 대한 이해를 위해 군대윤리의 개념과 철학적 기반 그리고 군대윤리에 바탕을 둔 군인상을 다룬다. 제2부에서는 직업윤리로서의 군인윤리의 의미, 관점, 실천을 다룬다. 제3부에서는 리더와 군대윤리의 관계이해, 리더십의 윤리적 관점, 리더의 윤리적 실천과제 등을 다룬다. 제4부에서는 전쟁윤리와 관련하여 필요성, 다양한 관점, 정의로운 전쟁을 다룬다. 제5부에서는 군인과 성윤리라는 주제로 군인과 양성평등의 관계, 전쟁 시 성폭력 범죄를 다룬다. 그리고 각 주제마다 부록으로 군대윤리와 관련된 여러 사례들을 소개하고, 이와 관련된 토의질문을 통해 윤리적 논의들이 탁상공론에 그치지 않고, 실제상황에서 적용될 수 있도록 했다.

아무쪼록 이 책이 군대의 리더가 되기 위해 준비하는 학생들에게 군대윤리를 이해하고 실천하는 데 있어서 성공적인 길잡이가 되었으면 하는 바람이다. 물론 이 책으로 군대윤리의 모든 문제를 이해하고, 준비할 수 있다고 생각하지 않는다. 단지 군을 이끌어갈 리더로서 갖추어야 할 최소한의 윤리적 소양을 위한 문제제기와 출발점이 되었으면 한다.

2021년 8월

저자 일동

추천사

—

군 간부와 후보생의 윤리의식 강화에 꼭 필요한 최고의 교재

세상이 빠르게 변화하고 있습니다. 먼 미래의 이야기이며 공상과학 영화 속에서나 있을 법했던 일들이 4차 산업혁명으로 인해 우리의 삶을 빠르게 변화시키고 있습니다. 사물과 인터넷이 결합하고, 인공지능이 사람을 대신하여 생각하고 결정하고 조치하는 등 컴퓨터가 없는 세상은 상상할 수 없을 정도로 인간의 생활양식은 물론 사고마저도 바꿔놓고 있습니다. 군에서도 이제 드론으로 목표물을 감시하고 정찰함은 물론, 주요 시설과 장비를 파괴하고 적 지휘관을 핀셋 공격으로 완벽하게 제압하는 사례를 목도할 정도로 4차 산업혁명은 우리 생활에 깊숙이 자리하고 있습니다. 하지만 세상이 아무리 변하고 군이 과학화되고, 사이버전과 전자전을 치르는 시대가 되었다 하더라도 절대 변해서는 안 되는 것들이 있습니다. 비록 대면보다 비대면이 일상화되고 첨단 과학기술을 응용한 사이버전, 전자전을 치르는 시대라 할지라도 윤리적 가치만큼은 더욱 소중하게 가꾸고 발전시켜나가야 합니다. 동서고금을 막론하고 군대윤리는 그 자체로서 민주군대의 생명선이며, 전투력의 바탕이 되는 역할을 하고 있기 때문입니다.

독자 여러분도 잘 알고 계시듯, 우리 군은 거대한 국민교육의 도장이면서 건전한 인격을 형성하고 애국심을 일깨우는 사랑의 용광로이며, 동시에 적과 싸워 이길 수 있는 임전무퇴의 기상을 함양하는 수련 도장이기도 합니다. 그런데 이러한 군에서 경계근무를 소홀히 하여 감시 공백을 초래하는가 하면, 성추행 사건과 급식문제 등을 야기하여 국민들이 군을 걱정하는 소리가 커지고 있어 매우 안타까운 심정입니다. 심지어 군내에 윤리와 도덕이 무너져 간다고 걱정하는 소리가 들릴 때마다 저의 마음에 안타까움과 죄책감마저 들고 있습니다. 아마도 제가 육군에서 21년간 복무한 예비역 장교이기 때문에 더욱 그러한 생각이 드는 것 같습니다.

사실 저는 전역 이후 지금까지 죽도록 군을 사랑하고 나라와 군을 위해 항상 기도하며 살겠다고 다짐하고 또 실천해왔습니다. 전역 후 사회에 나왔을 때, 군은 제게 생존의 바탕이 되어주었고, 군에서 터득한 야전교범은 바른 경영의 매뉴얼이 되어주었을 뿐만 아니라, 군에서 배우고 익힌 도덕과 윤리는 제 삶의 준거가 되어주었습니다. 그래서인지 군대윤리를 잘 체득하고 실천하는 장병들로 구성된 부대는 전장에서 승리함은 물론, 개개의 부대원들 역시 사회에 나와서도 어떤 분야에서 어떠한 일을 하더라도 반드시 자기 역할을 훌륭하게 수행할 수 있을 것이라고 굳게 믿고 있습니다.

이러한 차에 군 간부와 후보생들의 윤리학습을 위한 『新군대윤리』 교재가 발간되어 정말 기쁘게 생각하며, 군의 기강은 물론, 윤리의식을 강화하는 데 크게 쓰임 받을 것으로 기대하고 있습니다. 무엇보다 이 책을 저술한 고성진 박사는 이론과 실제를 터득한 군대윤리의 최고 전문가입니다. 아울러 20여 년 이상 그를 지켜보고 토론하면서 제가 많이 배우고 깨달으며 감사했습니다. 얼마 전 임관 30주년 행사를 치르고 전역을 준비하고 있는 그를 보면서, 이 소중한 인재를 군에서 활용하지 못함을 군 지휘부에 항의도 하고 간언도 하였으나 이제 우리 군을 위하여 더 큰 임무가 주어진 것으로 보고 전역을 축하하고 싶습니다. 후배들을 위한 새로운 윤리교육과 코칭으로 또 군을 위한 새로운 영역에서 헌신하라는 소명을 아름답게 잘 가꿔나가길 기대하고 성원합니다.

끝으로 이번에 발간한 『新군대윤리』가 군 장병들의 자기개발과 군 전력배양에 큰 성과가 있기를 기원합니다.

2021년 8월 11일

김승남

조은시스템 · 잡코리아 · 조은세이프 · 조은I&S · 조은문화재단 창업자
육군 대대 · 연대 · 사단 작전참모 역임, 61사단 179 연대장 역임, 중령 예편

추천사

—

올바른 윤리의식이 확립된 "군대다운 군대, 군인다운 군인"

예로부터 우리나라는 동방예의지국이라고 불릴 정도로 유교의 본향 중국보다 인과 의를 중시하고 예의범절이 뛰어난 나라로서 기라성과 같은 유교의 성현들을 배출해 왔습니다.

특히 조선의 성현 중 최고의 유학자인 퇴계 이황 선생께서는 늘 경계하고 삼가면서 두려운 마음을 유지하여 깨어나 있기를 요청하는 경(敬)을 강조해 오신 것으로 잘 알려져 있으며, 경은 현대적 의미로 '양심(良心)의 자각(自覺)'이라고도 할 수 있습니다. 선생께서는 이 경에 대한 공부만이 중요한 것이 아니라 몸가짐이 중요하므로 경을 이해가 아니라 실천하라고 하시면서 생활 속에서 실천하는 생활윤리로 승화시키셨습니다.

이처럼 우리 민족은 도덕과 윤리의 중요성을 설파하고 실천해 오신 훌륭한 성현들의 영향으로 남다른 윤리의식이 확립된 나라로 발전해 왔습니다. 그러나 6 · 25전쟁과 급격한 산업화로 인해 전통적 가치들이 붕괴하고, 대가족이 핵가족으로 대체되는 과정에서 개인주의가 확산되고 물질만능주의가 팽배하면서 성현들의 고귀한 말씀과 철학은 고리타분한 이야기가 되고 말았습니다.

자식이 부모를 해하고, 부모가 자식을 학대하는 일마저 심심치 않게 들리고 있습니다. 성윤리가 타락하고 사제지간의 정과 질서가 무너져 가고, 공직자들마저 부패의 나락에 빠지는 일이 흔해진 요즘, 옛 성현의 가르침이 절실한 것은 저만의 생각이 아닐 것입니다.

그럼에도 불구하고 다행히 우리나라는 전인교육(全人教育)의 도장이라고 불리는 군대가 있어서, 윤리가 실종되어 가는 혼돈 속에서도 사회가 나름 건강을 유지하고 질서를 지켜나가고 있다고 생각합니다.

지난해 육군3사관학교를 방문하여 사관생도들을 대상으로 저의 인생관을 교육하는 기회가 있었습니다. 그 자리에서 반듯한 모습으로 앉아 초롱초롱한 눈망울로 저를 바라보고 있던 사관생도들을 떠올려 보면, 군이 전인교육기관으로서의 소임을 잘 수행하고 있다고 자신 있게 말할 수 있습니다.

하지만, 최근 언론을 통해 들리는 군대 내 각종 사건사고와 비윤리적 사고들은 마음에 안타까움을 더해가고 있습니다. 물론, 사회에서부터 윤리가 실종되어 가는 상황에서 군만 올바르게 가길 바라는 것 자체가 무리인지는 알지만, 군은 안보에 있어서 최후의 보루일 뿐 아니라, "군대 갔다 오더니 사람 되었네"라는 말이 무색하지 않을 정도로 전인교육의 도장으로서 역할을 잘 수행해 왔기 때문입니다.

따라서 군만큼은 사회와 다르기를 바라는 것이 국민 모두의 바람이라는 것을 인정한다면, 군에서도 청년들이 올바른 인격체로 성장하도록 끊임없이 지도하고 교육해야 할 것입니다.

이러한 차에 지역에서 평소 알고 지내던 고성진 박사가 오랜 군 생활과 학문적 경험을 토대로 군대윤리 도서를 새롭게 발간하게 되었다는 소식을 듣게 되었습니다. 그간 지켜본 고성진 박사와 저자들의 면면을 보면 우리 군에 윤리적 기풍을 새롭게 확산시킬 것이라 기대되며, 이 도서가 군에서 큰 역할을 할 것이라 믿어 의심치 않습니다.

모쪼록 저자들의 정성과 노력이 "올바른 윤리의식이 확립된 군대다운 군대, 군인다운 군인"이라는 열매로 결실 맺기를 바라며 추천사에 갈음합니다.

2021년 8월 11일

이재하

㈜삼보모터스 대표이사, 대구상공회의소 회장

추천사

—

군 인성교육 강화와 도덕성 함양의 핵심교재

군의 '간부 인성 바로 세우기' 운동은 몇 년 전부터 육군이 추진해오던 군 간부들의 인성함양을 위한 캠페인이자 실천전략입니다. 이 운동은 본인이 한국교총 회장으로 재직하면서 학교 인성교육 강화를 위해 노력하던 시기에 육군본부와 협약을 맺고 추진했던 관계로 남다른 관심을 가지고 참여했던 기억이 납니다.

사실 군에서 인성 바로 세우기 운동을 하게 된 계기는 전방 모 부대에서 일부 간부들의 무관심과 관리소홀 속에서 고참 병사들의 괴롭힘으로 인해 사망한 윤 일병 사건이 직접적인 원인이라고 할 수 있지만, 그전부터 존재해오던 군내 각종 악습을 털어내고 인간이 존중받는 새로운 군을 만들어나가자는 데 뜻이 모였기 때문입니다. 더불어 최근에 입대하는 장병들이 전통적인 가정교육이 부재한 환경 속에서 자라난 가운데, 사회와 학교에서도 인성과 관련한 충분한 교육을 받지 못한 채 성인이 되었기에 다양한 비도덕적인 현상들이 군에서도 속출하고 있기 때문입니다.

특히, 상명하복의 위계질서 속에서 움직이는 군의 특성상 간부들의 인성이 미흡하거나 지도할 역량이 확보되지 않을 경우, 본인 자신은 물론 휘하의 장병들도 인성을 제대로 함양할 수 없다는 것은 주지의 사실입니다.

이러한 측면에서 본인은 청소년기부터 인성이 바로 서야 한다는 생각으로 학교에서 인성강화운동을 추진해왔고, 또 다른 노력으로 군과 함께 인성교육을 강화하는 활동도 펼쳐왔습니다.

그 결과 군에서는 체계적인 인성교육 시스템을 구축하고 다방면으로 인성을 강화하기 위해 노력하게 되었고, 이전보다 군 장병들의 인성이 향상되는 결실을 거두고 있는 것으로 알고 있습니다.

하지만, 한 가지 아쉬운 것은 아무리 의지가 있고 노력을 기울인다고 하더라도 교육적 측면에서 인성을 다루기 위해서는 충분한 내용과 설명을 담은 교재가 함께 개발되어야 하는데 이 부분이 조금은 부족하지 않나 하는 생각이 듭니다. 이러한 차에 장차 군의 간부가 될 학생들을 교육하고 있는 군사학과와 부사관학과에서 사용될 『新군대윤리』 도서가 발간되어 정말 기쁘고 뜻깊게 생각합니다. 더욱이 교육학 박사이면서 군에서 정훈장교로 오랜 시간 정신전력을 연구하고 지도해온 고성진 박사와 군종장교로 20여 년을 근무하고 윤리학을 전공한 강찬영 목사님, 그리고 군사학과에서 학생들을 지도하고 있는 나승학, 김병진 교수님이 뜻을 모아 도서를 발간하였기에 더욱 의미가 있고 큰 쓰임을 받을 것이라 확신합니다.

모쪼록 『新군대윤리』 교재가 군 인성교육을 강화하고 장병들의 도덕성을 함양하는 데 크게 쓰임 받길 기대하며, 국군 장병들과 간부 후보생들이 일독하여 인성이 바로 선 가운데 싸우면 반드시 이기는 정예 국군을 만드는 데 기여하길 바랍니다. 감사합니다.

2021년 8월 11일

안양옥

전(前) 한국교총회장, 전(全) 한국장학재단 이사장

추천사

—

존중과 배려의 병영문화 정착에 꼭 필요한 핵심 콘텐츠

지난 2018년 제정된 군인의 지위 및 복무에 관한 기본법에는 "국군은 국민의 군대로서 국가를 방위하고 자유민주주의를 수호하며 조국의 통일에 이바지함을 그 이념으로 한다"라고 국군의 이념을 명시하고 있습니다.

여기에 나온 것처럼, 국군은 국민의 군대 즉, 국민으로 구성된 군대로서 국민 그 자체이며, 제복 입은 민주시민으로서 자유민주주의 국가의 시민입니다. 독재나 왕정, 사회주의 국가의 군대처럼 권력을 위해 존재하고, 폭력과 강압으로 운영되지 않으며, 오로지 국가와 국민을 위해 그리고 국민이 선택한 정치체제 즉 헌법에 명시된 국가의 정체성에 따라 운영되고 그것을 사명으로 여겨야 합니다.

따라서 우리 군은 자유민주주의적 가치를 존중하고 이를 구현하며 실천하는 데 헌신해야 함은 물론, 자유민주주의가 추구하는 최고의 가치인 인간의 존엄성을 구현하고 지키기 위해 자유와 평등, 복지, 사회정의라는 그 기본 원리를 준수해나가야 합니다.

특히, 육군 장병들의 의식개혁을 위해 새롭게 정립하여 실천해나가고 있는 '육군 핵심가치' 중에는 '상호존중'이라는 세부 덕목이 있습니다. 이것은 자유민주주의의 이념이 시민사회의 가치로 확대된 것으로서 자유와 평등의 조화 속에서 인간의 존엄성을 구현하고자 하는 천부인권설의 현대적 의미라고도 할 수 있습니다. 즉, 상호존중은 나의 인간 존엄성이 중요한 만큼 타인의 인간 존엄성도 중요하다는 것을 인정하는 것이 평등이며, 이 평등의 원리에 의해 개인의 자유와 인권이 존중되고 상호 견제되어야 한다는 것을 담고 있는 것입니다.

그러므로 자유민주주의 국가의 군인은 당연히 상호존중이라는 기본적인 민주적 가치, 어떻게 보면 헌법적 가치를 내면화하고 준수해야 하며, 실천 가능한 윤리의식을 겸비하고 윤리적 행동을 생활화해야 하는 것입니다.

하지만, 현재 우리 주변을 둘러보면 전근대적이고 윤리적이지 못한 일들이 가끔 벌어지고 있습니다. 다양한 부분에서 아직도 윤리의식이 미흡하고 국민들의 눈높이에 부합하지 못하고 있는 것도 사실입니다. 그뿐만 아니라 우리가 과연 도덕적이며 윤리적인가를 물어보았을 때, 결코 자신 있게 "그렇다"라고 말할 수 없는 것이 부끄럽기만 합니다.

군내에서도 간부들의 윤리의식이 확립되고 인성이 올바르게 정립되어야 선진 병영문화가 정착되고, 윤리적인 군대가 만들어질 수 있음에도 불구하고 변변한 교재와 강의록 하나 없는 현실이 늘 아쉬웠습니다.

이러한 차에 30여 년을 정훈장교로 헌신하면서 리더십과 교육학을 연구한 고성진 박사와 몇몇 뜻 있는 교수님들이 『新군대윤리』 교재를 새로이 발간한다니 정말 기쁘고 다행이라고 생각합니다.

이번에 발간하는 『新군대윤리』는 장차 군의 장교, 부사관이 되기를 희망하는 후보생과 일반대학 군사학과 학생들이 수업 시 교재로 활용함으로써, 우리 군내에 올바른 군대윤리를 확립하는 데 크게 기여할 것으로 확신합니다.

아무쪼록 장교 및 부사관 후보생은 물론, 기간 간부들에게도 올바른 군대윤리를 확립하는 데 도움이 되길 바라며, 본 서의 추천에 갈음합니다.

2021년 8월 11일

정재학

육군소장, 육군학생군사학교장

차례

제5부
군대와 성윤리

제1부

군대윤리의 이해

제1장
군대윤리의 이해

개요

본 장에서는 군대윤리의 기본적인 정의와 특성을 통해 군대윤리의 개념을 정립하고, 군대윤리의 유형을 통해서 리더윤리, 직업윤리, 전쟁윤리로 구분되는 군대윤리의 세부영역에 대한 기본적인 분류를 살펴보았다. 아울러, 군대윤리가 왜 필요한지를 미 육군의 『작전요무령』과 우리 국방부의 『간부용 군대윤리』 교재에 나와있는 내용인 전쟁의 효율성과 직업적 필요성에 기초하여 살펴보았으며, 이를 통해 올바른 군대윤리의 개념을 정립하고 실천을 위한 기초를 다질 것이다.

학습내용

1. 군대윤리의 개념
2. 군대윤리의 유형
3. 군대윤리의 필요성

1. 군대윤리의 개념

군대윤리의 개념과 특성을 잘 이해하기 위해서는 먼저 윤리학과 윤리가 무엇을 의미하는지 알아야 한다. 윤리학은 일반적으로 인간의 행위에 관한 여러 가지 문제와 규범을 연구하는 학문이다. 문제는 행위의 규범을 무엇으로 보느냐에 달려 있다. 규범이라는 것은 그것을 설정하는 입장에 따라 각양각색으로 나타낼 수 있다. 행위규범은 사회적 풍속 또는 습관을 의미하는 희랍어 'ethos' 또는 'mores'에서 유래한 말이다. 즉 관습[1]에서 발전되어 나온 조문화된 법률이나 규정도 행위의 규범이지만, 기독교의 십계명[2], 불교의 보살오계[3], 유교의 삼강오륜[4]에 이르기까지 행위규범은 다양하다.

그러나 이러한 개념의 규범들이 곧 윤리와 도덕이라고 말할 수는 없다. 그 이유는 모두가 타율적인 강제력으로 인간의 행위를 제약하는 것이므로, 행위자의 자율적인 의지와 판단을 통한 자유로운 행위를 보장해주지 못하기 때문이다. 아무리 자유로운 개인의 의지에서 나온 행

---

1 관습이란 어떤 사회에서 오랫동안 지켜 내려와 그 사회 구성원들이 널리 인정하는 질서나 풍습을 의미한다.

2 B.C. 13세기경 이스라엘 민족을 이집트에서 이끌어낸 모세가 시나이산에서 하나님으로부터 받았다는 10개 조의 계율로서, 유대교와 기독교의 근본 교리를 담고 있다.

3 보살계는 불교에서 보살이 지켜야 하는 계율을 의미한다. 다만, 협의의 관점에서 원광법사가 화랑에게 "불가에 지켜야 하는 보살계는 10개나 되나 너희가 세속에서 지켜야 할 다섯 가지를 준다"라고 하면서 하사한 세속오계를 의미하기도 한다.

4 유교의 도덕사상에서 기본이 되는 3가지의 강령(綱領)과 5가지의 인륜(人倫)을 의미한다. 이 중 삼강은 군위신강(君爲臣綱) · 부위자강(父爲子綱) · 부위부강(夫爲婦綱)을 말하며 이것은 임금과 신하, 어버이와 자식, 남편과 아내 사이에 지켜야 할 도리이다. 오륜은 맹자(孟子)에 나오는 부자유친(父子有親) · 군신유의(君臣有義) · 부부유별(夫婦有別) · 장유유서(長幼有序) · 붕우유신(朋友有信)의 5가지로, 아버지와 아들 사이의 도는 친애(親愛)에 있으며, 임금과 신하의 도리는 의리에 있고, 부부 사이에는 서로 침범치 못할 인륜의 구별이 있으며, 어른과 어린이 사이에는 차례와 질서가 있어야 하며, 벗의 도리는 믿음에 있음을 뜻한다.

위라 해도 그것이 그가 속해 있는 사회의 규범을 지키지 않을 때에는 그 행위를 도덕적이라 말할 수 없다. 결국 윤리, 도덕이란 사회적 · 객관적 규범과 개인의 자발적 의지와의 조화 속에 성립되는 것이다. 다시 말하면, 윤리란 "옳고 그릇된 것을 분별하며 선택 및 실천"하는 것을 의미한다. 따라서 윤리학은 인간의 행동기준, 행동규범, 행동법칙으로서 사람이 반드시 지켜야 할 도리를 연구하는 학문이라고 정의할 수 있다.

군대윤리는 '군대(軍隊)'와 '윤리(倫理)'가 합해진 용어이므로 군대윤리의 개념을 이해하기 위해서는 '군대'와 '윤리'의 의미를 이해하면 된다.

먼저 군대는 국토를 방위하고 국민의 생명과 재산을 보호하기 위해 존재하는 군인 조직이다. 이러한 군대는 안보기능과 교육기능을 수행하는데, 안보기능은 국가를 외부의 적으로부터 보위하는 기능이고, 교육기능은 국민의 자제들을 전인(全人)[5]으로 육성시키는 기능이다. 국민들은 대체로 "군대는 국민 교육도장이다, 군대 갔다 오면 사람이 된다"라고 생각하는데, 이는 국민들이 군대를 교육기능 수행기관으로 인정하는 것이라 할 수 있다. 그리고 이러한 군대는 '군인'에 의해 움직여진다는 점에서 군대윤리는 군인들로 하여금 해야 할 것과 해서는 안 될 것을 알게 하는 것으로 이해할 수 있다.

한편, 윤리란 인간으로서 마땅히 지켜야 할 도리를 일컫는다. 인간은 본래부터 사회적 동물인 까닭에 공동체적 삶을 살아갈 수밖에 없고, 이러한 공동체적 삶이 순조롭기 위해서는 법과 규정 등을 필요로 하게 되지만, 규제만으로 되지 않기 때문에 윤리를 필요로 한다. 이와 같은 윤리의 개념적 성격을 바탕으로 군대윤리 개념과 특성을 정의한다면 "군대윤리란 군인이 지녀야 할 가치, 태도, 행동의 규범체계"라고 할 수 있을 것이다.

---

5 완전한 인간, 즉 신체, 정신, 도덕 등 사회가 요구하는 모든 요소를 구비한 이상화된 인간

한편, 국방부는 간부용 『군대윤리』(2016) 교재를 통해 군대윤리란 "군인을 비롯한 군대의 구성원이 임무를 수행하거나 복무하면서 마땅히 따라야 할 행위윤리이자 지켜야 할 도리"라고 정의하고 있다. 군대를 구성하는 가장 핵심적인 기본요소가 인간이라는 점 때문에 군대윤리를 개인으로서 군인을 포함한 구성원의 행위윤리이자 규범으로 작용한다고 하면서 군대윤리의 정의에는 보편윤리와 마찬가지로 세 가지의 의미가 함축되어있다고 하였다. 즉 군대윤리는 군 임무수행 간에 부딪히게 되는 윤리적 갈등상황에서 행위의 주체가 옳고 그름을 판단할 수 있게 해주는 준거[6]이며 군대 공동체 생활의 원리라는 것이다.

2. 군대윤리의 유형

군대윤리 개념에서 두 가지 특성을 살펴보면 첫째는 "군대윤리란 군사 전문직업 수행과 관련하여 군인들의 옳고 그른 행동이 무엇인가?" 하는 규범적 측면을 다룬다는 것이고, 둘째는 군인들의 행위적 선택에 관련하여 도덕적(이성적) 분별작용을 다룬다는 것이다. 이는 군사 전문직업 수행과 관련된 규범적 측면에서 군대윤리의 핵심은 군 직업윤리의 문제이며, 군인의 도덕적 평가를 요하는 군인의 행동에 관련되는 군대윤리의 핵심은 전쟁윤리라 할 수 있다.

따라서 군대윤리는 군 직업윤리와 전쟁윤리로 구분된다. 그런데 이러한 군대윤리의 성격을 명쾌하게 규명하고 그 분류를 보기 위해서는 응용윤리(applied ethics)로서의 군대윤리의 특성을 통해서 살펴보아

6 어떤 사물의 특성을 판단하는 논리적(論理的) 근거를 말한다.

야 한다.[7] 그것은 군대윤리가 인간 공동체를 극한 상황으로 몰아가는 전쟁과 그 전쟁 속에서 수행되는 군대 임무의 특수성이 반영된 일종의 응용윤리이기 때문이다.

응용윤리의 관점에서 볼 때, 군의 리더는 전쟁과 같은 극한 상황에서도 목표를 향하여 공동의 힘을 모으는 핵심적인 역할을 수행해야 한다. 군대 내 리더의 도덕성은 그가 이끄는 부대와 조직의 윤리적 수준을 결정하기 때문에 군대윤리는 리더의 윤리가 먼저 정립되어야 한다. 또한 군의 구성원들은 일반사회와 달리 특수한 임무를 수행하지만 본질적으로 한 명의 직업인이라는 점에서 군대윤리는 직업인으로서의 정신자세와 태도에 대해서도 다루어야 한다. 그리고 군대윤리는 군대가 전쟁을 수행하기 위해 존재하는 조직이라는 점에서 전쟁에 대한 윤리적 인식과 관점의 준거를 제공해주기도 한다. 이러한 세 가지 속성을 고려할 때, 군대윤리는 군인의 가치관과 행동양식을 핵심내용으로 하는 리더윤리, 군 간부를 중심으로 하는 구성원들의 바람직한 직업적 가치관과 태도를 다루는 직업윤리, 그리고 전쟁 자체는 물론 전쟁 수행 전 발생하는 윤리적 딜레마를 추론하고 극복하도록 도와주는 전쟁윤리의 세 영역에서 다루어져야 한다(국방부, 2016). 이러한 군대윤리의 제 유형에 대해서 설명하면 다음과 같다.

첫째, 군대윤리는 하나의 직업윤리와 관련된 주제들을 다루게 된다. 우리나라와 같은 국민개병제(國民皆兵制)에서 직업인으로서의 군인은 장교와 부사관, 그리고 일부 특기병이 해당될 수 있다.[8] 직업윤리로서의 군대윤리는 군 자체가 일반적인 의미의 직업과는 같을 수가 없기

---

7 이재평 외, 『행동하는 양심 군대윤리』, 글로벌, 2014, pp. 13-15.

8 국민개병제(군대를 유지할 목적에서 국민에게 강제로 병역의 의무를 부과하는 제도, 징병제와 동의어로 사용됨)에서 병사들은 직업인으로 보기 어려우나 복무기간 동안은 자신에게 부여된 임무를 수행한다는 점에서 직업군인의 가치와 덕목의 준용은 가능할 것으로 보인다.

때문에 군대의 본질이나 기능, 그리고 존재 목적과 이유 등이 반영된 윤리체계가 되어야 한다. 즉 군 임무 수행의 특성과 군 본연의 가치가 반영되어야 한다. 특히 군대는 중요한 사회적 기능의 하나인 국가의 안보를 전문적으로 담당하는 전문직업이라는 점에서 군대윤리는 전문 직업윤리를 포함하게 된다.

둘째, 군대윤리는 도덕적 리더십에 관한 주제를 다루게 된다. 군대는 전투공동체라는 기본속성으로 인하여 조직이나 집단을 단위로 임무를 수행하게 된다는 점에서 그 조직이나 집단을 하나의 목표로 결집시킬 수 있는 리더십이 중요할 수밖에 없다. 상하관계, 동료관계 등 군대 내에서의 인간관계를 결속시키고 강한 응집력으로 부대의 전투능력을 배가시킬 수 있는 리더십은 군대윤리의 중심주제가 되어야 한다. 특히 군 간부의 리더십은 상관에 대한 부하의 신뢰가 핵심이기 때문에 도덕성이 핵심요소이다. 상하나 부하 간의 갈등을 차단할 수 있는 공정성이나 정의감과 같은 윤리의식, 타인을 배려하고 힘든 일에 솔선수범하는 태도 등은 리더십의 기본이 된다.[9]

셋째, 군대윤리는 전쟁윤리를 기본 내용으로 담게 된다. 군대윤리는 전쟁이라는 특수한 상황하에서 임무를 수행하거나 평시에는 그에 대비하는 준비를 하는 것이 전부여야 하는 군대의 특성을 반영한 윤리이기 때문이다. 전쟁윤리는 군대가 수행하는 전쟁 자체의 도덕적 정당성과 전쟁의 과정에서 제기되는 전쟁수단이나 군인의 행위에 대한 도덕성이라는 두 가지 주제를 중심으로 전개된다. 우선적으로 전쟁 자체는 물론 어떤 특정한 전쟁에 대한 도덕적 판단이 전쟁윤리의 중심주제이다. 전쟁은 보통의 사람들에게 악(惡)으로 인식되는 대상이다. 전쟁에서 야기되거나 발생되는 행위가 주로 살상과 파괴이고 결국 개인이나 공동체에 비극적 결말을 초래하는 경우가 많기 때문이다. 군대윤리는

---

9 육군교육사령부, 『국가와 안보(I)』, 2020, pp. 1-16~1-18.

이러한 전쟁을 도덕적으로 정당화시켜야 하는 과제를 안고 있다. 전쟁이 필요악(必要惡)[10]이라는 식으로만 여겨진다면 주체와 행위, 즉 군인 · 군대와 전쟁 · 전투 행위는 도덕의 영역에서 분리 및 고려하여 판단되어야 한다는 기이한 논리가 성립될 것이며, 군대의 존재가치 또한 도덕의 관점에서는 언제나 논쟁적일 수밖에 없다.

전쟁을 질병이나 재해와 같이 악으로 규정하는 입장에서도 군대는 그러한 악들을 제거하기 위해 존재하는 다른 직업들과 다르게 인식된다. 질병이나 재해를 극복하는 의사나 소방관은 좋은 일을 하는 직업으로 당연하게 인식되고 평가받지만 전쟁을 수행하는 군인이나 군대는 기본적으로 폭력을 행사하는 직업이라는 점에서 선(善)한 일을 하는 직업으로 인식되기 어려운 경향이 있다. 왜냐하면 질병이나 재해는 거의 인간의 의도와 무관한 자연적인 재앙과의 투쟁이거나 관련이 있더라도 궁극적으로는 사람을 구하려는 것이기 때문에 좋은 일을 하는 것으로 인식된다. 그러나 전쟁은 인간이 일으키고 인간에 의해서 수행되며, 그것을 멈추기 위한 방법도 외교적 노력이 실패할 경우 결국은 똑같은 방식의 폭력인 전쟁으로 해결된다는 점에서 다르다. 다음으로 전쟁 수행과정에서의 군인의 행위나 무기 및 장비의 잔혹성, 포로와 민간인의 처리에 대한 문제도 전쟁윤리의 중심주제가 된다. 전쟁을 수행하기 위해서는 당사국의 국민적 지지가 절대적으로 필요함은 물론 적어도 적대국 국민들로부터 결사적 항전(抗戰)의지를 불러일으킬 정도의 부도덕한 행위는 삼가야 한다. 만약에 오로지 이기기 위하여 군대로 하여금 무자비한 비도덕적 행위도 서슴지 않게 만든다면 일시적인 효과를 거둘 수는 있을지 몰라도 결국에는 상대국의 극렬한 저항만을 가져올 뿐이다.

---

10 필요악: 없는 것이 바람직하지만 사회상황에서 어쩔 수 없이 요구되는 악

3. 군대윤리의 필요성

군대윤리와 일반윤리는 특별한 차이가 없다고 보아야 한다. 다만 군인이라는 점에서 신분 특성상 무력과 폭력을 관리한다는 특수환경 때문에 윤리기준을 중요시하게 된다는 점이 차이라 할 수 있다. 예를 들어 어떤 사안에 대해서 개인의 이익과 부대의 이익이 상충되거나 군대의 이익과 국가의 이익이 상충될 때 어떻게 결심하고 처리할 것인가에 대해 가치기준으로 작용하는 것이 군대윤리이다. 이러한 점에서 군대윤리는 군대에서 복무하는 군인이 지켜야 할 도리로 해석할 수 있다.

군대윤리가 우리 군에서 다루어지기 시작한 것은 1980년대 초반부터인 것으로 알려져 있다. 이는 1975년도에 종전(終戰)된 베트남전에서 미군이 월맹군[11]에 패한 원인과 연관이 있다. 즉 세계에서 가장 강한 군대로 평가받던 미군이 소총 한 자루도 만들지 못하는 월맹군에게 패하게 되자 그 원인을 분석하게 되었고, 그 결과 미군 간부의 비윤리성이 패인(敗因)으로 작용했다는 것이다.

이 점에 대해 가브리엘(Richard Gabrial) 교수는 "베트남전 당시 부하가 쏜 총에 맞아 사망한 미군 장교 · 부사관이 무려 1,016명이나 되는데, 이는 초급간부 사망자의 20%에 해당하는 숫자이다. 자신이 상관을 쏜 사실을 숨긴 인원까지를 감안한다면 훨씬 더 많은 수의 초급 리더들이 부하의 총에 의해 사망했을 것으로 보고 있는데, 그 원인은 초급 리더의 비윤리성에 있었다"고 밝히고 있다.[12] 이러한 현상을 극복하기 위

---

11 월맹은 베트민을 부르는 한자식 표현으로서 호찌민이 베트남독립운동을 위해 조직한 독립운동단체를 말한다. 따라서 월맹군은 바로 베트민의 군사조직을 의미한다. 다만, 베트민(베트남 민주동맹)이 디엔비엔푸 전투에서 프랑스군을 격파한 후 북위 17도선을 경계로 북쪽에 베트남 사회주의 공화국을 세움에 따라, 남베트남 즉 자유월남과 구분하기 위해 북베트남을 월맹으로 불렀다.

12 프래깅: 세열수류탄을 뜻하는 은어 프래그(frag)에서 유래한 말로서 '대상관 살해'를 의미

해 미군은 1980년대 초부터 "7대 핵심가치"를 선정하는 등 윤리 운동을 전개하였고, 그 여파로 한국 군대에서도 군대윤리를 강조하게 된 것이다.

한편, 월남전 이후 새로 편찬된 미 육군의 『작전요무령』에는 '전쟁의 양상이 아무리 변해도 한 가지 변하지 않는 원리가 있다면 그것은 "전쟁은 기계에 의해서가 아니라 인간에 의해서 수행된다"는 사실이다'라고 서술되어있다. 이는 전쟁에서의 인간적 요소는 장차전에 있어서도 승패의 결정적인 요소가 될 것이기 때문에 군대윤리가 중요함을 강조하고 있는 것이다. 또한 미 육군은 전쟁에서의 인적 요소를 육체적, 심리적, 그리고 윤리적 측면으로 구분하고 있다.

첫째, 육체적으로 부적절하고 건강하지 못한 군인들은 전투의 시련을 견딜 수 없기 때문에 장병들은 건강한 신체와 강인한 체력을 지녀야 한다. 그리고 이를 위해 장병들은 어떤 육체적 역경에도 견딜 수 있도록 훈련되어야 한다.

둘째, 공포감이나 고립감과 같이 전장에서 발생하는 심리적 스트레스는 장병들의 전투의지에 결정적인 영향을 미치기 때문에 군인에게는 정신적 건강이 요구된다. 사기, 단결, 지휘통솔, 그리고 훈련이 강할 때 전장에서 발생하는 심리적 스트레스가 감소되며, 지휘자는 바로 그 핵심인 것이다. "잘 지휘되고, 군기가 서 있으며, 정신적으로 양호한 장병은 극도의 역경과 불확실성을 극복할 수 있다."

셋째, 윤리적 측면에 관해서 다음과 같이 강조하고 있다.[13] ① 국가는 미 육군이 직업군대로서 최상의 행동규범을 지키며 미국인의 가치체계의 이상을 반영하길 기대한다. ② 미 국민은 미 육군이 수행하기로 맹세한 가장 핵심적인 내용 즉, 법에 대한 강한 존중, 인간의 존엄성, 그

한다. 이 프래깅은 베트남전 당시 미군 용사들이 간부들의 숙소로 사용되는 천막에 세열수류탄을 던져서 살해한 사건에서 비롯된 용어이다.

13 곽우영 외, 『군대윤리』, 진영사, 2009, pp. 51~52.

리고 개인의 제반 권리 등을 존중하는 우수한 자질의 군대를 요구한다. ③ 미 육군 부대들은 작전을 수행하기 어려운 환경에도 불구하고 지상전에 관한 육전법(陸戰法,the law of land Warfare)을 준수하며, 민간인과 비전투원을 보호하고, 부수적인 피해를 줄이면서 사유재산을 존중하고, 전쟁포로들을 인도적으로 다루도록 요망된다. ④ 전투의 참혹함 속에서도 모든 장병(가장 높은 계급에서 가장 낮은 계급에 이르기까지)의 진실성(integrity)은 가장 중요하다. 인간의 생명은 정확한 보고에 의해서 좌우되므로 중요사항이 누락된 보고 및 허위 보고가 행해져서는 안 된다. 지켜보는 사람이 없어도 장병들은 옳은 일을 할 것이라고 신뢰되어야만 한다. ⑤ 지휘자들은 부하들에 대한 특별한 책임감을 가지고 있어야 하며, 결코 불필요하게 장병의 생명을 위태롭게 해서는 안 된다. ⑥ 지휘자는 임무완수를 위하여 적극적으로 임무를 수행하는 동안에도 장병들의 안전에 대한 상당한 관심을 표명함으로써 장병들로부터 신뢰를 받도록 해야 한다. ⑦ 지휘자들은 그들의 부하 또는 예하 지휘관들을 희생시키면서까지 개인적 이익을 추구해서는 안 된다. ⑧ 지휘자는 장병들에게 명예심을 고취시키고, 그들의 고통을 분담하며 공적(功績)[14]에 감사할 줄 알아야 한다. ⑨ 지휘자는 모든 다른 개인적 문제보다도 임무에 우선을 둔 사심 없고 윤리적인 행동으로 모범을 보여야 한다.[15]

한편, 우리 국방부는 군대윤리의 필요성을 크게 직업적 측면과 전쟁의 효율이라는 측면에서 보고 있다(국방부, 2016).

먼저, 군인의 직업적 측면에서 전쟁의 윤리적 인식과 평가는 일단 차치하더라도 군인에게 도덕성은 다음 두 가지 이유로 그 어느 직종이나 직업에 종사하는 사람들 보다 더 절실히 요구된다. 하나는 군인이 속해 있는 군대가 무력을 행사하는 과정에서 자기 자신을 포함한 많

---

14 노력과 수고를 들여 이루어 낸 일의 결과를 뜻한다.

15 이택호 외, 『군대윤리』, 진영사, 2003, pp. 2~4.

은 사람을 희생시킬 수 있기 때문이다. "강한 힘을 가진 자에게는 그만큼 더 높은 도덕성이 요구된다"는 것은 "인간만이 윤리적 존재"라는 명제의 귀결이다. 인간은 약육강식의 질서가 지배하는 자연세계에 속한 존재가 아니라, 모든 개인의 존엄성이 존중되는 도덕세계에 속한 존재이기 때문이다. 다른 하나는 군인은 그가 수행하는 직무 특성상 자신의 생명까지도 헌신적으로 바쳐야 하는 직업이기 때문이다. 전투에 임하는 군인은 비이기적이고 희생적인 가치관이 내면화되었을 때, 진정한 전사로 거듭나게 된다. 그러한 가치관을 내면화시켜주는 군대윤리는 군인이 싸우지 않기 위해서가 아니라 더 잘 싸우기 위해서 필요하다.

다음으로 전쟁의 효율성 차원에서 본 군대윤리의 필요성이다. 군대의 도덕성과 군 임무수행상의 효율성에 관한 논의는 군대윤리의 필요성을 진단하기 위한 첫 번째 관문으로 두 가지의 인식이 있다. 하나는 양자가 평행선을 달리는 별개의 문제로 여겨지는 경우이다. 전쟁은 필요악일 뿐이며 전쟁 대비 및 수행 자체가 근본적으로 윤리의 이상과 맞지 않기 때문에 윤리와 군대는 서로 무관하므로 각각 다른 논리로 설명되어야 한다는 입장이 여기에 해당된다. 다른 하나는 양자가 상호보완적이거나 일치하는 과제라는 입장이다. 이는 전쟁에서 발휘되어야 할 군의 기능적 효율성은 군의 도덕성과 무관하지 않고 오히려 군의 도덕성이 효율성을 보완 내지는 강화시킨다고 보는 입장이다. 군은 후자의 입장을 견지할 때 군의 존재 의의에 부합하는 군대다운 군대를 건설하게 될 뿐만 아니라 강한 군대를 향한 모든 의지적인 노력이 의미를 가지게 된다.

제2장
군대윤리의 철학적 기반

개요

본 장에서는 군대윤리의 철학적 기반에 대해서 살펴보았다.
먼저 인간과 사회, 인간과 윤리의 관계에 대해서 알아보았으며, 다음으로 윤리의 철학적 기반으로서 생각하는 존재인 인간에게 윤리는 어떤 의미인지를 살펴보았다. 아울러 동서양의 윤리 해석을 다루었다. 즉 동양과 서양에서 윤리를 어떻게 정의하고 해석하는지를 구별하여 살펴봄으로써 윤리에 대한 이해도를 높였다.

학습내용

1. 인간과 사회, 윤리
2. 윤리의 철학적 기반
3. 동서양의 윤리 해석

1. 인간과 사회, 윤리

고대 그리스의 저명한 철학자 아리스토텔레스(Aristoteles, B.C. 384-322)[16]는 인간과 사회의 관계에 관해 "인간은 사회적 동물이다"[17]라는 유명한 명언을 남겼다. 인간은 사회 속에서 서로가 밀접하게 상호작용하는 관계를 유지하며, 사회적 역할을 다하고 그 환경에 맞게 적응하며 살아간다. 인간은 집단생활을 하는 까닭에 아무 행동이나 마음대로 할 수 있는 것은 아니다. 인간의 행동에는 사회적으로 용인된 행동을 할 것으로 기대하는 집단 성원들의 암묵적인 믿음과 약속, 즉 규범체계가 필요하다. 따라서 윤리는 한 사람 혹은 사회집단이 다른 사람이나 집단에 대하여 직간접적으로 해를 끼치지 않도록 스스로 행동을 규제하는 데 필요한 것이다.[18]

인간과 윤리란 사람과 사람 사이의 관계 즉 인간관계의 이법(理法)[19]이라고 할 수 있다. 동물이나 기계에서는 윤리적 현상을 찾아보기 어려우나 인간의 세계에서는 윤리가 언제나 중요하게 자리매김을 하고 있다. 이러한 사실은 인간에게만 윤리 현상이 가능하고 또 필요하게 만드는 어떤 특성이 있음을 암시해준다. 따라서 우리는 인간의 어떠한 특성들이 윤리 현상을 가능하게 하고 동시에 윤리에 따르는 생활을 불가피하게 하는 것인가에 대하여 생각해볼 필요가 있다.

인간은 옳지 못한 행동을 분별할 수 있는 능력을 가지고 있고 의식

---

16 고대 그리스의 철학자로서, 학문 전반에 걸친 백과사전적 학자로서 과학 제 부문의 기초를 쌓고 논리학을 창건하기도 하였다. 트라키아의 스타게이로스에서 출생하여 플라톤의 학교에서 수학하였다. 마케도니아의 알렉산더 대왕이 왕자 시절 그의 교사로서 교육을 담당하였다.

17 한만민 외, 『군 초급간부를 위한 군대윤리』, 진영사, 2018, p. 17.

18 이재평 외, 앞의 책, 2014, p. 13.

19 이법(理法): 원리와 법칙을 아울러 이르는 말이며, 도리와 예법을 아울러 이르는 말

적으로 그러한 행동을 자제할 수 있는 능력을 지니고 있는 존재다. 그러나 이러한 인간의 능력은 예기치 않은 충동과 환경적 변화에 의해 쉽게 허물어질 수 있는 아주 연약한 것이기도 하다. 인간은 선한 본성과 악한 본성을 함께 지니고 있으며 이타성과 함께 이기심도 지니고 있기 때문이다. 이러한 인간의 이중적 본성으로 말미암아 윤리는 인간의 삶에 있어서 절대적으로 필요한 것이다.[20] 물론 윤리는 이상적(理想的)인 측면도 있고 사회질서를 유지하는 수단적 의미 또한 갖는다. 그러나 좀 더 본질적으로 살펴보면, 인간은 유한한 존재로서 자신의 제한된 상황 속에서 늘 이것인지 저것인지 선택하는 상황에 놓이게 된다. 인간의 선택은 우열, 경중, 선후, 본말(本末)[21], 좋고 나쁨 등을 가림으로써 행해지는데, 이러한 분별적 선택 행위야말로 윤리적 행위와 직결한다. 무엇이 더 중요한지 덜 중요한지, 무엇이 우선인지 나중인지 등을 따지는 가치 판단이 바로 인간사회의 윤리적 행위의 가장 중요한 부분인 것이다.[22] 따라서 하나의 사회로서 군대조직에도 법과 규정은 물론, 그 내부에서 가치 판단과 행위의 준거로서 윤리가 필요하며 그것이 바로 군대윤리가 되는 것이다.

---

20 조은영 외, 『사례중심 군대윤리』, 집문당, 2017, 머리말, p. ⅴ.

21 우열: 우수함과 열등함
경중: 무거움과 가벼움
선후: 앞과 뒤의 순서
본말: 본질과 지엽적인 것을 의미. 즉 나무의 본줄기와 가지끝을 의미

22 이재평 외, 앞의 책, 2014, p. 13.

2. 윤리의 철학적 기반

"인간에 대해 무엇이라고 생각하는가?"라고 사람들에게 묻는다면, 매우 다양한 답들이 쏟아져 나올 것이다. 그 답에는 '높은 지능의 포유류', '진화한 유인원'에서부터 '생각하는 동물'이라는 철학적 의미의 답까지 여러 가지가 있을 것이다.

인간(人間, human)의 사전적 의미는 "생각을 하고 언어를 사용하며 도구를 만들어 쓰고 사회를 이루어 사는 동물"이라고 정의되어있다. 또한 같은 의미로 '사람'이란 단어가 같이 쓰인다고 명시되어있다. 사전에서조차 인간과 동물의 차이점은 바로 생각의 유무라고 정의하고 있는 것이다. 즉, 인간이란 스스로가 인간다운 사고(思考)를 하고, 사회의 사람들과 이치에 맞게 더불어 살아가는 삶을 살아야 한다는 뜻으로 해석된다. 그렇다면 윤리란 무엇인가? 이 질문은 조금 어렵다. 대부분의 사람들은 설명하기 어렵다고 답변하거나 도덕적이고 종교적인 의미의 답변을 할 것이다. 사실 도덕과 종교에 관련한 윤리의 설명이 모두 틀린 말은 아니지만, 윤리라는 개념을 보다 쉽게 풀어서 표현하자면, "윤리는 인간사회의 도덕적 질서의 규칙"이라고 이야기할 수 있다. 윤리를 사전에서 찾아보면 '사람으로서 마땅히 행하거나, 지켜야 할 도리'로 정의되어 있는 것처럼 이는 '윤리는 인간의 사회관계에서 매우 중요한 요소'로 이해하면 된다.[23] 결국 인간의 삶에 있어서 윤리는 필수불가결한 요소가 되는 것이다.

본래 윤리(倫理)라고 할 때의 '윤(倫)' 자는 무리 또래 혹은 질서 등을 뜻하고 '리(理)' 자는 '옥을 다듬다'에서 유래되어 이치 이법(理致 理法)의 도리를 의미한다. 따라서 윤리란 사람과 사람 사이의 관계 즉 인간

---

23 한만민 외, 앞의 책, p. 24.

관계의 이법이라고 할 수 있다. 이 말은 후에 인간사회 안에서 반드시 실천되어야 할 인간의 행위라는 말로 쓰이게 된다.

인간의 행동을 규제하는 것에는 윤리 이외에도 관습과 법이 있다. 관습은 규제력이 약하고 문화나 지역에 따라서 다르기 때문에 개인의 권리를 보호하고 사회질서를 유지하는 데 충분하지 못하다. 법은 질서 유지의 효과가 크지만 자율성을 핵심으로 하는 인간의 존엄성과 위신에 위배되는 강제적 성격을 띠고 있어 인간관계를 경직시킬 뿐만 아니라 실행에 있어서 많은 비용을 필요로 한다. 반면에 윤리는 자기 자신의 행동을 자율적으로 규제하도록 하면서도 관습에 비해 더욱 효과적이며 법과는 달리 인간의 내면적 행위까지도 그 규제의 대상으로 삼고 있다. 법은 주로 외면적 행위를 타율적으로 규제하는 것임에 비하여 윤리는 인간의 내면적 행위까지도 자율적으로 규제하는 것이다. 따라서 사회의 구성원들이 윤리적 규범들을 공유하고 그것을 실천하게 되면 그 사회는 더욱 살기 좋은 사회가 될 수 있을 것이다. 그리고 윤리적인 사람이 많으면 많을수록 그 사회는 더욱 질서가 확립되고 인간미 넘치는 사회가 될 수 있으며 개인의 자유도 확대될 수 있는 것이다.[24]

한편, 윤리는 인간의 도리라는 정의적인 측면에서 많은 사람들이 윤리와 도덕을 같은 의미로 생각하고 있다. 실제로 그 차이를 명확히 구별하는 일이 쉽지 않기 때문에, 윤리와 도덕을 같은 의미로 혼용해서 사용하는 경우가 더 많다. 윤리와 도덕의 개념을 구분하자면 도덕(道德, morality)은 개개인이 가진 심성(心娍) 또는 덕행(德行) 자체를 표현할 때 쓰이며 실천적인 항목을 의미한다. 윤리(倫理, ethics)는 도덕을 발전시킨 형태로, 도덕 자체를 더욱 개념화하고 체계화시킨 것을 말하며, 인간의 사회규범을 고급스럽게 표현하거나 의미할 때 쓰인다.

윤리는 알고만 있으면 안 된다. 아는 것을 실천하는 자세가 중요하

---

24 박수근 외, 『실천하고 행동하는 군대윤리』, 글로벌, 2009, pp. 13~14.

다. 인간 개개인의 입장에서 윤리를 실천하는 것은 도덕 때문이고, 이 도덕을 실천하는 것을 사회적 이론이나 학문으로 표현할 때는 윤리라고 부르는 것이다. 조금 더 쉽게 설명하면, 우리가 초 · 중 · 고등학교 학창시절에 각 단계별로 윤리를 배웠는데 바른생활(초등학교), 도덕(중학교), 국민윤리(고등학교)가 바로 그것이다.[25]

3. 동서양의 윤리 해석

1) 서양에서의 윤리 해석

서양에서 윤리(ethics)는 그리스어로 ethos, 라틴어로 mores, 독일어로 sitte이며, 모두 똑같이 그 의미는 '습관이 된 풍속'이란 뜻을 가지고 있다. 즉 서양에서 윤리는 자연환경에 순응하고 각기 그 집단과 더불어 생활하여 온 인간이 한 구성원으로서 살아가는 방식과 관습 속에서 생긴 것이며, 생활 관습의 경험을 정리해서 공동체의 생활과 사회의 공존을 위해 인간집단의 질서나 규범을 정하고 그것을 엄격하게 지켜나가는 데에서 유래된 것이다.[26]

서양에서 윤리의 특징은 인간의 본성에 대해 이해하는 두 가지 관점을 통해서 살펴볼 수 있다. 첫 번째는 이성 중시 관점으로서, 이 관점은 인간 고유의 능력을 이성으로 본다. 이성의 지시나 명령에 따르는 삶을 바람직한 삶으로 본다. 두 번째 관점은 경험 중시 관점이다. 이 관

---

25 한만민 외, 앞의 책, p. 22.

26 위의 책, p. 26.

점은 인간을 쾌락과 고통을 느끼는 존재로 보기 때문에 바람직한 삶을 위해서는 인간의 감정과 욕구를 고려해야 한다고 본다.

한편, 서양에서는 다양한 도덕의 기준을 제시하고, 각각의 윤리사상마다 선악 혹은 옳고 그름의 판단기준을 다르게 설정한다. 아리스토텔레스는 개인의 행복한 삶에 대한 관심에서 인간 삶의 목표를 행복으로 보고 있으며, 개인의 행복이나 자아실현 및 인격 완성에 이르는 개인적 차원의 윤리를 강조하였다. 이에 반해 플라톤[27]은 바람직한 국가나 사회를 만들기 위한 노력을 강조하였는데 그의 사상은 국가 차원의 윤리의식을 강조한 것으로 발전하였다.

또한 기독교 윤리사상은 현대 서구사회의 정신적 지침, 현대 서양문명의 중요한 축을 형성하고 있다. 특히, 그들의 프로테스탄티즘[28]은 개인의 근로와 그를 통한 자본축적, 자유로운 경제활동을 보장함으로써 자본주의의 근간을 이루었다. 이는 프로테스탄티즘이 윤리적 측면에서 배금주의[29]를 배격하고 자유로운 경제활동에 대해 윤리적으로 합법성을 부여했기 때문이다.

2) 동양에서의 윤리 해석

동양에서 윤리는 매우 여러 가지의 의미를 담고 있다. '사람과 사람 사이에 오고 가는 따뜻한 정(情)', '위와 아래를 어우르는 순수한 질

---

27 고대 그리스의 대표 철학자이다. 소크라테스의 제자이자 아리스토텔레스의 스승으로도 알려져 있다. 30여 편에 달하는 대화록을 남겼는데 그 안에 담긴 이데아론(형이상학), 국가론 등은 고대 서양 철학의 정점으로 평가받는다.

28 프로테스탄티즘: 루터, 칼뱅 등에 의하여 주도된 16세기 종교 개혁의 중심 사상 또는 여기에서 성립된 여러 교회의 신조를 기초로 하는 교의를 뜻한다.

29 배금주의(拜金主義): 돈을 최고의 가치로 여기고 숭배하여 삶의 목적을 돈 모으기에 두는 경향이나 태도를 뜻한다.

서', '사람들 간에 지켜야 할 올바른 행위', '천륜(天倫)[30]을 지키는 것' 등의 항목이다.

동양에서 윤리의식은 불교, 유교, 도교 등의 영향을 받아 발전하게 되었으며, 그 사상적 기초에 종교사상까지 포함하고 있다. 특히, 사람과의 윤리적 심판의 관계를 하늘의 신까지 끌어들이는 매우 엄중한 윤리의식을 강조하였다. 당시의 왕권과 지배계층은 신분상의 절대적인 권력의 강화를 위해서 '섬기고 모시는 문화'를 인간관계의 매우 중요한 문화로 만든 것이다. 이는 필연적으로 천륜과 인륜의 의미를 등장시키게 되었다. 천륜(天倫)은 인간에게 필연적인 부모와 자식 관계와 같은 혈육관계(血肉關係)를 말하며, 인륜(人倫)은 임금과 신하, 부부 등 인간사회에서 후천적으로 맺어지는 전체의 인간관계를 포함하는 폭넓은 용어로 사용되었다. 따라서 전통과 윤리의 준수는 사회적으로나 종교적으로나 모두 매우 엄격한 규율과 규범의 잣대를 적용하게 되었다. 그리고 이와 같은 동양의 윤리사상은 『논어』, 『맹자』, 삼강오륜, 세속오계 등에 담겨 오늘날까지 전해졌으며, 시대에 따라 변화는 되었지만 그 근간(勤幹)은 우리 사회에 아직도 많이 남아있다.

동양에서의 대표적인 윤리 덕목을 알아보면 먼저, 우리나라 신라시대 화랑도의 윤리덕목인 세속오계(世俗伍戒)가 있다. 신라 진평왕 때 승려 원광(圓光)이 화랑에게 일러준 다섯 가지 계율로서, 후에 화랑도의 신조가 되어 삼국통일의 기초를 이룩하게 하는 데 크게 기여하였다. 첫째는 사군이충(事君以忠)으로 임금에게 충성하는 것이요, 둘째는 사친이효(事親以孝)로 어버이에게 효도하는 것이다. 셋째는 교우이신(交友以信)으로 믿음으로 벗을 사귀는 것이며, 넷째는 임전무퇴(臨戰無退)로 싸움에 물러서지 않는 것이고, 다섯째는 살생유택(殺生有擇)으로 살아있는

---

30 부모와 자녀 간이나 형제 사이와 같이 변할 수 없는 관계를 말한다. 도리. 부모 · 자녀 간, 형제간에 맺어진 관계는 인위적인 것이 아니라 하늘의 도리로서 그렇게 된 것이기 때문에 끊으려 해도 끊을 수 없는 것이라는 의미이다.

것을 죽임에는 가림이 있어야 한다.

고려와 조선시대의 윤리덕목으로는 삼강오륜(三綱伍倫)이 있다. 이는 유교(儒教)의 도덕에서 기본이 되어 우리나라의 오랜 사회윤리 덕목으로 활용되었다. 삼강오륜은 세 가지 강령(三剛)과 다섯 가지의 도리(伍倫)로 이루어졌으며, 이 중 오륜은 맹자로부터 체계가 정립되고 파생되었다. 먼저 삼강(三綱)을 살펴보면 첫째, 군위신강(君爲臣綱)으로, 신하는 임금을 섬기는 것이 근본이며, 둘째, 부위자강(父爲子綱)으로, 아들은 아버지를 섬기는 것이 근본이다. 셋째, 부위부강(夫爲婦綱)으로, 아내는 남편을 섬기는 것이 근본이라 하였다.

오륜(伍倫)은 첫째, 부자유친(父子有親)으로, 아버지와 아들 사이의 도리는 친애가 있어야 하고, 둘째, 군신유의(君臣有義)로, 임금과 신하 사이의 도리는 의리가 있어야 하고, 셋째, 부부유별(夫婦有別)로, 남편과 아내 사이의 도리는 서로 침범하지 않음에 있어야 한다. 넷째, 장유유서(長幼有序)로, 어른과 어린이 사이의 도리는 엄격한 차례가 있고 따라야 할 질서가 있어야 하며, 다섯째, 붕우유신(朋友有信)으로, 벗(친구) 사이의 도리는 믿음에 있어야 한다.[31]

31 한만민 외, 앞의 책, pp. 23~25.

제3장

군대윤리에 바탕을 둔 군인상

개요

본 장에서는 동양과 서양의 군대윤리에 바탕을 둔 바람직한 군인상에 대해 살펴보았다. 특히 이 장에서는 서양의 장교상에서 귀족주의와 명예, 직업주의와 능력에 대하여 알아본 후 이어서 서양의 군인상 중 시민정신에 바탕을 둔 미국의 군인상, 상무정신과 단합정신에 바탕을 둔 독일의 군인상을 알아보았다. 이어서 동양에서 군인 또는 무사, 그 가운데에서도 군 간부에 관한 전통적인 상을 알아보았다. 우선 중국 병서의 고전으로 알려진 『무경칠서』(『손자』, 『오자』, 『사마법』, 『이위공문대』, 『위료자』, 『삼략』, 『육도』)에 나타난 군대 또는 전쟁관과 장수관, 그리고 일본의 무사도인 사무라이 정신과 우리나라의 군인상을 살펴보았다.
마지막으로 한국의 대표적 전통 무사도 즉 상무정신인 화랑도 정신이 추구하는 덕목이 무엇인지 알아보았다.

학습내용

1. 서양에서의 바람직한 군인상
2. 동양에서의 바람직한 군인상

1. 서양에서의 바람직한 군인상

1) 귀족주의적 명예와 직업주의적 능력을 중시한 서양의 장교상

(1) 귀족주의와 명예

서양의 역사를 볼 때, 19세기 이전 서구에선 대다수의 군 장교가 직업군인이 아니었다. 그렇다면 그들은 어떤 존재였는가? 일반적으로 그들은 용병이거나 귀족이었다. 용병에게 있어서 장교직은 하나의 사업이었으며, 아마추어 귀족에게는 하나의 취미에 불과했다. 그래서 전자는 이윤을, 후자는 명예와 모험을 추구하였다. 용병제도 아래서 장교는 그가 거느리는 용병들의 생계를 해결해주는 사업가였으며, 군인으로서 어느 정도의 직업적 자질도 갖추고 있었다. 그러나 용병장교의 성공 여부는 그의 군사에 관한 전문직업적 기준에서가 아니라 금전적 보수에 따라 평가되었다. 또한 군대는 각각 다른 지휘자를 가진 독립적인 여러 용병부대들로 구성되어있었고, 용병들은 상호경쟁을 하던 개인주의자들이었기 때문에 공통의 행동기준이나 협동정신 같은 규범이 없었으며, 규율과 책임감도 존재하지 않았다. 전쟁은 약탈을 목적으로 하는 사업이었으며, 약탈자의 윤리가 지배했다. 이런 용병제도는 30년전쟁(1618~1648)[32]과 더불어 종말을 고했다.

이러한 용병주의에 대신하여 귀족 출신의 아마추어가 나타나게

---

32 1618~1648년 독일을 무대로 신교(프로테스탄트)와 구교(가톨릭) 간에 벌어진 종교전쟁. 최대이자 최후의 종교전쟁으로 기간은 대체로 4기(期)로 구분된다. 전반의 2기는 종교적 색채가 짙고 후반의 2기는 정치적 색채가 짙다. 30년전쟁 결과 독일 제후국 내의 가톨릭과 루터파, 칼뱅파는 각각 동등한 지위를 확보했다.

된 것은 근본적으로 영토를 보호하고 지배권을 확보하기 위해 상비군[33]의 필요성을 절감했던 군주국가[34]의 군주들이 세력을 강화한 데 기인하고 있다. 상비군은 통상 8~12년이란 장기간을 복무하는 지원병들로 구성되어있었는데, 이들은 사회의 최하층 계급으로부터 매수를 통하거나 강압적인 수법으로 동원되었다. 장교는 왕에게 봉사하도록 강요되거나 매수된 귀족 중에서 왕이 직접 선발했다.

이렇게 해서 군사력은 군주의 재산이 되었고, 장교 자신들도 계약에 의해서 행동하는 사업가가 아니라 군주의 영원한 신하가 되어버린 것이다. 프랑스 대혁명[35]이 일어난 1789년에 이르기까지 유럽 군대에 있어서 장교의 지위는 실로 귀족들이 독점했다고 할 수 있다. 귀족 장교는 직업군인 장교가 등장하기 이전에 서구사회에서 가장 지배적이던 최후의 장교상이었던 것이다.[36]

귀족 장교단은 전문성, 규율, 책임감과 같은 군대의 직업적 가치보다도 명예, 용기, 개성과 같은 귀족적 가치를 중요시하였다. 그들은 "장교답게 행동하고 장교답게 생각한 것이 아니라, 귀족처럼 행동했고 또한 귀족처럼 생각했다."[37] 그리고 그들은 중세의 기사들처럼 명예를 가

---

33 유사시에 대비하여 평시부터 편성하고 유지하는 군대로서 일반적으로 정규군(正規軍)을 의미한다.

34 군주(왕이나 황제)가 세습적으로 국가 원수가 되는 나라로서 입헌 군주국과 전제 군주국이 있다. 입헌 군주국은 헌법에 의해 군주의 권한과 통치력이 제한되는 국가로서 주로 민주주의 국가에 해당한다. 다시 말해 입헌군주제란 헌법 체계 아래서 세습되거나 선임된 군주를 인정하는 정부 형태이다. 현대의 입헌군주제는 보통 권력 분립의 개념을 충족하며, 군주는 국가원수의 역할을 한다. 반면 전제군주국가는 군주가 절대적인 권력을 가지는 나라를 말하며, 주로 민주주의가 발달하기 이전 전근대적 왕정국가들이 여기에 해당한다.

35 1789년 7월 14일부터 1794년 7월 28일에 걸쳐 일어난 프랑스의 시민혁명을 말한다. 프랑스혁명은 사상혁명으로서 시민혁명의 전형이다. 여기서 시민혁명은 부르주아혁명만을 의미하지는 않는다. 전 국민이 자유로운 개인으로서 자아를 확립하고 평등한 권리를 보유하기 위하여 일어선 혁명이라는 보다 넓은 의미를 포함하고 있다.

36 S. P. Huntington, The Soldier and the State, 1957, pp. 19~23.

37 Ibid, p. 28.

장 소중한 가치로 여겼다. 1752년의 한 야전규칙은 장교에게는 명예가, 병사에게는 복종이 가장 중요한 가치라고 강조하였다.

장교는 명예심을, 병사는 복종심과 충성심을 지녀야 한다. 위험에서의 용맹과 침착, 능력과 경험을 얻고자 하는 정열, 상관에 대한 존경, 동료에 대한 겸손, 부하에 대한 배려, 범법자에 대한 엄벌 등은 명예심으로부터 도출되어 나온다. 따라서 명예 이외의 다른 어떤 것이 장교를 움직이게 해서는 안 된다. 명예는 그 자체가 값진 것이다. 그러나 병사들은 보상과 처벌에 대한 두려움에 의해서 움직여지고 억제되며 길들여졌던 것이다.[38]

18세기 서구 군대에서 장교는 귀족으로부터 충원된 것과는 대조적으로, 병사들은 거지나 우범자 혹은 여타의 극빈자나 사회적 부랑아들로부터 충원되었는데, 이들에게 있어서 군대는 하나의 피난처임과 동시에 강제노동기관과 같은 것이었다.

장교와 병사 간에는 이때부터 사회 · 문화적으로 유대감이 사라지고 괴리감이 생기게 되었다. 그래서 군대 조직체계는 병사들을 억압하고 경멸하는 귀족 장교에 의한 극단적인 권위주의 체제로 변하게 되었다. 장교들은 병사들이 가지지 못하던 귀족적인 출신 배경의 전통으로부터 파생된 단체정신(sprit of corps)과 신사도(code of honour)[39]를 고수하고 있었다. 병사들은 노예와 같은 굴욕적인 복종이 요구되는 상황 속에서, 적보다 자기 상관을 더 두려워해야 했다.

---

38 김성우, 『국가관과 군대윤리』, 진영사, 2014, p. 286.

39 사람됨이나 몸가짐이 점잖고 교양이 있으며 예의 바른 남자를 의미하는 신사에 기초하여 명예를 존중하고 국가와 군주에게 충성을 다하는 도리를 의미한다. 기사도와 유사한 개념으로 이해할 수 있다.

(2) 직업주의와 능력

18세기 기간 중 귀족들이 장교직을 독점함으로 인하여 군의 고위 직위는 늙은 귀족 출신 장교들이 차지하게 되었다. 장교단은 점점 노쇠하고 부패해졌으며, 새로운 군사기술과 전술교리의 발전에 적응할 수 없게 되었다. 이런 현상은 특히 프러시아 군대에서 심하게 나타났는데, 그 결과 프러시아는 나폴레옹 군대로부터 참담한 패배를 맛보았다. 이러한 패배를 교훈 삼아 프러시아[40]는 귀족주의에 종지부를 찍고 직업주의를 탄생시켰다. 직업군인이 시작된 정확한 날짜를 굳이 명시하자면, 1808년 8월 9일로 들 수 있다. 이날 프러시아에서 직업주의의 기본 강령을 명백히 설정한 장교 임용령이 선포되었기 때문이다.

이 임용령에 따르면 "장교 임용에 필요한 유일한 자격은 평화 시에는 교육과 전문지식이며, 전시에는 뛰어난 용기와 탁월한 통찰력이어야 한다. 따라서 전국의 어느 누구든지 이러한 자질을 구비한 자는 군대의 최고위직을 차지할 자격이 있는 것이다. 과거 군대의 모든 계급적 특권은 철폐되며, 모든 사람은 신분에 구애됨이 없이 평등한 의무와 권리를 갖는다"는 것이다. 이렇게 해서 프러시아는 직업군인제도를 맨 처음 시작했다는 점에서 군대 발달에 크게 공헌하였다.

한편, 18세기 이후 유럽에서는 인구의 증가, 과학기술의 발달, 산업주의의 대두, 도시화 등으로 인해, 기능적 전문화와 노동 분화가 촉진되었으며, 이런 변화는 군사분야에서도 일어났다. 군대의 규모가 커지고, 그 기능도 창이나 칼만을 사용하던 단순한 것에서 복잡하고 다양한 기능들로 발전했으며, 이로 인해 '폭력관리'를 주 임무로 하는 전문가 집단(직업군인 장교단)이 필요했고, 바로 이것이 군직업주의를 탄생시켰다.

---

40 유럽 동북부와 중부에 있었던 지방 및 그 지방에 있었던 나라로서 프로이센이라고도 한다. 프레드릭 1세 때부터 국왕권을 획득하고 프레드릭 2세 때부터는 활발한 영토확장을 통해 국가를 성장시켰다.

군직업주의의 출현으로 사회적 출신 성분과 가문의 전통을 기초로 하던 충원 기준이 점차 효율적인 업무수행에 필요한 전문지식과 기술로 대치되었으며, 장교 등의 권위도 그의 사회적 출신 배경으로부터가 아니라 그가 군대에서 차지하고 있는 직위와 그의 업무 수행능력으로부터 나오게 되었다.

이러한 변화와 아울러 민족국가의 발전으로 국가 간의 경쟁은 치열해졌고, 이에 따라 모든 국가들은 제각기 군사적 안보만을 전담하는 전문직업집단을 창설함으로써 군직업주의가 발달하게 되었다. 특히, 전쟁에 있어서 군사적 패배로 인한 실제 손실과 그러한 손실을 받을지도 모른다는 위협이야말로 모든 국가들이 군직업주의를 채택하게 된 직접적인 자극제가 되었던 것이다. 군직업주의가 대두하기 이전에 통용된 장군상(general ship)은 타고난 천재의 개념을 중심으로 전개되었다. 그래서 군대통솔도 음악이나 조각처럼 타고난 재능을 요하는 예능으로 전수되거나 가르쳐질 수 없는 것으로 간주되었다.

그러나 이것은 근본적으로 낭만주의적이며 반(反)직업주의적인 사고방식이다. 이는 결국 지휘하는 자와 복종하는 자는 태어날 때부터 결정되어있다는 귀족주의적 이론을 개인적 수준에 적용한 것이다.

2) 귀족주의에 바탕을 둔 '장교상'

오늘날 장교문화는 귀족문화를 바탕으로 한 귀족적인 이미지인 '무사' 또는 '신사'로부터 '관리자' 또는 '리더'로 바뀌었다. 대표적인 국가인 미국의 장교상을 통해서 이해할 수 있다.

로버트 캠블(Robert Kemble)은 그의 저서 『미 육군장교 이미지』에서 "미국의 장교상이 비록 신사로서의 장교로부터 점점 전문직업인으로서의 장교로 변화하고 있지만 기본적으로 신사라는 개념으로부터 출발했다"라고 주장하고 있다. 그러나 미국에서 귀족주의[41]는 처음부터 존재하지 않았고, 민주적 이상도 아무런 도전이 없이 지배적 이념으로 자리하고 있다는 점을 고려해 볼 때, 이 나라에서 귀족적 장교상이 존속해온 것은 아이러니라 하지 않을 수 없다. 일반적으로 서구사회에서 직업주의[42]는 귀족주의에 반대하는 개념으로서 민주주의와 동일시되고 있다. 그에 반해 미국에서는 민주주의가 사회의 지배적인 이념으로 자리하고 있음에도 불구하고 직업주의가 민주주의에 도전하게 되었고, 그 결과 직업주의는 귀족주의와 동일시되고 있다. 실제로 미국의 민주당파는 직업주의를 귀족적인 제도라고 비난하였다.

이러한 측면에서 미국사회에서 신사라는 개념은 어울리지 않음에도 불구하고 신사는 장교에 대한 최초의 공식적인 정의가 되었다. 이는 미국의 군법에도 '신사답지 않은 행동으로 기소된 장교는 파면된다'고 명시함으로써 공식적인 정의를 뒷받침하고 있다.

『미육군장교지침서』는 "장교는 신사가 되는 것이 미 육군의 전통이다"라고 전제하면서 장교들에게 일상행동, 용모, 예의범절은 물론 직무수행상의 규범을 지키는 신사가 될 것을 요구하고 있다. 또한 "장교는 야비하거나 천박하지 않아야 한다. 주정을 해서는 안 되고 돈거래가 깨끗해야 한다. 이는 곧 장교의 명예와 직결된다"라고 명시하고 있다.

결국 미국사회에서 귀족주의와 연결된 신사로서 장교의 개념은 미국의 장교상이 귀족주의에 바탕을 두고 있음을 의미하며, 신사의 개념은 명예를 통해서 정직과 진실성과 연결됨을 알 수 있다. 그리고 "거짓말, 절도, 부정행위를 해서는 안 되며, 이런 행동을 하는 사람을 고발

---

41 소수의 선택된 특권층만이 가치 있는 것과 접할 수 있다고 하는 정신적 태도로서, 17~18세기 시민혁명으로 인해 유럽사회에서는 붕괴하였다. 넓은 의미로서 귀족주의는 사회의 일반적 구성원에 대하여 신분상의 우열을 구분 짓고 그 우열을 정당화하는 사상을 나타내기도 한다.

42 개인의 전문성과 능력을 중시하는 개념으로 세습권력의 절대성을 강조하는 귀족주의의 반대 개념으로 이해할 수 있다.

해야 한다"라는 미국 사관학교의 명예제도는 이를 잘 보여주고 있는 사례라 할 수 있다.

3) 시민정신에 바탕을 둔 미국의 군인상

(1) 청교도 정신과 개척 정신으로 바라본 미국의 가치체계

미국의 군인상을 이해하려면 하나의 이율배반적인 현상을 이해해야 한다. 미국은 전통적으로 반군사적 문화와 사회제도를 유지해왔음에도 불구하고, 현실적으로는 전쟁이라는 군사적 활동을 통해서 나라를 세우고 영토확장과 국력신장을 도모해왔다는 사실이다. 건국 이래 미국사회를 이끌어온 양대 정신적 지주는 청교도 정신(puritanism)[43]과 개척 정신(frontier spirit)[44]인데, 바로 여기서 이율배반적으로 보이는 미국인들의 전통적 가치체계가 성립된다.

상비군과 같은 군사조직을 꺼리는 근본 이유는 군대가 인간의 자연권적인 평등과 자유를 속박하거나 탄압할 수 있는 가장 근원적인 위협이라고 보았기 때문이다. 따라서 자유와 평등에 바탕을 두고 전제정치나 권위주의 통치에 항거해온 청교도 정신은 미국의 '반군사적'

---

43 1564년 이래로 영국의 성공회와 그 헌법에 대항하여 장로교 헌법을 새롭게 제정하고 성공회에 대항한 칼뱅(Calvin)주의자들을 청교도라고 한다. 이들은 1660~1689년 사이에 심한 박해를 받았으며, 1827년에야 비로소 가톨릭신자와 동일한 권리를 인정받았다. 한편, 박해로 인하여 많은 청교도가 종교의 자유를 찾아 신대륙인 미국으로 이주하였다. 청교도는 로마 가톨릭교회의 전승으로부터 스스로를 깨끗이 지키려는 신앙운동을 벌여, 엄격한 생활의 윤리를 낳았다. 이러한 금욕주의적 삶의 제도를 일컬어 청교도 정신(淸教徒精神)이라고 한다.

44 개척 정신은 아무도 손대지 않은 분야의 일을 처음 시작하여 새로운 길을 닦고자 하는 정신이라고 할 수 있는데, 미국으로 이주하여 맨손으로 개척한 청교도들에게서부터 시작하였다. 미국의 3대 건국정신은 청교도 정신(Puritanism), 개척 정신(Frontier Sprit), 실용주의 정신(Pragmatism)이다.

전통의 근원이 된다고 할 수 있다. 이러한 미국인들의 반군사적 전통의 뿌리는 영국의 반군사적 전통이다. 17세기 영국 내전(內戰) 당시 찰스 1세(Charles I)의 폭정에 항거하던 영국 의회는 올리버 크롬웰(Oliver Cromwell)[45]이 이끄는 강력한 의회군으로 왕당파를 꺾을 수 있었다. 그러나 내전이 끝나자 이번에는 크롬웰의 군대가 의회를 제압하고 왕정(王政)보다도 더 가혹한 군사독재를 펴게 되었다. 크롬웰이 죽고 다시 왕권이 회복된 후 왕이나 의회 양측은 군사독재가 되풀이되지 않도록 하는 방안을 마련하고자 애썼다.

하지만 국방이나 치안유지를 위한 군대의 존재 자체를 외면할 수는 없었다. 그 결과 평시에는 소규모의 상비군을 유지하고 유사시에는 각 지방별로 민병대를 소집하는 체제를 마련하였으며, 상비군이나 민병대를 모두 민간통제(즉 의회)하에 두었다. 의회는 예산을 강력하게 장악하여 민간통제의 군사정책을 시행하였다. 미 대륙에 정착하기 시작한 초기의 영국 이주민들은 자연히 영국식 군사전통인 민병대 체제를 갖추게 되었다. 더구나 영국의 식민통치하에서 미 대륙에 배치된 영국 상비군은 이주민들의 입장에서 보자면 (세금을 통해서) 그들의 재산을 축내거나 그들의 자유를 침해하는 상징일 뿐이었다. 실제로 미국사회에서 상비군에 대한 혐오감은 그 뿌리가 매우 깊다. 지난 1778년의 연방헌법인준회의 때 "평시에 군대를 유지하는 것은 불법이다"라고 몇 개 주에서 주장할 정도로 그들의 반군사적 전통은 뿌리가 매우 깊다.

특히, 제1 · 2차 세계대전에서 미국은 일시에 몇백만 명의 대군을 징집하였다가 전쟁이 끝나기가 무섭게 일시에 동원해제를 하곤 하였다. 평시에 대규모의 군대를 유지할 필요도 없고 또 해서도 안 된다는 그들 나름의 전통 때문이었다. 그럼에도 불구하고 미국 사람들은 그 어

---

45 영국의 정치가이자 군인으로, 1642~1651년의 청교도 혁명에서 왕당파를 물리치고 공화국을 세우는 데 큰 공을 세웠다. 1653년에 통치장전을 발표하고 호국경에 올라 전권을 행사했다.

떤 나라의 국민들에 비교하더라도 결코 뒤지지 않는 확고한 상무정신을 지니고 있다. 생소한 지형과 기후, 그리고 적대적인 원주민들의 도전을 극복하면서 삶의 터전을 일구어야 했던 그들에게 무엇보다도 필요했던 것은 불타는 모험심과 불굴의 용기, 그리고 자신의 것은 스스로가 지켜야 한다는 '개척 정신'이었다.

그들은 누구나 스스로를 지키기 위해서 총을 가져야 했다. 무기는 자기 자신의 생명과 아울러 개인의 자유를 보장해주고 사유재산을 보호하는 필수도구였다. 오늘날 총기 소지로 인한 총기 사건이 일어나 사회 · 정치적 불안을 수시로 야기시키고 있음에도 불구하고 근본적으로 미국인들이 총기 소유권을 포기하지 않는 것은 전통적으로 총이 자신의 생명과 자유를 보장해온 상징이기 때문이다. 이러한 관념은 개인의 차원을 넘어 국가의 차원에서도 마찬가지였다. 미국은 무력으로 독립을 쟁취하였고, 무력으로 국토를 넓혔으며, 두 차례의 세계대전에서 승전국이 되어 초강대국이 되었던 것이다.

이처럼 미국인들의 가치관과 의식구조 속에 내재한 청교도 정신의 반군사적 전통과 개척 정신의 상무적 기질은 이율배반적이면서도 (그리스로마 신화에 나오는) 야누스의 두 얼굴과 같은 것이다. 하지만 이러한 미국의 군대에 대한 이중적 모습은 건국이념과 미국인들의 개인 · 사회적 가치체계의 밑바탕, 즉 미국적 생활원리와 시민정신 그 자체로부터 연유하는 것이기 때문에 결코 비논리적이라고 말할 필요는 없다.[46]

46 이상금 외, 『행동하는 양심 군대윤리』, 글로벌, 2014, pp. 286~288.

(2) 군인정신의 기본은 시민정신

미국인들은 개인의 자유와 인권이 침해받을 것을 두려워하여 강력한 군사력의 상존을 꺼려왔고, 이의 보완책으로서 군에 대한 민간통제권을 확립할 만큼 반군사적 전통을 지녀왔다. 반면, 개인의 자유와 인권의 침해를 저지하기 위하여 개인들 스스로 무기를 소유할 만큼 억센 상무적 기질도 지녔다. 이러한 두 가지 성향은 겉으로 나타난 양상은 상반된 것처럼 보이지만, 근본적으로 같은 가치체계로부터 비롯되었다. 그것은 마치 권리와 의무라는 두 가지 대조되는 개념이 오늘의 민주사회에서 핵심적 가치체계로 공존하고 있는 것과 흡사하다.

미국인들은 그들의 인권과 자유를 침해받지 않기 위해서 평시에 강력한 상비군의 유지를 거부할 수 있는 권리가 있었던 반면에, 유사시에는 바로 그 인권과 자유를 지키기 위해 스스로 무기를 잡고 나서야 하는 의무 또한 자발적으로 지켜왔던 것이다. 이것이 바로 미국의 사회가치 내지는 시민정신의 정수이며 여기에 미국적 군인상이 뿌리내리고 있다. 이러한 시민정신이 곧 군대의 이상적인 정신요소의 토대가 된 것이다. 지금도 미군 간부지침서에는 "군 간부로 임관된 사람은 미국 시민으로서의 근본 성격 가운데 어느 한 부분이라도 포기해서는 안 된다"고 명시하고 있으며, 나아가 "미국의 생활 원리와 그것을 받들겠다라는 열망이 바로 미국 군인정신의 기초"라고 명시하고 있다.

(3) 신사로서의 군 간부

그렇다면 미군 간부가 갖추어야 될 건전한 시민으로서의 정신적 덕목은 어떤 것일까? 미군의 간부지침서는 신사(gentleman)가 될 것을 요구하고 있다. 먼저 신사가 되어야만 군 간부로서의 특별한 책임을 떠맡을 자격이 있다는 것이다.

군 간부가 갖추어야 할 신사도의 구체적 내용은 인원에 대한 강렬한 신념, 인간의 존엄성에 대한 존경, 황금률(golden rule)[47]의 생활화, 인류의 복지 추구, 보편적 사랑(모든 사람을 자신의 부모나 형제처럼 따뜻하게 대함) 등이다. 먼저 신사가 되고 난 후에 군 간부는 특수한 직업인으로서의 군사 전문가가 되어야 한다. 미국 군대에서 이상적인 정신요소로 꼽는 애국심, 충성심, 용기, 능력, 명예심, 진실성, 공정성, 고결함, 어진 마음 등이 중세 영국 기사도의 미국식 변형인 신사도의 핵심정신이다.

이러한 요소들을 풀이하여 마셜(S. L. A. Marshall)[48]은 그의 저서 『지휘자로서의 군 간부』(*The Officer as Leader*)라는 책에서 직업군인의 행동규범을 다음과 같이 제시하고 있다.

첫째, 자신의 행동이 국가나 군대 또는 전우들을 위하여 공동의 이익이 된다고 믿어질 때, 그것이 자기 자신에게 어떤 불편이나 손해 또는 신체적 위험을 초래케 할지라도 신념을 가지고 추진해야 한다. 우리는 과거 월남전에서 미국인 헬리콥터 조종사가 적 지역에 고립된 아군 부상병을 구출하기 위하여 위험을 무릅쓰고 접근했다든가, 불도저를 몰고 도로작업에 나선 미군 병사가 아무런 감독 없이도 위험지역에서 묵묵히 임무에 충실했던 모습을 직접 보거나 듣거나 하였다. 이는 단순히 임무수행이라는 차원을 넘어서서 공동의 이익을 위한 개인의 희생정신이 발현된 경우라 할 수 있다.

---

47 17세기부터 사용되기 시작했다고 알려져 있다. 기독교인들의 윤리관을 가장 정확하게 표현한 말이라고 한다. 원래 예수 그리스도의 산상수훈 속에 있는 것으로, 신약성경 마태복음 7장 12절에 나오는 "그러므로 무엇이든지 남에게 대접을 받고자 하는 대로 너희도 남을 대접하라. 이것이 율법이요. 선지자니라"와 누가복음 6장 31절 "남에게 대접을 받고자 하는 대로 너희도 남에게 대접하라"의 예수의 가르침을 말한다. 즉 황금률은 남에게 대접받고자 하는 만큼 남을 대접하라는 황금처럼 고귀한 윤리적 가르침이라 할 수 있다.

48 1947년 당시 미국의 국무장관으로서 마셜플랜의 제안자이다.
마셜플랜은 제2차 세계대전 후의 서구국가에 대한 미국의 원조계획으로, 그 목적은 서구국가의 경제성장을 촉진하고 나아가서 공산주의의 확대를 저지시키려는 것이었다. 이 계획은 구주부흥계획(ERP: European Recovery Program)이라고도 불리우며, 1948년에는 경제협력법(Economic Cooperation Act)이 제정되었다.

둘째, 어떤 행동을 하기 전에 그 행동과 관련된 문제점들을 능력의 한계까지 연구 검토함으로써 자신의 행동이 최대한 진실성에 바탕을 두도록 해야 한다. 이것은 자기의 직무에 대하여 전문적 지식을 가질 수 있도록 끊임없이 노력해야 된다는 직업의식과도 일맥상통하고 있다고 하겠다.

셋째, 행동의 우선순위를 정할 때에는 자신의 이익보다는 다수의 이익이 되는 것에 우선권을 두어야 한다. 우리는 여기에서 미국인들이 단순한 개인주의에만 흐르고 있는 것은 아니며 집단에 대한 충성심 혹은 단결의 요체를 볼 수 있다.

넷째, 언행에 있어서 솔직 담백하되 예의를 벗어나지 말아야 한다. 다른 사람과 뜻을 같이할 때에는 따뜻하게 하고, 의견이 다를 때에는 떳떳하고 정중하게 자기 뜻을 나타내되, 일단 한쪽으로 결정된 사항에 대해서는 열정적으로 참여하며 사사로운 원한이나 불평을 삼가야 한다. 이것이 민주사회에서 필수적으로 요구되는 태도인 것이다.

다섯째, 자신의 공적으로 영예가 돌아올지라도 겸손할 줄 알고, 나아가 그것을 상관이나 부하에게 돌릴 수 있는 도량이 있어야 한다. 이것이 바로 군인의 인격이라는 것이다.

이상에서 우리는 미국의 군인상이 사회 가치체계 또는 직업의식 속에 광범위하게 비추어진 모습을 통해 미국사회의 고유한 특성까지도 엿볼 수 있었다. 즉, 확정적이기보다는 융통성의 여지가 많고, 직접적이기보다는 간접적이거나 암시적이며, 폐쇄적이기보다는 개방적이기 때문에 틀에 박은 듯이 짜임새가 있어 보이지는 않는다는 것이다. 이는 신사로서 군인의 개념이 민주시민의 인성과 조화를 이룬 결과이기도 하다.

4) 군사적 천재를 추구하는 독일의 군인상

(1) 상무정신과 단합정신

독일은 지리적으로 볼 때 유럽의 중앙에 위치함으로써 프랑스 · 오스트리아 · 러시아 등 강대국들의 틈바구니 속에 위치해 있다. 과거 독일이 겪었던 대부분의 전쟁은 독일의 국방력 및 외교정책의 중요성을 실감케 해주는 지리적인 여건과 밀접하게 관련되어 있다. 독일의 철학자 딜타이(Dilthey)[49]의 말에 의하면 "독일의 민족적 성향에는 때에 따라 감정적이고 모험적인 부분이 내재되어 있다"라고 할 정도로 상무정신은 국민정서에도 많은 영향을 미쳐왔다. 따라서 이러한 지리적 · 민족적 특성으로 인하여 독일군은 일찍부터 전쟁준비와 전투태세를 갖추는 상무정신과 지도자를 중심으로 굳게 뭉치는 단결정신이 투철하다. 독일의 상무정신이 가장 확고하고 두드러지게 나타난 것은 프레드릭 대왕[50] 통치 시절이다.

프레드릭 대왕이 즉위한 18세기 중엽 열강국의 인구수는 대략 오스트리아 1,300만 명, 프랑스 2,000만 명, 영국 1,000만 명, 러시아 4,000만 명 정도로 추산되며, 프러시아는 겨우 250만 명에 불과하였다. 당시 인구의 많고 적음은 그 나라 영토의 크고 작음을 나타내며, 동시에 국력 및 군대의 규모를 반영한다. 그러나 7년전쟁[51]에서 프러시아는 오스트

---

49 딜타이: 독일의 철학자(1833~1911). 자연과학에 대한 정신과학의 영역을 기술적 · 분석적 · 심리적 방법으로 확고하게 만들었다. 생(生)의 내면적인 직접 체험에 기초를 둔 '생의 철학'을 주장하였으며, 저서에 『정신 과학 서설』, 『철학의 본질』 등이 있다.

50 프레드릭 2세(1712~1786): 프러시아의 왕으로서 프리드리히 빌헬름 1세가 마련한 기틀을 바탕으로 프러시아를 유럽의 5대 강국으로 발전시켰다. 흔히 '프레드릭 대왕'으로 불리는 인물이다.

51 오스트리아 왕위계승전에서 프러시아(프로이센)에게 빼앗긴 오스트리아의 영토였던 슐레지엔 영유를 둘러싸고 유럽대국들이 둘로 갈라져 싸운 전쟁(1756~1763). 이 전쟁의 결과 프러시아(프로이센)은 슐레지엔의 영유권을 확립하고 유럽의 열강으로 등극하게 된다.

리아, 프랑스, 러시아 및 스웨덴까지 동시에 적으로 하는 전쟁이었으며 상식으로는 프러시아가 도저히 이길 수 없는 전쟁이었다. 그러나 결과는 프러시아에게 유리하게 전개되었고 프레드릭 대왕은 자신의 주장을 관철시킬 수 있었다.

프레드릭 대왕이 예상을 뒤엎고 최종적으로 승리할 수 있었던 이유는 다음 몇 가지로 분석될 수 있다.

첫째, 프러시아 국가의 체제적인 특색이다. 국왕은 궁정에만 머물러 있었던 것이 아니라 전장의 최고사령관이었으며 융커 귀족계급 역시 군 간부단으로서 대를 이어 전투에 참가했다. 곧 군은 '국가 속의 군'이 아니라 '국가 속의 국가'였던 것이다. 둘째, 프레드릭 대왕의 전략적 우수성이다. 그는 당시의 전쟁형태였던 제한전쟁의 특성에 비추어 적의 보급로를 차단함이 가장 중요하다는 사실을 간파하고, 당시의 일반적 상황으로는 불가능했던 행군속도를 높임으로써 그것을 실천한 것이다.

그 외에도 프러시아 군대의 엄격한 규율과 철저한 훈련에도 승리의 이유가 있었지만 무엇보다도 크게 작용했던 것은 프레드릭 대왕이 결코 전투를 두려워하지 않는 지휘관이었다는 점이다. 그는 제한전쟁[52] 당시 대부분의 장군이 전투를 싫어했음에 비해, 언제나 전투에 임할 자세를 갖추었으며 전투가 전쟁에 있어서 결정적 승리 요인임을 믿어 의심치 않았다. 실로 7년 동안 16차례의 대전투에서 그가 보여준 기상과 모범은 그 자신과 독일군의 상무정신을 드높인 것이며 후일 독일 민족정신의 귀감이 되었던 것이다.

---

52 제한된 군사목표와 제한된 자원으로 제한된 지역 내에서 행해지는 전쟁형태. 한정된 정치목적에 부합되도록 행동지역, 사용수단, 사용무기, 병력 및 달성해야 할 목표 등에 일정한 제한을 가하면서 수행하는 무력전을 의미한다.

(2) 사고(思考)하는 군인상

오늘날까지도 전쟁이론가로서 그 이름을 떨치고 있는 클라우제비츠[53]와 가장 위대한 참모총장의 한 명으로 추앙받고 있는 몰트케[54]를 통해 끊임없이 사고하고 노력하는 독일의 군인상을 조명해 볼 수 있다. 19세기 후반 이후 프랑스와 독일 등 유럽대륙의 운명에 가장 큰 영향을 미친 한 권의 책이 있다고 한다면 그것은 바로 클라우제비츠의 『전쟁론』이다. 프러시아를 중심으로 한 독일의 통일이 유럽대륙의 근대사를 판가름했다는 점을 인정한다면, 유럽의 운명은 이 군사학 서적에 의해서 결정되었다고 해도 과언이 아니다.

클라우제비츠는 사관학교 교장으로 임명되어 12년간 그 직책에 머물러 있으면서 고금의 전사(戰史)를 탐독하였고, 틈틈이 써두었던 전술의 내용을 보충함과 동시에 단편적으로 써나갔던 여러 가지 전쟁 현상들을 체계적으로 정리하였다. "전쟁이란 무엇인가?"로부터 묻기 시작하여 "전쟁이란 적을 굴복시키고 자기의 의사를 실현하기 위하여 사용되는 폭력행위이다. 전쟁은 다른 수단으로 하는 정치의 계속에 불과하다"는 유명한 결론으로 유도해가는 그의 저술은 전쟁 전체에 대한 개념을 가르쳐준다. 사실상 전쟁이 정치의 계속에 불과하다는 것은 어떠한 종류의 전쟁이든 모두 정치행동으로 해석할 수 있다는 말이며, 이것은 근대의 총력전 이론의 출발점이 아닐 수 없다.

후일 프랑스의 피에론 장군이 "만약 우리나라 장군들이 1870년 이

---

53 카를 폰 클라우제비츠(Karl von Clausewitz, 1780~1831): 독일의 군인 · 군사 평론가. 프러시아 육군의 건설 공로자. 예나 전쟁과 12년 나폴레옹 전쟁에 참가하고, 1831년 사관 학교장 · 참모장을 역임. 그의 저서 『전쟁론 Von Kriege(1832~37)』은 전술(戰術) 연구의 고전으로 높이 평가된다.

54 독일의 군인 · 원수(元帥). 1818년 코펜하겐 사관학교를 졸업하고 프러시아 육군에 입대하였다. 1858년 참모 총장이 되어 빌헬름 1세의 강병책과 비스마르크 수상에 협력, 프러시아(프로이센)군을 정비하고(1863) 덴마크(1864) · 오스트리아(1866) · 프랑스(1870~71) 등과의 전쟁에서 승리하였다.

전에 클라우제비츠의 사상을 염두에 두었더라면 보 · 불전쟁[55]에서 전략상의 실패를 모면했을 것이다"라고 말하였듯이 클라우제비츠의 전략사상은 위대한 전쟁 철학이었다. 그가 그처럼 훌륭한 저술의 업적을 남길 수 있었던 것은 평소 끊임없이 탐구하고 노력하는 자세를 견지했던 까닭임은 두말할 나위가 없다.

생각하는 군인으로서 우리는 몰트케를 생각하지 않을 수 없다. 빌헬름 1세[56]가 즉위할 당시 그의 나이는 64세의 고령이었다. 이 같은 노인이 91세까지 왕위에 있으면서 독일의 여망이었던 독일제국을 통일하고 황제가 되리라고는 아무도 예측하지 못했을 것이다. 그것은 물론 그의 훌륭한 정치적 역량에도 기인하지만 보다 큰 이유는 휘하에 비스마르크 수상, 론 군사대신, 몰트케 참모총장 등 유능한 인재들을 거느리고 있었기 때문이다. 후일 빌헬름 1세가 보 · 불전쟁의 승리를 자축하는 파티장에서 "론은 칼을 갈아 준비하고, 몰트케는 그 칼을 훌륭히 사용했으며, 비스마르크는 외교로써 프러시아에 영광을 가져왔도다"라고 칭송할 정도였다. 사실 몰트케는 32세 때 『로마제국 멸망상』을 번역하였고, 장차전에서 철도의 중요성을 강조한 논문을 저술하는 등 일찍부터 생각하는 군인으로서의 면모를 갖추어 왔다.

특히, 그가 철도에 대해서 깊은 관심을 표명하고 자신의 뜻을 관철시켜 철로를 설치했던 것은 그의 통찰에 기인하고 있다. 그는 "주전장(主戰場)에 가능한 한 다수의 군을 집중한다"는 나폴레옹식의 전술은 분산진격 방식으로 분쇄가 가능하다고 생각했다. 당시 유럽에서는 조미

---

55 프러시아(프로이센)의 지도하에 통일 독일을 이룩하려는 비스마르크의 정책과 그것을 저지하려는 나폴레옹 3세의 정책이 충돌해 일어난 전쟁. 이 전쟁의 결과 독일제국이 성립되고 프랑스는 알자스-로렌지방을 상실했다. 한자 문화권에서는 이 전쟁을 보불전쟁이라고 부른다.

56 프레드릭 1세로서 프레드릭 대왕의 아버지이다.

니[57]의 의견에 따라 내선작전(內線作戰)[58]이 유리하다고 믿고 있었는데, 몰트케는 철도문제만 해결된다면 외선작전(外線作戰)[59], 즉 포위공격이 보다 유리할 것이라는 새로운 개념에 착안하였다. 또한 독일의 지세(地勢)를 고려해볼 때 부대와 야영설비가 갖추어진 야전이 요새보다는 유리한 입장이기 때문에, 병력수송을 원활히 할 수 있는 철도가 꼭 필요하다고 믿었다. 다시 말해, 병력의 신속한 이동만 고려된다면 야전이 훨씬 유리한 전황을 차지할 수 있다는 것이며, 이러한 그의 통찰의 결과 프러시아군은 유럽 열강을 상대로 한 전쟁에서 승리할 수 있었던 것이다.

2. 동양에서의 바람직한 군인상

1) 중국의 전통적인 장수도(將帥道)

군인 또는 무사 그 가운데에서도 군 간부에 관한 동양의 전통적인 상을 알아보기 위해서는 중국의 사상을 빼놓을 수 없다. 중국 병서의 고전으로 알려진 『무경칠서』(『손자』, 『오자』, 『사마법』, 『이위공문대』, 『위료자』,

---

57 앙투안 앙리 조미니(Antoine-Henri Jomini, 1779-1869)는 프랑스-스위스의 장군이다. 19세기 위대한 군사 사상가들 중의 한 명으로 손꼽힌다. 프랑스와 전 유럽을 뒤흔든 1789년 프랑스 대혁명 이후에 등장해 이후 서양 군사사에 커다란 족적을 남겼던 군사 천재 나폴레옹, 군사 사상의 황제 클라우제비츠 등과 어깨를 겨루며 동시대에 활동했다.

58 신속한 기동 · 집중 및 분산의 이점을 획득하고, 양호한 통신 · 짧은 병참선을 이용하여 외부로부터 포위 태세로 전진해 오는 적과 대적하는 작전을 말한다. 대표적인 내선작전으로는 6 · 25전쟁 당시 낙동강지구 전투가 있다.

59 내부에서 외부를 향해 작전(내선작전)하는 적에 대하여 후방 병참선을 외부에 유지하면서 여러 방향으로부터 구심적으로 이루어지는 작전을 말한다. 외선작전은 적의 외부에 작전선을 구성하여 광범위한 포위로 언제든지 공세를 취할 수 있는 장점이 있다.

『삼략』, 『육도』)에 나타난 군대 또는 전쟁관과 장수관을 살펴보면 다음과 같다.

(1) 전쟁관(戰爭觀)[60]

『무경칠서』에는 "군대는 흉기요, 전쟁은 덕을 거역하는 것이며, 장수는 수많은 사람의 생사를 관장하는 사람이다. 그러므로 전쟁은 부득이한 경우에만 하는 것이다"라고 쓰여 있다. 이 말은 군대의 부도덕한 사용이나 악용 가능성에 대해 우려를 표명한 것과 동시에 부도덕한 전쟁은 살인행위에 불과한 것이라고 경고하고 있는 것이다. 그래서 "무릇 군대는 잘못이 없는 나라의 성을 공격하거나 죄 없는 사람을 살해해서는 안 된다. 남의 부형[61]을 살해하거나 남의 재산을 탐내서 취하거나 남의 딸을 첩으로 삼는 것 등도 다 도둑질하는 행위이므로 삼가야 한다" 라고 말하고 있다. 동양에서 군대와 전쟁에 대해 이러한 인식이 형성된 이유는 유교문화에 기인한다. 인(仁)을 기본적인 가치로 삼고 왕도정치(王道政治)[62]를 표방하는 유교 문화권에서는 군대나 전쟁을 정당화할 수 있는 도덕적 기반이 약한데, 이는 힘과 폭력의 사용은 인을 거역하는 태도이며 부도덕한 것으로 생각되었기 때문이다.

그러나 국민의 생사와 국가의 존망이 달려 있는 전쟁이야말로 나라의 중대한 일이기 때문에 장수의 존재는 무시할 수 없음을 인식하고 있었다고 할 수 있다. 그래서 『무경칠서』에서는 "장수는 나라에 대해서 마치 수레바퀴의 덧방나무[63]와 같은 중대한 기능을 한다. 보좌가 완전

---

60 이상금 외, 앞의 책, pp. 301~302.

61 부형(父兄), 즉 부모와 형제자매

62 왕도정치(王道政治): 덕망 있는 사람이 도덕적으로 어두운 사람을 다스려야 한다는 중국의 옛 정치사상

63 수레의 양쪽 가장자리에 덧대는 나무.

하면 국가는 반드시 강하고, 보좌가 긴밀하지 못하면 국가는 반드시 약해진다"고 하여 국가가 강해지고 안정을 이루기 위해서는 반드시 유능한 장수를 확보해야 함을 강조하고 있다.

(2) 장수의 덕목(德目): 지(智), 신(信), 인(仁), 용(勇), 엄(嚴)

『무경칠서』에는 장수에 관한 많은 논의가 있으며 주장하는 사람에 따라 그 내용에 다소 차이가 있기는 하지만 근본은 손자의 가르침을 따르고 있는 듯하다. 손자[64]는 "장수는 지(智), 신(信), 인(仁), 용(勇), 엄(嚴)을 갖춘 사람이어야 한다"고 말하고 있다.

『육도』(六韜)에서는 장수의 자질을 '용(勇), 지(智), 인(仁), 신(信), 충(忠)'이라 하여 손자의 그것과 약간 다르게 보고 있다. 덕목의 순서를 약간 달리하고 위엄 대신 충성을 강조하고 있는 것이 그 차이다. 『육도』의 장수(將帥)론을 보다 자세히 살펴보면 다음과 같다.

> 주나라 무왕이 태공에게 물었다. "장수를 논하는 길은 어떠합니까?" 태공이 대답하였다. "장수에게는 다섯 가지 재간과 열 가지 허물이 있습니다. 이른바 다섯 가지 재간이라 하는 것은 용, 지, 인, 신, 충입니다. 용맹스러우면 적을 두려워하지 않고 나가 싸우며 어려움을 피하지 않습니다. 그러므로 적은 이를 범할 수가 없습니다. 지혜로운 자는 모든 일에 재치있게 응하여 자기 실력을 충분히 발휘하며, 사리에 분명하여 판단력이 강하므로 적이 감히 손을 쓰지 못하므로 적이 감히 어지럽힐 수가 없는 것입니다. 인덕 있는 사람은 널리 사람을 사랑하며 은혜를 베푸는 까닭에 만백

입술과 이, 덧방나무와 수레바퀴처럼 서로 의지하고 도와야 제 구실을 다할 수 있다는 말인 순치보거에 사용되기도 한다.

64 B.C. 6~5세기경 중국 전국 시대의 제(齊)나라 병법가. 이름은 무(武), 자(子)는 존칭. 절도와 규율로 오(嗚)의 군대를 양성하였으며 병서(兵書)인 『손자(孫子)』를 지어 유명하다.

성이 따르게 됩니다. 신의가 있으면 약속을 어기지 않으며 부하들은 그를 믿게 되며 자연히 속이거나 하는 일은 없어집니다. 충성된 자는 언제나 두 마음이 없는 것이며 오로지 한 임금만을 섬기게 됩니다."

"이른바 열 가지 허물이란 ① 용감하거나 죽음을 가벼이 하는 것, ② 성급하여 속단하는 것, ③ 탐욕스러워 이익을 추구하는 것, ④ 어질어 인정에 견디지 못하는 것, ⑤ 지혜로우나 겁이 있는 것, ⑥ 신의가 있으나 사람을 쉽게 믿는 것, ⑦ 청렴결백하나 사람을 사랑하지 않는 것, ⑧ 지능이 있으나 나태한 것, ⑨ 굳세고 자기 고집을 쓰는 것, ⑩ 나약하여 남에게 즐겨 맡기는 것입니다."

열 가지 허물 가운데는 탐욕, 나약 등과 같이 그 자체로 허물이 되는 것도 있지만 대부분은 어느 한 가지 덕이 여타의 덕을 결여할 때 발생한다고 하겠다.

『손자』는 포함시켰으나 『육도』에는 빠져 있는 엄(嚴)의 덕목에 대해서 알아보자. 『위료자』에서는 엄의 중요성을 강조하여, "병사들이 장수를 적보다 두려워하면 승리하고, 적을 장수보다 더 두려워하면 패한다"고 말하고 있다. 왜냐하면 장수에게 위엄이 없으면 사졸들이 그의 명령을 따르려 하지 않기 때문에 군대는 오합지졸이 되고 그런 군대는 전쟁에서 패할 것이기 때문이다. 장수의 이런 엄은 당연히 신상필벌을 필요로 하게 된다.

장수가 상벌을 내림에 있어서 지켜야 할 준칙은 공평, 즉 공정(公正)이라 할 수 있다. 공정하지 못한 상벌은 도리어 부하들의 사기를 저하시키고 부대의 단결을 해칠 뿐만 아니라 지휘관에 대한 불신을 자초하고 결국 지휘관의 위신이 땅에 떨어지게 된다. 그래서 장수는 공평해야 한다. 장수가 공평할 때 사졸들은 모두 마음으로 복종하게 된다.

『무경칠서』에는 이상과 같은 장수가 갖추어야 할 덕목 이외에도 청렴, 수간(충고를 받아들이는 것), 납인(納人, 사람을 만들어 쓸 것), 채언(採言, 옳은 말을 채택하는 것) 등과 무(無)가 강조되기도 하고 "남들이 자기를 위해 목숨을 던지기를 요구하는 마당에서 자기의 존귀함을 내세워서는 안 된다"는 말과 같이 겸손이 권장된다. 또한 『위료자』는 지휘의 요체로 인화의 중요성을 들어, "천시는 지리만 못하고 지리는 인화만 못하다"는 맹자의 말을 인용하고 있으며 장수가 부하들과 동고동락할 것을 다음과 같이 주장하고 있다.

> 부지런하고 노고를 개의치 않는 군대는 반드시 대장이 선두에 서서 병사들과 노고를 함께 나눈다. 더울 때도 수레에 차양을 달지 않고 추울 때도 옷을 더 껴입지 않으며 험한 길에서는 반드시 수레에서 내려 걸어가고 병사들이 먹을 우물을 파고 나서 장수가 물을 마시며 전군의 식사 분배가 다 되고 나서 음식을 먹고 전군이 야영할 준비가 된 다음에 숙사에 든다. 병사들과 고락을 함께 나눌 수 있는 장수의 부하들은 출병한 지 오랜 시일이 경과할지라도 조금도 약해지거나 사기가 죽지 않는다.

(3) 중국의 전통적 군인상 평가[65]

유교적인 가치관에 바탕을 둔 중국의 전통적인 장수상을 현대적 기준에서 평가하면 다음과 같다.

첫째, 중국의 장수상에서는 위엄이 매우 강조되고 있다. 군자는 무게가 없으면 위엄이 없다. 위신과 엄격함을 뜻하는 군 간부의 위엄은 자칫 민주군대에서 요구되는 장교와 병사 간 또는 상관과 부하 간의 친밀한 관계를 유지하는 데 방해가 되며, 이들 간의 질서를 지나치게 엄격화 하게 된다. 그리고 공연한 위엄을 나타내기 위하여 군 간부들의 권위주의적 태도를 조장하기 쉽다. 중국의 병서에서 위엄과 인(仁)이 동시에

65 위의 책, pp. 302~305.

강조되는 이유도 위엄의 폐단을 방지하기 위한 것이라고 할 수 있다.

둘째, 유교적인 가치관은 대인(大人, 즉 군자)과 소인(小人)을 지나치게 구분해놓고 소인은 어리석고 못난 사람들이기 때문에 무조건 대인을 따라야 한다는 것이다. 이런 사고방식은 자연히 상관이 부하에게 일을 시킴에 있어서 그 일을 해야 하는 이유라든지 그 일에 관련이 있는 여러 가지 사정을 설명해줌으로써 설득을 통해 지휘하기보다는 일방적 지시와 무조건 복종이라는 지휘유형을 낳기 쉽다.

셋째, 덕장에 대한 잘못된 인식이다. 우리 군에서 '덕장'이라 함은 종종 세밀히 따지지 않고, 부하의 잘못에 대해서도 관대하고, 성품이 온화하여 화를 내지 않고 무난한 사람을 가리킨다. 이런 덕장의 개념은 매사에 빈틈없이 따지고 부하의 잘잘못을 분명히 가리고 업무를 일일이 확인하고 열심히 뛰는 지휘관을 '째째하다', '체신이 없다' 하며 매도하는 기풍을 낳았다. 이는 중국의 전통적인 덕장의 본래적인 의미에서 많이 이탈된 것이다.

넷째, "여자와 소인은 다루기가 곤란하다. 가까이 하면 불손하고 멀리하면 원망한다"는 공자의 말은 병사를 소인(졸병)으로 보는 폐습과 "병사들은 귀여워하면 기어오른다"고 하는 기풍을 낳게까지 했다. 국민이 곧 군인인 현대국가에 있어서 간부와 병사 간에는 직무상의 차이는 있으나 봉건제도하에서와 같은 사회적인 신분의 차이는 없다. 그래서 병사는 존중되어야 하고 친절하게 대해야 한다.

다섯째, 문(文)은 약하고 무(武)는 강하다는 고정관념이다. 그래서 '문약(文弱)'이라는 말은 군인이 일반학자나 또는 학문에 관심을 두거나 이에 종사하는 동료 군인을 비난할 때 자주 사용되고 있다. 비물리적인 대상을 '약(弱)'이라는 물리적인 용어로 수식하는 것은 마치 "사랑은 둥글다"는 말과 같이 적절하지 못하다. 문과 무는 본래가 불가분의 관계에 있을 뿐만 아니라 군사 분야에 있어서조차 전문적인 지식이 요구되는 현대사회에서 군인이 학문을 연마하는 것은 너무나도 당연한 일임에도 불구하고 이를 경시하거나 비난하는 풍조는 군의 발전을 위해서 결코 바람직한 것이 아니다.

2) 일본의 전통적 무사도 정신

(1) 사무라이와 무사도[66]

일본인의 모습과 일본의 군인상을 이해하는 데 빼놓을 수 없는 것이 '사무라이(무사)'이다. 일본에서 '무사도'는 사무라이, 즉 무사가 지켜야 할 정식적 덕목인 동시에 오랫동안 일본인들이 지향하던 인간수련의 목표로 여겨졌기 때문이다. 사무라이는 12세기 중반 막부(幕府)의 설립으로부터 19세기까지 지속된 무인정권의 산물이다. 따라서 일본의 무사도는 일본 특유의 역사 속에서 이해되어야 한다. 가령 무사도의 대표적인 덕목이라 할 수 있는 부하의 상관에 대한 헌신적인 충성은 막부의 우두머리인 장군과 무사단의 우두머리 격인 가신(家臣) 간의 주종관계 속에서 형성된 것이다. 무사들이 자기들의 '오야붕'[67]에게 바치는 서비스는 싸움이었기 때문에 평상시부터 그들에게 용감성이 중요시되었다.

즉, 무사도의 핵심은 충성(忠誠)과 무용(武勇)이었다. 주종관계를 유지할 덕목으로서 충성의 본질은 주군(主君)의 시은(施恩)과 보호에 대한 대가였는데, 그 관계는 법적 혹은 계약적이 아닌 윤리적인 것이다. 대가를 바라는 이런 충은 개인의 이해관계와 상충할 때 파기되는 경우가 적지 않았다.

"생명보다 이름을 중요시하는 것이 무사의 길이다." 무사들이 자

---

66 이재평 외, 『직업군인론』, 글로벌, 2016, p. 264.

67 두목이나 우두머리를 의미하고 반대말로는 따까리가 있다. 현재 일본에서도 야쿠자 외에는 사용하지 않는 용어이다.

신과 조상의 명예를 보호하는 방법으로 행한 할복은 일본의 무사담(武士談)에 자주 나오는데 12세기 말부터 관습화되었다. "약속을 중히 여기고 의(義)를 위해서는 움직일지언정 리(利)를 위해서는 움직이지 않는 것이 무사의 정신이다", "무사의 말 한마디는 돌보다도 무겁다", "무사는 비겁한 행동을 가장 수치스러운 것으로 생각한다. 비록 적이라 할지라도 곤경에 처해 있으면 도와주고, 전쟁과 관계없이 적을 괴롭히는 것은 용감하지 않은 일이다". 이런 말들은 다 『논어』와 『무경칠서』를 연상시키기에 족하다. 다만 무사도의 한 가지 특징이 있다면 그것은 무사가 삶과 죽음에 대한 집착을 끊고 영웅적인 죽음을 맞이할 수 있는 선불교적 사생관과 에토스[68]이다.

특히, 도쿠가와 막부(德天慕府) 시대에는 주자학이 관학[69]이 되고, 그 교설이 보급되면서 무사들의 생활윤리에도 영향을 주어 오륜이 강조되었다. 충(忠)은 이제 봉건질서를 관통하고 있는 기본적인 주종관계를 무사와 주군 간의 관계뿐만 아니라 본가와 별가, 상점의 주인과 고용인, 농촌의 지주와 소작농 사이의 관계까지도 지배하는 규범이 되었다.

무사들의 주군에 대한 충의 실천은 일종의 의무의 수행이었다. 가족, 주군, 사회에 대한 의무감은 그의 사회적 신분과 특권을 유지하는데 필수적인 것으로 생각되었다. 이러한 의무감을 의리(義理)라고 하는데 그것은 윗사람이나 사회로부터 받은 은혜에 보답하는 것을 포함하고, 자신의 명예를 유지해야 할 의무도 포함한다.

---

68 에토스(고대 그리스어: ἦθος, ἔθος, ēthos)는 '성격', '관습' 등을 의미하는 고대 그리스어에서 유래하였으며, 현대적 의미로는 특정한 집단이나 사회에서 사용되는 집단적인 윤리의식이나 관습, 기풍 등을 의미한다.

69 관학(官學): 나라에서 인재를 양성하기 위하여 세운 학교로서 국자감, 성균관, 사학(四學), 향교 등이 있다.

(2) 일본 무사도의 평가[70]

국군의 모체는 1945년 해방 후 창설된 국방경비대이다. 국방경비대는 미군정하에서 조직되었기 때문에 미군의 영향을 받았으나, 지휘통솔의 내면적 측면에서는 거의 일본군의 방식과 관행을 따랐다는 평가가 일반적이다. 그 이유는 국방경비대의 간부들이 일본군, 만주군, 중국군, 광복군 등 다양한 군복무 경험자들로 구성되어있지만, 그중 일본군 출신이 다수였을 뿐만 아니라, 그들의 영향력이 가장 컸기 때문이다.

절대복종과 생명의 존엄이 무시된 충성을 강조하는 일본군의 풍토에서 자란 국방경비대 요원들의 통솔방법은 오늘에 이르기까지 우리 군에 상당한 영향을 미치고 있기 때문에, 우리는 구(舊)일본군의 군인상에 대해 정확한 인식과 객관적인 평가를 해야만 한다. 다만, 긍정적인 면은 생략하고 부정적인 면을 중심으로 고찰해 보겠다.

첫째, 일본군의 정신력에 대한 과신이다. 정신력을 지나치게 강조하게 되면 그 결과 꼭 필요한 유형전력의 가치를 과소평가하거나 무시하는 과오를 범한다. 정신력이 군 전력의 필수적인 요소임에는 틀림이 없으나 정신력은 무형전력의 전부가 아니며 더구나 유형전력을 대신할 수 없다. 무형전력은 지휘관의 용병술과 지휘통솔력, 사격술 등 전기전술의 숙달 등도 포함해야 하는데 정신력은 이 가운데 한 요소일 뿐이다.

둘째, 일본의 무사도가 복종을 강조하고 변절을 증오했음에도 불구하고 역사상 많은 하극상이 발생하였고, 포로가 되었을 때, 어느 나라 군인 못지않게 적에게 굴복하고 협조하는 모습을 보여주었다. 이는 일본 무사도의 한계가 아닌가 싶다.

셋째, 복장과 경례 등 외적인 군기를 지나치게 강조한 점이다. 물론, 외적 군기가 확립되어야 내적 군기도 확립되겠지만, 지나치게 외적

---

70 위의 책, pp. 265~266.

군기만을 강조하다 보면, 정작 중요한 내적 군기를 확립하지 못할 수가 있다. 외적으로 엄정해 보여도 내면적으로는 성숙하지 못한 정신세계를 가짐으로써, 감독자가 없을 경우 일탈행위가 만연해지는 모습을 보이게 된다.

넷째, “군인의 언어는 절도 있고 단정하여야 한다”는 구일본군의 규범은 명확한 의사표시와 고함을 혼동하게 하고 있으며, 딱딱한 동작을 정중한 동작으로 오인시키고 있다. 이는 군의 경직된 분위기를 조성할 뿐만 아니라 불필요한 일에 신경을 쓰게 만들며 일반 국민에게 친근감을 주지 못하게 할 우려가 있다.

다섯째, 복종의 지나친 강조는 ‘절대복종’ 또는 ‘무조건 복종’으로 인식됨으로써 부하의 자발성과 창의성을 말살하고 특히 불의의 사태를 당하여 어떻게 행동을 취해야 할지를 모르게 할 우려가 있다.

여섯째, 지나친 서열의식과 배타적인 동료의식, 신참과 고참 간의 지나 칠 정도로 엄격한 질서의식은 고참에 의한 횡포를 유발한다.

일곱째, 생명과 인성의 경시 풍조가 만연되어 있다. 죽는 것을 가볍게 여기는 구일본군의 사고방식은 자랑으로 여길 것이 못 된다. 물론 임무완수를 위해 필요하다면 죽음까지도 무릅써야 하는 것이 군인의 태도인 것만은 틀림없다. 그렇다고 자신의 생명을 무엇보다도 귀중하게 생각하는 인간의 본성까지도 부정해서는 안 된다. 자신의 생명을 소중하게 여기지 않는 태도야말로 인간의 본성을 거역하는 것이다. 자고로 인간성에 정면으로 배치되는 윤리는 그 생명력이 약하다. 미군의 포로가 된 일본군의 비굴한 행동은 그들이 진정으로 생명에 대한 애착을 가지고 있지 않다는 주장이 헛됨을 증명하고 있다.

3) 한국의 전통적인 군인상

(1) 전통적 장수관[71]

우리나라의 군사사상은 일찍부터 중국의 영향을 받아 『무경칠서』(武經七書)적인 전쟁관과 군인관을 갖게 되었다. 그리하여 '병자흉기야'(兵者凶器也)[72]라는 인식하에 군대의 존재 및 전쟁은 바람직하지 못한 것이지만 필요악으로서 부득이 이를 인정할 수밖에 없다는 생각이 지배적이었다.

우리나라에서 사용된 병서인 『병학주해』(兵學註解)의 장론(將論)에서는 "전쟁이란 백성의 생사와 국가의 존망을 좌우하는 중대한 문제"라면서 전쟁의 중요성을 강조하고 있다. 그러나 근본적으로 군사력의 유지는 그 무력을 실제로 전쟁에 사용하기보다는 전쟁을 방지하는 수단으로서 더욱 중요시되었다. 이렇듯 필요악이면서도 위험한 군대를 지휘하고 전투를 수행할 장수는 매우 중요한 존재로 간주되었다. 『병학주해』를 보면 재주가 천명을 능가할 만한 사람을 장(將), 지식이 만 명을 능가할 만한 사람을 수(帥)라 하였다.

『삼국사기』 「열전」의 김유신에 관한 기사 가운데 김유신이 말하기를 "무릇 장수된 자는 나라의 간성이요, 임금님의 조아(爪牙)로서 시석(矢石) 가운데에서 승부를 결단한다"고 하여 스스로 나라의 간성임을 자처하고 있다. 이와 같이 장수를 국가의 간성으로 인식한 기사는 우리나라의 여러 역사 기록물에서 흔히 찾아볼 수 있다.

---

71 이상금 외, 앞의 책, pp. 310~311.

72 무기는 흉기라는 말로서 전쟁은 사람을 해치는 흉한 일이라는 의미를 담고 있다.

(2) 문 · 무의 겸비[73]

우리나라의 고대 사회에서는 문과 무가 일체를 이루어 무사가 되는 것이 사회적 특권으로 간주되었다. 문무의 지식을 고루 갖춘 사람이 전장에 나가면 장수가 되고, 조정에 들어오면 재상이 될 수 있는 자질과 능력을 겸비하는 것이 참다운 지도자의 필수조건이라 인식되었다. 삼국시대에 고구려의 고국원왕이 백제와의 전투에서 전사하고 백제의 성왕이 신라를 공격하다가 전사한 것 등은 국왕까지도 출장입상(出將入相)[74]의 도리를 다한 결과라고 할 수 있다. 고려시대에 이르러 무인정권이 출현한 것은 문 · 무의 차별에 원인이 있었던 것은 사실이지만, 고려의 통치 원칙상 문 · 무의 균형은 중요하게 다루어져 왔다. 당시의 명장 강감찬이나 윤관은 모두 문관 출신으로 불후의 전공을 남겨 문 · 무겸비의 표본이 되고 있다.

조선왕조에 들어와서는 숭문천무(崇文天武)[75]의 기풍이 관료제도나 통치이념에 확연히 드러나게 되었다. 그러나 시대를 초월하여 강조되어온 문 · 무 겸비의 군인상이 계속 요구되어 관리의 등용을 위한 과거시험에도 문과시험과 무과시험이 병존하였다. 특히, 무관을 선발하는 무과시험은 궁술(弓術), 기창(騎槍), 격구(擊毬) 등의 무예와 함께 경서(經書)와 병서(兵書) 등의 학술시험도 포함되어 있었다. 아울러 무과가 정식으로 설치되었다는 것은 적어도 양반관료 제도의 2대 지주로서 무관의 중요성을 인식했던 결과이며, 그 시험에 경서까지 포함시킨 것은 무관이라 할지라도 지배층으로서의 자질을 갖추어야 한다는 당위성을 강조한 데서 연유한 것이었다. 그 결과 조선왕조에서는 고려사 편찬을 주관

73 이재평 외, 앞의 책, 2016, pp. 267~268.

74 출장입상: 나가서는 장수가 되고, 들어오면 재상이 된다는 뜻이다. 다시 말해 문과 무를 겸비한 사람을 일컫는다.

75 글을 숭상하고 무력을 천시하는 조선시대 기풍을 말한다.

한 김종서를 비롯하여 명시를 남긴 남이장군, 『난중일기』를 쓴 이순신 장군과 같이 군사뿐만 아니라 문장과 일반학문에도 조예가 깊은 명장을 배출하였던 것이다.

(3) 인의와 군사지식의 구비[76]

우리나라는 고대로부터 홍익인간 정신[77]을 정치이상으로 삼아왔으나, 4세기 후반 들어서 사회의 질서를 유지하는 덕목으로 유교를 중요시하면서부터 유교에서 지향하는 덕치주의(德治主義)와 인의(仁義)가 통치의 기본원리가 되었다.

군대의 조직과 운용에 있어서도 인의는 매우 중요한 덕목이며 동시에 진리로서 인식되었고, 특히 장수는 인의의 도리를 체득하고 실천할 것이 강조되었다. 인의의 '인(仁)'은 참다운 인간애, 포용력, 이해심 등을 의미하고, '의(義)'는 의리와 정의를 의미하는 것으로 인간의 내면적 충실과 그 사회적 외연까지를 포함하며, 이는 장수가 지녀야 할 기본교양으로 간주되었다.

한편, 군대의 운용 특히 전투행위는 변화무쌍한 상황의 전개를 전제로 하기 때문에 어떠한 상황에도 적용될 수 있는 기본적인 군사지식의 구비가 강조되었다. 이에 따라서 우리나라에서는 진법(陳法)이나 수성법(守城法)과 같은 군사교범을 왕이 직접 편찬하거나 왕명으로 편찬케 하는 등 매우 중요하게 취급하였으며, 장수가 갖추어야 할 기본적인 군사지식을 서술한 『병장설』(兵將說)과 같은 지침서가 왕에 의해 직접 편찬되기도 하였다.

---

76 이상금 외, 앞의 책, p. 312.

77 널리 인간세계를 이롭게 한다는 뜻으로 『삼국유사』의 단군 신화에 나오는 말이다. 우리나라 정치 · 경제 · 사회 · 문화의 최고 이념으로, 윤리 의식과 사상적 전통의 바탕을 이루고 있다.

또한 중국의 『무경칠서』는 군사지식을 구비하는 데 있어서 가장 기본적인 병서로 취급되었다. 중국인이 저술한 이 병서들은 경우에 따라서 그 내용을 요약 또는 보충하여 우리나라의 실정에 알맞게 편찬하기도 하였으며, 이러한 병서는 비단 무관뿐만 아니라 문관도 기본적인 교양으로 독서하는 것이 일반적인 경향이었다.

(4) 전통적 화랑도 정신

① 화랑도의 대표적 규범

화랑도[78]는 훌륭한 지휘관과 용감한 군사를 배출한 한국적인 군인상 또는 간부상의 원류라 해도 과언이 아닐 것이다.[79]

원광법사가 화랑에게 수여한 세속오계(世俗伍戒)는 화랑도 정신을 대표하고 있는 규범이다. 세속오계가 추구하고 있는 가치 또는 규범은 충성(사군이충), 효도(사친이효), 신의(교우이신), 용기(임전무퇴), 인애(살생유택)라 할 수 있는데, 여기에 화랑들의 정신 즉, 한국적인 간부상의 원류가 들어 있다.

세속오계에 첫 번째 규율과 두 번째 규율이 사군이충과 사친이효로서 이것은 충효를 의미하는데, 화랑들은 국가에 대한 충성과 부모에 대한 효를 별개로 보지 않았다. 국가에 대한 충성이 부모에 대한 효라 생각하여 집에 있을 때에는 부모에게 효도하지만, 밖에 나가서는 국가에 대해 충성을 다하였다. 특히, 이들의 충성심은 국가와 왕에 대한 헌신과 희생으로 나타났으며, 국가가 위기에 처했을 때 전쟁터에서 극적

---

78 신라시대 화랑을 우두머리로 하는 청소년 수련단체이다. 화랑이라는 말은 '꽃처럼 아름다운 남성'이라는 뜻인데, 화판(花判) · 선랑(仙郎) · 국선(國仙) · 풍월주(風月主) 등으로 불리기도 한다. 단체정신이 매우 강한 청소년 집단으로서 교육적 · 군사적 · 사교단체적 기능을 가지고 있었다. 무엇보다도 많은 인재를 배출해 신라의 삼국통일뿐만 아니라, 골품제(骨品制) 사회에서의 여러 계층 간의 긴장과 갈등을 조절, 완화하는 데도 이바지하였다.

79 김성우, 앞의 책, p. 314.

으로 발휘되었다.

교우이신의 규율에 나와 있듯이, 화랑들은 신의를 중히 여겨 친구 간의 신의뿐만 아니라, 심지어 적장과의 신의까지도 지키는 모습을 보여주었다. 『삼국사기』에는 화랑 사다함과 무관랑의 각별한 우정에 관한 이야기가 수록되어 있다. 사다함과 무관랑은 죽음을 같이할 것을 약속한 사이였는데, 무관랑이 병으로 죽자 사다함마저 7일 동안이나 슬피 통곡하다가 죽었다 한다. 화랑 출신 김유신 장군의 일화도 유명하다. 그는 대야성 전투에서 목숨을 잃고 백제군 수중에 있던 김춘추(훗날 태종 무열왕)의 딸과 사위(품석, 品釋)의 유해를 자신이 포로로 잡은 백제군 장군 8명과 교환할 것을 백제 대장군에게 제의하였다. 이후 백제군이 이들 부부의 유해를 보내주자 주위의 반대에도 불구하고 백제군 장군 8명을 약속대로 되돌려 보내주었다. 바로 이러한 모습이 그들이 신의를 중시한 좋은 사례라 할 수 있다.

임전무퇴의 정신은 신라군이 삼국통일을 이룩할 수 있는 신념화된 전훈이라 할 수 있다. 원광법사에게서 세속오계를 받은 이후 신라군은 임전무퇴를 전훈으로 삼아 고구려나 백제와의 전쟁에서 패배한 적이 거의 없을 정도로 목숨을 걸고 싸워 이겼다.

마지막으로 살생유택으로서, 본래 그 기본정신은 살생에 있어서 그 때를 가려야 하고, 대상을 가려서 함으로써 올바른 행위를 해야 한다는 것이다. 이는 불필요한 살생을 피하는 것이 힘의 자제와 생명의 존중을 함축하므로, 살생유택은 정의 · 자제 · 인애로 해석될 수 있다.[80] 『삼국유사』에 기록된 바에 따르면, 한때 화랑의 낭도였다가 중이 된 혜숙이 한 국선[81]의 사냥에 따라갔다가 오직 살육을 즐기는 그 모습에 실망하여 자기 살을 베어주면서 책망하였다고 한다. 이는 무분별한 살상

80 이재평 외, 앞의 책, 2016, p. 273.

81 화랑 중에서 왕이 특별히 임명한 자로서 대표 화랑에 해당한다.

을 혐오하는 화랑의 생명존중 사상을 표출한 것으로 풀이된다.[82]

② 화랑의 독특한 수련방법

화랑들은 풍류도적인 성격의 수련을 즐겼는데, "혹은 서로 도의로써 연마하고 혹은 서로 가락으로써 즐기면서 산수를 찾아 유람하는데 먼 곳이라도 다 미치지 않는 데가 없다"라는 말처럼 독특한 방법으로 수련을 하였다. 화랑들은 도덕적 수양을 귀중하게 여겼고 멋과 낭만을 알고 자연과 더불어 심신을 수련하고 무예를 단련하였다.[83]

그들은 문과 무, 강함과 유연함을 함께 지녔으며, 세속적 가치를 초월한 호연지기를 갖춘 원만한 인격을 갖추도록 수양하였다. 이렇게 수양을 쌓은 화랑 출신들은 물질과 명예에 대한 이기심을 버리고 소박한 생활태도를 지켰고, 공직에 임하여서는 청렴결백한 자세를 유지하였다. 그리고 타인에게 겸손하여 양보하는 미덕을 지녔다.

③ 화랑도 정신의 계승

화랑도 정신을 계승하는 것은 화랑도 정신을 한국적 무사도의 표본으로 삼을 때 가능하다. 우리가 화랑도 정신을 한국적 간부상으로 삼아야 하는 이유는 다음과 같다.

첫째, 화랑도는 화랑이라는 무사집단의 정신인 세속오계(世俗伍戒)를 바탕으로 하고 있기 때문이다.

둘째, 화랑도는 유교, 불교, 도교 등을 그 사상적 뿌리로 하고 있다. 이들 세 가지 사상을 무인이 추구해야 할 윤리에 창조적으로 융화시키고 있어, 오늘날 군 간부의 윤리적 사상의 기초가 될 수 있기 때문이다.

셋째, 화랑도는 화랑들의 사상과 행동을 지배하고 실천토록 하였

82 곽우영 외, 앞의 책, pp. 227~228.

83 이재평 외, 앞의 책, 2016, pp. 273~274.

는데, 우리의 전통적인 무인들은 이러한 화랑도 정신을 최고의 가치로 추구하며 살아왔기 때문이다.

넷째, 우리나라 무인들이 전통적으로 추구했던 인생이나 사회에 대한 정신적 태도 또는 어떤 행위의 옳고 그름의 구분에 관한 태도 즉, 윤리, 인륜, 도덕 등은 대체로 화랑도의 기본정신에서 크게 벗어나지 않기 때문이다.

화랑도 정신은 오늘날 우리 군의 정신적 유산이며 바람직한 한국적 상무정신이라고 할 수 있다. 특히 도덕적 가치가 퇴색하고 윤리적으로 타락하고 있는 현대사회에서 군과 사회의 지도적 집단에게는 타 집단보다 높은 윤리와 도덕성이 요구되고 있음을 고려할 때, 장차 군의 지도자가 되고자 하는 학생 즉, 사관생도와 간부 후보생들에게는 더 높은 도덕적 가치와 윤리의식의 수양이 요구된다. 이는 화랑들이 도의로써 심신과 무예를 연마한 것과 같다. 따라서 군의 간부가 되고자 하는 사람들은 화랑도 정신을 표본으로 삼아 훌륭한 간부 및 지도자로 거듭날 수 있도록 절차탁마(切磋琢磨)[84]해나가야 할 것이다.

---

84 절차탁마(切磋琢磨): 옥이나 돌 따위를 갈고 닦아서 빛을 낸다는 뜻으로, 부지런히 학문과 덕행을 닦음을 이르는 말이다. 『시경』의 「위풍(衛風)」「기오편(淇澳篇)」과 『논어』의 「학이편(學而篇)」에 나오는 말이다.

제4장
윤리덕목의 사례

사례학습 진행방법

사례연구는 토의법과 문제법을 혼합한 교육방법의 한 형태이다. 사례나 예시로 제시되는 문제 상황을 토의 또는 토론을 통해서 해결해나가는 과정 속에서 그와 관련된 지식이나 사고능력, 정서적 태도 등을 얻을 수 있게 하는 학습방법이다(권영창 외, 2008).

또한 사례연구는 학습자들 스스로 연구하고 토의하며 문제를 해결해나가는 과정에서 창의적이고 발전 지향적으로 지식을 확장해나갈 수 있으며, 협동학습을 통해 동료들과 유대관계를 강화하고 협업능력을 향상시킬 수 있다.

사례연구 방식의 수업 진행을 위해 제1부에서는 6개의 사례를 선정하였으며, 사례내용과 토의주제를 함께 제시하여 보다 쉽고 효율적으로 토의식 수업을 진행토록 하였다.

사례를 적용한 수업방식은 다양하게 할 수 있으나, 본 교재에서는 다음과 같은 방법을 제안한다.

1단계 : 선행학습 – 토의용 사례와 주제에 대해 개인연구안 작성

2단계 : 핵심강의 – 교수에 의한 핵심 이론강의

3단계 : 조별학습 – 개인안 토의 및 발표, 조 발표안 작성

4단계 : 학급토의 – 각 조별 발표 및 토의(다양한 토의방법 적용)

5단계 : 교수 강평 및 보충강의

사례

1. 메두사호의 뗏목
2. 오기 장군의 리더십
3. 채명신 장군과 국립현충원
4. 제임스 밴 플리트 부자(父子)
5. 윤 모 일병 폭행 사망사건
6. 장교 탈영사건

1. 메두사호의 뗏목

1816년 프랑스 군함 메두사호는 식민지였던 아프리카의 세네갈에 정착할 이주민과 군인들을 싣고 출항하였다. 그러나 귀족 출신의 선장 뒤루아 드 쇼마레의 무리한 항해로 인해 메두사호는 7월 2일 연안의 암초에 좌초하고 말았다. 침몰될 위험이 없었는데도 경험이 부족한 선장은 즉시 배를 버리고 탈출할 것을 명령하였다. 하지만, 구명보트의 정원은 250명으로 승선자 400명 전원이 탈 수 없었다. 따라서 선장과 고급 선원, 귀족, 장교, 공무원, 의사 등 250명은 구명보트를 타고 탈출하였지만, 나머지 하급 군인과 관리, 어부, 민간인 등 149명은 뗏목을 만들어 필사적 탈출을 할 수밖에 없었다. 그러나 난파된 지 며칠이 지나지 않아 싸움과 갈증, 질병과 식인(食人) 등으로 인해 뗏목에는 28명만이

테오도르 제리코, 〈메두사호의 뗏목〉, 1819, 캔버스에 유채, 491x716cm, 루브르박물관 소장.

살아남았다. 그리고 그마저도 건강한 15명이 나머지 13명을 바다에 던져버림으로써 뗏목의 생존자는 15명으로 줄었으며, 표류 15일이 지난 후 구조되었을 때는 고작 10명만이 생존할 수 있었다.

19세기 낭만파 화가로 활동하던 테오도르 제리코[85]는 이와 같은 사실을 접하고 당시의 실화를 바탕으로 그림을 그리는데 그것이 바로 〈메두사호의 뗏목〉이라는 제목의 그림으로 지금도 프랑스 루브르박물관에 전시되어 있다. 인간의 비윤리적 측면을 보여주는 대표적인 그림으로 당시 사회와 미술계에 커다란 충격을 안겨주었다. 선장과 장교, 귀족들이 자기들만 살고자 많은 선원과 시민들을 버리고 떠나버린 무책임한 행동과 남아 있던 시민들과 하급 군인들이 살기 위해 싸우고 식인마저 자행한 비윤리적 상황들을 여과 없이 그림에 담았기 때문이다. 하지만, 반대로 그림이 주는 메시지는 희망과 반성이다. 인간 스스로의 도덕적 계몽과 희망 등 윤리적 재건의 의미를 담은 매우 뜻깊은 작품으로 평가된다.

토의주제

1. 메두사호 뗏목에서 인간의 비윤리적 행위는 무엇인가?
2. 메두사호의 선장과 상급 장교, 귀족들이 도덕적으로 비난받아야 하는 이유는 무엇인가?
3. 인류의 역사상 가장 참담한 조난사건 가운데 하나로 기록된 메두사호 사건에서 얻어야 할 교훈이 무엇인가?

---

85 테오도르 제리코(1791-1824): 프랑스 북서부 루앙 출신, 고전주의에서 해방된 낭만파의 선구자, 대표작은 1점에 불과하지만, 프랑스 회화가 낳은 가장 대형의 천재 화가로 평가됨.

2. 오기 장군의 리더십

오기(嗚起)는 중국 전국시대의 병법가이며 장군이자 정치가이다. 『사기』「손자오기열전」에 의하면 오기는 작은 위나라 출신으로 병사를 다루는 일을 좋아했다. 그러나 고향에서 벌인 일로 인해 그에 대한 평은 좋지 않았다. 오기는 자신을 잔인하고 의심이 많다고 비난하는 마을 사람 30여 명을 죽이고 어머니 앞에서 자신의 팔을 깨물면서 한 나라의 재상이 되기 전에는 돌아오지 않겠다고 맹세했다. 그는 증자에게 학문을 배우게 됐는데, 얼마 후 어머니가 별세했다는 통보를 받았지만 고향으로 돌아가지 않았다. 이에 놀란 증자가 사제관계를 끊어 버렸다. 오기는 생존전략을 위한 병법을 배워 작은 노나라로 가서 군주를 섬기는 기회를 잡게 됐다. 오기는 장수가 되자 신분이 가장 낮은 병사들과 똑같이 옷을 입고 밥을 먹었다. 잠을 잘 때에도 자리를 깔지 못하게 하고, 행군할 때에도 말이나 수레를 타지 않고 자기가 먹을 식량은 직접 가지고 다니는 등 병사들과 함께 고통을 나누었다. 한번은 종기 난 병사가 있었는데 오기가 그 병사를 위해 고름을 빨아주었다. 병사의 어머니가 그 소식을 듣고는 소리 내어 울고 있는데, 어떤 사람이 물었다. "장군께서 직접 고름을 빨아주셨소, 근데 어찌하여 슬피 소리 내어 우시오?" 그의 어머니는 대답했다. "예전에 오공(오기)께서 우리 애 아버지의 종기를 빨아준 적이 있는데 그 사람은 자기 몸을 돌보지 않고 용감히 싸우다가 적진에서 죽고 말았습니다. 오공이 지금 또 제 자식의 종기를 빨아주었으니 이 아이도 어느 때 어디서 죽게 될지 모릅니다"라고 말했다.[86]

---

86 조승옥 외, 『군대윤리』, 봉명사, 2003.

토의주제

1. 오기 장군이 보여준 리더로서 윤리적 자세는 무엇인가?
2. 리더로서 진정한 부하 사랑을 실천하는 방법은 무엇인가?
3. 입신양명과 자신의 명예를 위해 주위 사람들을 죽이고, 모친의 상에도 가지 않은 오기 장군의 모습은 윤리적으로 비난받을 만하다. 이러한 오기 장군의 사례에서 볼 수 있는 긍정적인 면과 부정적인 면에 대해서 비교 토의하라.

3. 채명신 장군과 국립현충원

채명신 장군은 1926년 황해도 곡산에서 항일운동가의 아들로 태어났으며, 1947년 월남해 조선경비사관학교 5기로 입학했다. 1949년 육사를 졸업한 뒤 이듬해 6 · 25전쟁에 참전했으며, 종전 후 육군 5사단장과 육군본부 작전참모부장을 거쳤다. 1965년 8월부터 1969년 4월까지 초대 주월 한국군 사령관과 맹호부대장을 맡아 4년 동안 베트남 전

국립현충원 사병 묘역에 묻힌 채명신 장군의 묘(왼쪽), 오른쪽에 서서 악수하는 채명신 장군(오른쪽)

쟁에 참가했다. 그는 베트남전 당시 100명의 베트콩을 놓치더라도 1명의 양민을 보호하라고 지시하는 등 덕장으로서 존경을 받았다.

한편, 그는 1961년 발발한 5 · 16에 주도적으로 참여한 박정희 전 대통령의 최측근이었지만, 박 대통령의 유신헌법 선포에 반대하면서 1972년 중장으로 예편했다. 전역 후에는 스웨덴, 그리스, 브라질 대사 등 외교관으로 활동했으며, 대한해외참전전우회 명예회장, 베트남참전유공자전우회 회장, 대한민국 월남전참전자회 명예회장 등을 지냈다.

채명신 장군은 국립현충원 최초로 사병 묘역에 묻힌 장군으로도 유명한데, 그는 "나를 파월장병 곁에 묻어달라"는 유언을 남기고, 국립현충원 장군 묘역이 아닌 일반 병사 묘역에 안장되었다.

토의주제

1. 채명신 장군이 베트남전에서 보여준 윤리의식은 무엇인가?
2. 죽어서라도 전우 옆에 있겠다고 하면서, 자신을 파월장병들의 묘역에 묻어 달라고 한 장군의 유언을 통해서 느낀 점을 토의하시오.
3. 채명신 장군은 노블레스 오블리주 정신을 실천한 좋은 사례로 회자되고 있다. 오늘날 군 간부들이 노블레스 오블리주를 실천할 수 있는 방법에 대해서 토의하시오.

4. 제임스 밴 플리트 장군 부자(父子)

오산 공군기지에는 제임스 밴 플리트 2세의 흉상이 있다. 밴 플리트 2세는 6 · 25전쟁 시 미8군사령관이었던 제임스 밴 플리트 육군 대장의 아들로서, 아버지를 따라 6 · 25전쟁에 공군대위로 참전하였다가 안타깝게 전사하였다. 전투기 조종사였던 그가 출격 전 어머니께 쓴 편지가 회자되고 있는데 그 내용은 다음과 같다.

"사랑하는 어머니, 어머니의 눈물이 이 편지를 적시지 않기를 바랍니다. 저는 최근 전투비행 훈련을 자원했습니다. 곧 B-26 폭격기를 조종할 것입니다. 저는 조종사라서 폭격수와 항법사, 기관총 사수 등과 함께 전투기를 타게 됩니다.

아버지는 모든 사람이 두려움 없이 살 수 있는 권리를 위해 지금 한국에서 싸우고 계십니다. 드디어 저도 미력하나마 아버지에게 힘을 보탤 시기가 온 것 같습니다.

어머니, 저를 위해 기도하지 마십시오. 위급한 상황에서 조국 수호를 위해 소집된 나의 승무원들을 위해 기도해주세요. 그중에는 무사히 돌아오기만을 기다리는 아내가 있는 사람과 아직 가정을 이루지 못한 사람도 있습니다. 저는 최선을 다할 것입니다. 그것은 언제나 저의 의무니까요. 안녕을 빕니다."

밴 플리트 장군은 1950년 10월 6 · 25전쟁 중 진해에서 4년제 한국육사 창설의 공로자이기도 하다. 밴 플리트 장군이 100세로 별세하기 2개월 전인 1992년에 한국의 육사생도에게 보낸 서신이 있는데, 이는 현재 육사에 있는 육군박물관에 소장되어있다. 다음은 서신 본문의 내용 중 일부이다.

"인내심과 불굴의 의지를 갖고 있는 자유를 사랑하는 국민은 그들의 꿈을 실현시킬 수 있습니다. 자유란 소중한 것이지만 또한 소멸되기 쉬운 것이기도 합니다. 자유를 사랑하는 국민은 그들의 '자유'를 수호할 의지를 가져야 합니다. 그들은 군대가 필요하며 그 군대는 국민의 의사에 응해야 하고 그 군대의 전문성과 모범은 시민들로부터 높은 존경을 받을 수 있어야 합니다."[87]

토의주제

1. 제임스 밴 플리트 장군 부자의 모습에서 배울 수 있는 윤리의식은 무엇인가?
2. 밴 플리트 장군이 보여준 참다운 군인정신과 리더의 자세에 대해서 토의하시오.
3. 밴 플리트 장군이 보여준 한국과 자유에 대한 사랑과 군인으로서의 자세에 대해 토의하시오.

5. 윤 모 일병 폭행 사망사건

2014년 4월 7일 육군 ○○사단의 윤 모 일병이 선임병들에게 한 달여간 폭행 및 가혹 행위를 당해 사망한 사건이 발생했다. 2013년 12월 입대한 그는 이듬해 2월, ○○사단 포병연대 의무병으로 배치를 받은 후 예하 포병대대로 파견되어 근무를 시작했다. 윤 모 일병은 3월 초부터 이 모 병장 등 선임병 4명에게 매일 물리적, 정신적 폭력을 당했다. 특히, 초급간부인 유 모 하사는 가혹 행위를 목격했음에도 불구하고 이를 방조하고 오히려 폭행에 가담했으며, 이 모 일병 또한 선임병의 지시에 따라 폭행에 동조하고 증거인멸을 시도했다. 가해자들은 윤 모 일병이 사망하기 전날인 4월 6일까지도 윤 일병의 전신을 손과 발, 슬리퍼, 군화 등으로 구타했으며 인격모독, 성추행 등 비인간적인 가혹

87 국방일보, "밴 플리트 중위의 마지막 편지", 2016. 7. 18.

행위를 일삼았다. 윤 일병 사망사건은 당시 부대 내에서 벌어진 우발적 폭행사건으로 추정되었으나, 시민단체가 사건의 전말을 상세히 공개하면서 사건의 전모가 밝혀지게 되었다.

토의주제

1. 윤 모 일병 사건은 대군신뢰도를 하루아침에 무너뜨릴 정도로 매우 문제가 큰 사건이었다. 이 사건이 군에 대한 국민들의 신뢰도를 무너뜨릴 정도로 영향을 미친 이유를 무엇이라고 생각하는가?
2. 윤 모 일병 사건에서 지휘책임을 맡은 간부들이 책임을 다하지 못한 부분이 무엇이며, 만일 그 당시 간부로서 그 상황을 목격했다면 어떻게 조치하겠는가?
3. 윤 모 일병 사건의 원인과 윤리와의 관계를 토의하시오.

6. 장교 탈영사건

1994년 9월 27일 울산에 위치한 ○○사단의 해안대대에서 소위 2명과 하사 1명이 무장 탈영한 사건이 발생했다.

1994년 7월 2일 김○○ 소위와 조○○ 소위는 ○○사단 해안대대로 부임하였는데, 김○○ 소위는 육군사관학교 출신이고, 조○○ 소위는 ROTC 출신으로서, 같은 시기에 임관하여 병과학교를 수료한 후 함께 부대에 배치되었다.

당시 ○○사단 해안대대에서는 관행적으로 '소대장 길들이기'가 자행되고 있었다. 병사들은 소대장 방에서 고스톱을 치거나, 병장이나 상병 등 선임병이 소대장에게 반말을 하도록 후임병들에게 지시함은 물론, 소대에 상급 지휘관이 방문할 경우 소대장의 전투화를 감추어 당황하도록 하는 행위가 지속되고 있었다. 통상 선임 병사들은 신임 소대장이 부임할 경우 이러한 '소대장 길들이기'를 3개월 정도 자행하고 있었다.

이러한 상황 속에서 9월 23일 오후 5시경 인근 중대 이 모 소위가 소대원에게 폭행당하는 사건이 발생하였다. 이 소위는 신 모 병장이 이병을 구타하는 것을 보고 "왜 신병을 때리느냐. 차라리 나를 때려라"라며 신 병장을 저지하였으나, 신 모 병장은 "때리라면 못 때릴 줄 아느냐"며 이 소위의 따귀를 때렸다. 이 소위가 격분하여 신 병장의 멱살을 잡자 주변의 사병 3명이 달려들어 소대장을 집단구타 하였다.

이후, 이 소위는 이를 중대장에게 보고하였으나, 중대장은 신 병장 등에게 얼차려를 주는 데에서 사건을 마무리하였고, 소대장들은 이에 대해 군법에 따라 신 병장 등을 처벌할 것을 요구하였으나 김 대위는 대대장에게 이를 구두보고 하는 데 그쳤다.

결국, 소대장들은 자신들의 의사가 충분히 반영되지 않고, 병사들의 하극상과 위법행위를 묵과할 수 없어지자, "우리가 희생해서라도 군기강을 바로잡자"며 범행을 모의하였고, 이 중 김 모 소위와 조 모 소위가 범행을 자행하였다. 아울러, 평소 병사들로부터 따돌림을 받고 있던 분대장 황 모 하사와 소대장 전령이었던 방위병 윤 모 이병이 조 모 소위의 범행에 가담하여 무장탈영이 이루어졌다.[88]

---

88 "1994년 ○○사단 장교 무장탈영사건", 2021. 4. 14(https://blog.naver.com/joo99416/222028467035: 2021.4.14 검색)

토의주제

1. 장교 탈영사건이 일어난 배경에 대해 토의하시오.
2. 장교는 군대의 기간으로서 어떠한 상황 속에서도 냉철함을 잃지 않고, 군의 기강을 준수해야 한다. 그런데 김 소위와 조 소위는 무장탈영이라는 엄청난 일을 저질렀다. 이들이 범행을 자행할 수밖에 없었던 이유와 문제점에 대해 토의하시오.
3. 장교 탈영사건을 군대윤리 측면에서 옳고 그름과 예방 대책에 대해서 토의하시오.

제2부

군인과 직업윤리

제1장
직업으로서 군인의 윤리

개요

본 장에서는 일반적인 측면에서 직업의 의미와 직업의 정의에 대해서 개괄적으로 살펴보았으며, 군인 중에서도 직업으로서 군복무를 수행하고 있는 직업군인의 의미와 정의, 그 직업적 전문성과 특성 등에 대해서 정리하였다. 아울러, 직업군인이 속한 조직인 군대의 조직적 특성과 그 속에서 직업군인의 존재에 대해서도 함께 알아보았다.

학습내용

1. 직업의 의미
2. 직업군인의 의미
3. 군대조직의 특성과 직업군인

1. 직업의 의미

인간은 누구나 삶을 영위하기 위해서 직업을 갖는다. 더욱이 무슨 일을 어떻게 하면서 살아가느냐에 따라 그 삶의 질이 달라지기 때문에, 인간의 삶에서 직업적 활동은 성공적인 삶과 밀접하게 관련될 정도로 매우 핵심적인 활동이라고 할 수 있다.

사실 직업은 경제적인 측면에서 삶을 유지하는 주요한 수단이기도 하지만, 자신의 삶에 있어서 사회적 명예의 실현이나 자아의 실현과 관련되기도 한다. 이는 과거와 같이 신분이 정해진 사회가 아닌 자본주의 사회에서도 직업이 곧 한 사람의 사회적 위치를 나타내는 신분적 요소가 되는 것을 통해서도 알 수 있다. 봉건시대에는 귀족과 평민, 노예가 각자의 신분에 따라 하는 일이 달랐지만, 현대사회에서는 사회적 평판과 경제적인 여건, 일의 전문성 등 다양한 요소가 망라되어 직업으로 나타나기 때문에 직업이 한 사람의 능력과 사회적 신분이 되기도 하는 것이다. 장기간에 걸쳐 학교교육과 전문적인 실무교육을 받아야만 될 수 있는 의사, 법관 등은 그 직업 자체가 사회적으로 상류층으로 인식되고 거기에 합당한 경제적인 대우와 명예를 가지고 있는 것이 좋은 예라 할 수 있을 것이다(국방부, 2004).

매슬로[1]는 인간의 욕구를 5단계로 구분하고, 생리의 욕구로부터 안전의 욕구, 사회적 욕구, 존중의 욕구, 자아실현의 욕구 순으로 이루어져 있으며, 하위단계의 욕구가 충족되면 상위단계의 욕구가 발생한다고 하였다(박유진, 2007). 여기서 인간이 직업을 갖는 것은 가장 낮은 수

1 미국의 심리학자. 부란다이스 대학에서 심리학 교수를 지낸 바 있다. 처음에는 역동적 이상심리학 · 임상심리학을 연구하였으나 1954년 「동기와 성격」(Motivation and Personality)을 발표한 이후, 건강인의 심리를 연구하기 시작, 인간의 자아실현, 성장의 극한 등에 대하여 체험적인 연구를 통하여 독자적인 유기체 이론(有機體理論)을 전개하였다.

준의 욕구인 '생리의 욕구'와 기본적인 의식주와 생존을 확보하기 위해 행하는 경제적 활동으로 충족되는 '안전의 욕구'로부터 시작하여 점차 사회적으로 존중받고 '자아실현'이라는 욕구달성에 이르기 위해서라고 말할 수 있다. 물론, 직업이 경제적으로 충족되지 않더라도 인간은 철학적이고 고차원적인 사고를 하는 호모사피엔스이기에 매슬로의 욕구발전 단계와 직업적 욕구가 꼭 맞을 수는 없을 것이다.[2] 하지만, 인간의 직업 선택과 활동은 결국 인간의 욕구충족과 관계가 있는 만큼 직업은 인간의 경제 · 사회적 욕구충족과 자아실현을 위한 도구이자 수단이 된다고 말할 수 있다.

일반적으로 직업이라는 말에는 다양한 의미가 담겨있다. 이는 직업이라는 단어 자체가 직분을 의미하는 직(職: vocation, profession)과 생업을 의미하는 업(業: occupation, business)이 합쳐져서 이루어진 단어이기 때문이다. 직은 공동체의 일원으로서 맡아야 할 역할을 의미하고, 업은 생계를 위한 경제적 수단이라는 의미를 내포하고 있다. 좀 더 부연하면 vocation은 신의 부름이라는 종교적 의미를 지니고 있어 천직의 의미가 있고, profession은 비영리적인 전문직을 의미한다. 또한 business는 영리적인 사업과 관련된 의미가 있으며, occupation은 실제적이고 경제적인 색채가 강한 표현이다(국방부, 2004; 류인자, 1999).

따라서 우리 말에서 직업이 내포하고 있는 의미는 매우 다양하고 함축적이기 때문에 학자마다 정의에 다소 차이가 있을 수 있고, 각 개

---

2 인간의 욕구실현은 매슬로의 말처럼 단계적으로만 이루어지는 것은 아니다. 생리와 안전의 욕구는 충족되었다가 바로 결핍될 수도 있다. 즉, 식욕은 생리적 욕구이지만 하루에도 수차례 충족과 결핍을 오가기 때문에 인간의 욕구는 매슬로의 단계대로 이루어지지 않는 것이며, 최근에는 이에 대한 비판과 보완된 이론들이 나타나고 있다. 특히, 성직자의 경우 하위단계의 욕구가 전혀 충족되지 않아도 자아실현과 존중의 욕구가 강하게 나타나고 있으며, 군인의 경우에는 전장상황에서 임무를 수행하기 때문에 기본적인 욕구는 늘 결핍상태에 있을 수 있다. 나아가 명예라는 가치가 무엇보다 소중하기에 생리와 안전의 욕구는 후 순위로 밀릴 수 있기 때문이다[출처: 윤정일 외 3인, 『교육행정학 원론』(학지사: 서울), 2007].

인이 느끼는 의미도 실제 개개인이 일하고 있는 직업군에 따라서 다를 것이다. 때로는 통합적인 의미보다는 위의 네 가지 의미 중에 특정한 개념에 좀 더 가까운 직업도 있을 것이다. 그러나 일반적인 의미에서 직업은 "관직상의 일", "일상 종사하는 업무", "자기의 능력에 따라 어떤 목적을 위하여 전문적으로 종사하는 일"(류인자, 1999), "생계를 유지하기 위하여 자신의 적성과 능력에 따라 일정한 기간 동안 계속하여 종사하는 일"이나 "급료를 받고 생활을 유지하기 위하여 자기의 적성과 능력에 따라 한 가지 일에 종사하는 지속적인 사회활동"이라고 정의할 수 있다. 체계적인 의미에서 윤대혁이 정리한 내용을 소개하면 다음과 같다(윤대혁, 2001).

첫째, 직업은 지속적인 공헌을 통해 경제적으로 보상받는 일로서 보상의 내용이나 명목, 형태는 크게 문제되지 않는다. 이러한 기준에 따라서 일반적으로 자원봉사자나 가정주부, 군복무 중인 군인(병사를 의미함), 아르바이트하는 학생의 경우에는 직업에서 제외하고 있다.

둘째, 직업은 수행하는 활동이 사회적 유용성을 지닌 일이어야 한다. 다시 말해 사회적 도덕성을 인정받지 못하는 반사회적인 일이나 반인륜적인 일들을 일삼는 경우는 온당한 의미에서 직업이라고 부를 수 없을 것이다.

셋째, 직업은 성인이 자율적 의사에 따라 수행하는 일이다. 현행 근로기준법에서는 미성년자의 직업을 원칙적으로 제한하고 있으며, 법률에 의한 강제노동이나 반자율적인 활동으로 수입을 올리는 경우는 이를 직업으로 보지 않는다.

넷째, 직업 활동에는 정신·육체적 노동이 수반되어야 한다. 예컨대 노동의 제공을 수반하지 않는 이자소득, 배당소득, 임대소득이나 연금 및 각종 사회보장제도에 따라 얻게 되는 수입은 위의 기준을 모두 충족하더라도 직업으로 보지 않는다.

이상에서 직업의 정의와 의미 등에 대해서 살펴보았다. 2019년 12월 기준 우리나라에 있는 직업의 숫자는 1만 7천 여 개로서 지난 2011년에 비해 약 5천여 개의 직업이 증가하였다(한국직업능력개발원, 2020). 이렇게 다양해진 직업군을 고려할 때, 위에서 분류한 기준이 직업과 비직업을 규정할 수 있는 절대적 기준이 될 수는 없겠지만, 일반적인 측면에서 직업을 정의하고 나눌 수 있는 기준이 되고 있다.

고대 그리스의 철학자 아리스토텔레스가 "인간의 최대 가치는 행복이다"라고 하였듯이 행복은 삶의 선택, 가치관의 선택, 직업의 선택 등 수많은 선택과 노력의 집중 과정에서 발생하는 결과물이라고 할 수 있다(육군본부, 1997). 이러한 삶의 선택 중 "무엇을 하며 살 것인가?"라는 직업의 선택은 인생의 커다란 방향을 결정하는 삶의 방향키와 같은 역할을 한다고 할 수 있다.

성경에서는 "일하지 않는 자 먹지도 말라"라는 구절을 통해 인간이 직업을 통해 살아갈 것을 강조하는데 이 말의 본뜻은 돈을 벌지 않는 사람은 먹지도 말라는 뜻이 아니라, 인간은 각자 제 몫을 다해야 한다는 직업의 사회적 측면을 강조한 말이다. 자본주의 사회가 고도화될수록 본래 직업이 가지고 있는 공동체적 의미, 사회적 가치는 점차 줄어들고 있지만, 본래 직업은 occupation이 내포하고 있는 의미처럼 생계유지를 위한 생업적 측면과 사회적 참여와 공헌이라는 의미를 모두 가지고 있다. 따라서 우리는 직업을 선택함에 있어서 자기 생활의 기반이 되는 가운데 자신의 자아를 실현함은 물론, 국가와 사회에 기여하는가를 잘 살펴보고 결정해야 할 것이다. 또한 그러한 직업에 합당한 윤리의식을 가지고 규범과 질서를 준수해나가야 한다.

2. 직업군인의 의미

군인이란 군무에 종사하는 사람을 이른다. 여기서 군무가 군대의 일을 의미하므로 군인은 군대의 운영과 관련한 제반 업무에 종사하는 사람을 말하겠지만, 통상 군대라는 피라미드형 구조를 가진 조직에 속하여 계급과 상명하복의 엄격한 위계체계를 유지하며, 조직화된 합법적 무력을 통해 국가안보를 책임지는 집단에 속한 사람이라고 말하는 것이 보다 타당하다.

이러한 군대에는 징병되어온 사람도 있을 수 있고, 자원하여 입대한 사람도 있을 것이며, 특정 국가와 용병 계약을 맺고 일정 기간 군무에 종사하는 사람도 있다. 또한 군인은 대체적으로 장교(장군)와 부사관, 병사로 신분이 구별되며, 장교나 부사관은 주로 자원하여 입대하지만, 병사는 강제로 징병되거나 모병으로 입대하고 있다. 따라서 모든 군인을 직업군인이라고 할 수는 없다. 단순히 군무에 종사하고 신분이 군인일지라도, 징병되었거나 의무복무를 위해 입대한 간부와 병사들까지 직업군인의 범주에 넣기는 지나치게 포괄적이기 때문이다.

물론 일부에서처럼 장교나 부사관은 급여를 받고 군무에 종사하고, 정부 기준에 따라 사회보험에 가입된 정식 취업자로 분류되기 때문에 이들 모두를 직업군인이라고 봐야 한다고 할 수도 있지만 다소 무리가 따르는 개념이다. 아무리 급여를 받고 병사들을 지휘하는 간부의 위치에 있더라도 단기복무하거나 징병제 국가에서 의무복무 차원에서 근무하는 초급간부 모두를 직업군인으로 볼 수는 없다. 이들은 3년 내외의 짧은 기간만 근무하고 전역 후 자신의 직업을 새로이 선택하여 군인이 아닌 다른 직업인으로서 생활하기 때문이다.

이러한 의미에서 볼 때, 직업군인은 군인 중에서도 하나의 직업으로서 군을 선택한 사람이나 하나의 직업으로서 군대에 복무하는 사람

(국방부, 2004), 또는 군인을 평생 직업으로 선택한 장교 및 부사관(이성찬, 2004)이라고 말할 수 있으며, 이는 군인이라는 직업을 통해서 생계를 유지하고 사회참여와 국가에 공헌하는 사람을 뜻한다. 특히, 군 인사법[3]에 따르면 우리나라에서 직업군인이라고 부르는 범주에 들어가는 인원은 10년 이상 장기복무자로 선정된 간부라고 할 수 있다. 이들은 군에서 장기복무자 선발이라는 과정을 통해서 선발되며, 10년 이상 복무하고 영관급 장교와 상사 이상의 부사관으로 진출하여 직업으로서 군생활을 하고 있기 때문이다. 다만, 통상적인 개념에서 직업군인이라고 부르는 기준은 장교는 대위급 이상, 부사관은 중사 이상이다.

그렇다면 직업군인이 10년 이상 근무하는 장교와 부사관을 지칭하므로, 직업군인에게 적용되는 직업윤리는 초급간부들에게 적용하면 안 되는 것인가? 그렇지 않다. 군인의 직업윤리는 장단기 근무자 구분 없이 군 간부 모두에게 적용되어야 한다. 매년 2만여 명의 청년들이 초급간부로 임관하고 있으며, 육군의 경우 2015년 현재 47만 명의 병력 중 간부가 27%이며, 이들 중 6만5천여 명이 장기복무자이다. 따라서 이들이 차지하는 비중은 전체 간부의 50% 정도에 이르고 있다. 군 조직을 유지하기 위해서는 비록 그들이 아직 직업군인이 아니더라도 결국 이들 중에서 장기복무자가 선정되고 직업으로서 군인의 길을 걷게 되므로, 군 직업윤리는 모든 군 간부에게 적용돼야 한다.

한편, 이러한 직업군인의 출현은 근세 국민국가 시대, 즉 프랑스 대혁명 이후 나타난 국민군대[4]에서부터라고 보는 것이 정설이다. 물론,

---

3 군 인사법 제6조(복무의 구분) 1항과 5항에 의하여 장교와 부사관은 장기 · 단기복무자로 구분하여 복무한다. 반면 중기복무자는 제대군인지원에 관한 법률 제2조 1항 3호에 의해 5년에서 10년 미만자로 구분하고 있으며, 동법 동항 2호에는 10년 이상 복무하고 전역한 장교와 준사관 및 부사관을 장기복무자로 정의하고 있다.

4 1789년의 프랑스 혁명 초기에 질서 유지와 자위를 목적으로 구성된 자치대인 국민위병을 가리킨다. 국민군이라는 용어는 현대의 여러 나라에서 쓰이는데, '국민군'은 조직화된 시민군이나, 국가 헌병대를 뜻하기도 한다.

그 이전에도 중세의 기사와 같은 부류가 존재했고, 15세기 활약한 스위스 용병과 같이 군주들에게 고용되어 급여를 받고 계약관계에 의해 복무했던 사람들이 있었지만, 그들은 오늘날과 같은 전문직업군인이 아니라 귀족계급 출신의 아마추어이거나 용병이었다. 그러나 시민혁명과 산업혁명 이후 전쟁기술이 복잡해지고 전쟁 양상이 대규모로 전개되면서 비기술적이고 비전문적인 군대로는 군 본연의 임무를 수행하기 어렵게 되었다. 특히, 프랑스 혁명은 국민 스스로가 조국을 위해 무기를 들고 용감하게 전장에 나가는 계기를 만들었으며, 비로소 이 시기부터 귀족들에게 독점되었던 장교직이 능력 있는 사람들에게 점차 개방되었다. 군주들의 사유물로서의 용병상비군은 존재가치를 상실했으며, 제도에 의한 국민군의 창설이 유럽의 각국에서 추진되었다(육군본부, 1997).

이러한 상황에서 프러시아(프로이센) 정부가 1806년 8월 9일에 공포한 장교임명에 관한 법령은 직업군인의 이상형을 정하게 된다. "장교에 임명되는 유일한 조건은 평시에는 교육과 전문적 지식이며, 전시에는 탁월한 이해와 용기이다. 그러므로 이러한 자질을 가진 모든 개인은 평등하게 군인으로서의 최고 지위에 오를 자격이 있다. 군대 내에 종래까지 존재해오던 신분적 차별은 모두 폐지한다"라고 그 이상형이 정해진 군직업주의는 19세기가 끝나기 전에 유럽의 대부분 국가에서 채택되었다(국방부, 2004).

오늘날에도 직업군인은 프러시아 정한 범주에서 크게 벗어나지 않고 있으며, 일반적으로 군사교육기관 등에서 일정한 교육을 받은 후 임관하여 일정한 연령에 달해서 퇴역할 때까지 군대에 복무하는 군인을 가리키는 개념으로 자리 잡고 있다.

3. 군대조직의 특성과 직업군인[5]

직업군인은 일반 직장인처럼 군이라는 조직에 속해 매달 급여[6]를 받고, 부대가 위치한 일정한 지역에 머물며, 각종 행정과 사무를 처리하기 때문에 여타의 직업과 큰 차이가 없다고 할 수도 있다(조은영 외, 2017). 하지만, 군은 일반직장과 다르게 상명하복의 엄격한 위계질서를 유지하고 군기를 생명과 같이 다루고 있으며, 임무 수행을 위해 개인의 정치적 자유는 물론, 거주이전 및 이동의 자유, 직무선택의 자유, 출판 및 결사의 자유 등 헌법상 보장된 많은 자유를 제약받고 있다. 또한 국가가 부여한 임무 즉 국가안보를 위해서는 자신의 목숨까지도 바쳐야 하며, 여기에는 본인의 의지와 상관없이 명령에 복종하고 순응해야 한다는 강제력이 따르고 있다. 무엇보다 전쟁수행을 위해 존재하는 합법적 무력사용기관으로서 평시부터 주기적인 군사훈련은 물론, 계급 및 직책별 장기간의 보수교육을 받으면서 전문성을 키워나가야 하기에 일반사회의 직장과 비교할 수 없는 엄격한 규율과 통제를 받고 있다.

따라서 직업군인은 다른 어떤 직업인보다 엄격한 규율과 통제 속에 생활해야 함은 물론, 윤리적으로도 올바르고 비난받지 않을 정도로 자기 수련이 따라야 하는 전문직업인이라고 할 수 있다.

그렇다면 직업군인이 복무하고 있는 군대는 어떠한 기관인가? 우리 국방부는 군대에 대해서 다음과 같이 정리하고 있다(국방부, 2008).

첫째, 합법적인 무력사용기관이다. 대한민국 헌법 제74조에는 "대

---

5 본 장에서 기술한 군대와 군대조직의 특성에 대한 내용은 국방부에서 발간한 『정신교육기본교재』(2008)와 개정판 『정신전력기본교재』(2019)에 제시된 내용의 일부를 발췌하여 재정리한 것이다.

6 군에서는 급여(給與)라는 말보다 봉급(俸給)이라는 말을 주로 사용하는데, 이는 공무원 특히, 군인이 받는 급여는 노동의 대가라기보다는 국가에 헌신하고 봉사한 대가로 받는 것이라는 의미를 강조한 것이다.

통령은 헌법과 법률이 정하는 바에 의해 국군을 통수한다"고 명시하고 있다. 그러므로 대통령은 국가보위를 위해 필요하다고 판단될 경우 국가의 이름으로 무력을 사용하거나 군인들로 하여금 국가를 위해 헌신하도록 한다. 따라서 군대는 개인이 통제하는 일반사회 조직과는 달리 정부로부터 통제를 받는 국가기관으로서 국가를 보위하고 국민의 생명과 재산을 보호하는 차원에서 국가로부터 합법적인 무력사용 권한을 위임받아 행사하는 국가안보의 책임기관이다.

둘째, 전투를 주 임무로 하는 특수한 기관이다. 모든 국민은 각자 개인의 능력과 기능, 소속기관의 임무와 책임에 따라 사회에 봉사하고 기여하게 된다. 군인에게 부여된 임무와 책임은 국가보위와 국민보호에 있다. 군인은 외부의 침략 등 국가가 위태로울 때 국가를 보위하고 국민의 생명과 재산을 보호하기 위한 막중한 사명을 띠고 있다. 그러므로 군인은 전쟁이 벌어지면 국가의 명령에 의해 어디든지 투입되어 전투임무를 수행해야 한다. 그리고 이를 효과적으로 수행하기 위하여 군사력이라는 합법적인 무력을 사용하는 기관이다.

셋째, 위계질서를 생명으로 하는 조직이다. 군대는 국가에 봉사하기 위한 기관이다. 군대가 그 기능을 성공적으로 수행하기 위해서는 상급부대가 그 하위제대의 즉각적이고도 충실한 복종을 명령할 수 있어야 한다. 그래서 아무리 민주주의가 발달된 나라일지라도 군대만은 엄격한 상명하복의 위계조직으로 구성되어있으며, 직책과 계급으로 대표되는 위계적 권위가 군의 내부질서를 유지하는 주된 기능을 맡고 있는 것이다.

1990년 초 걸프전 당시 '사막의 폭풍작전'에 참전하여 혁혁한 전공을 세운 미 제1기갑사단의 한 중대장은 전승의 비결을 묻는 기자들에게 위계질서를 바탕으로 한 군기의 확립이라고 했는데, 이처럼 군대의 위계질서는 전쟁의 승패를 좌우할 정도로 중요한 요소가 되고 있다.

그렇다면 합법적 무력사용기관이며, 전투를 주 임무로 하고, 위계질서를 중시하는 기관인 군대는 어떠한 조직적 특성을 갖고 있을까? 여기에 대해서도 국방부는 다음과 같이 제시하고 있다(국방부, 2008: 국방부, 2019).[7]

첫째, 군대는 임무완수를 최우선으로 하는 조직이다. 국가안보와 국토방위를 목적으로 하는 군대는 다른 어떤 조직과 달리 임무완수를 최우선 과제로 설정하며 바로 이것이 군대조직의 특수성을 대변하는 가장 중요한 요소이기도 하다. 제2차 세계대전의 영웅인 오마 브래들리[8] 장군은 "전쟁에서 2등은 포상이 없다"고 했는데, 전쟁은 죽느냐 사느냐 아니면 이기느냐 노예가 되느냐의 문제이기 때문에 2등은 죽음과 노예의 길만 기다리고 있는 것이다. 따라서 군의 임무는 생사를 다루는 것이기에 임무완수가 가장 중요하고 최우선이 되는 것이다.

둘째, 권위적 위계구조[9]와 상명하복[10]의 계급질서를 중시하는 조직이다. 군대는 엄격한 상명하복의 전형이라고 할 수 있는 피라미드식 위계구조 즉 권위적 위계구조를 구조적 특징으로 지니고 있으며, 이러한 특징을 지니는 이유는 목숨을 건 전투 임무를 수행해야 하기 때문이다. 그리고 무엇보다 군대가 정당한 명령에 대한 복종을 강조하는 이유는 전투 시 "명령에 대한 절대복종" 대신 "절차와 과정"을 중시한다고 생각해보면 쉽게 이해할 수 있다. 전투임무 수행 중 상관이 진지 사수나 돌격을 명령했을 때, 이것이 타당한 명령인가에 대해 토론하거나 투표 절차를 거치는 군대라면 결론을 내리기도 전에 적의 공격으로 막대한 피해를 보게 될 것이다. 이러한 특성 때문에 아무리 개인의 의사를 존

---

7 군대조직의 특징은 국방부에서 편찬한 『정신교육기본교재』(2008)와 개정판인 『정신전력기본교재』(2019)의 내용을 종합 및 재정리하여 기술하였다.

8 제2차 세계대전 당시 미 지상군을 지휘한 명장, 미군 최초의 합참의장이자, 현재로서는 미군의 마지막 원수(이 때문에 오마 브래들리는 역대 미군 합참의장 중 유일하게 원수 직급을 달았다. 나머지 합참의장들은 전부 대장에서 진급이 끝났다)이다.

9 관등(官等)이나 직책의 상하 관계에서 마땅히 있어야 하는 차례와 순서를 중시하는 구조.

10 상명하복(上命下服)은 상관이 명령하면 하관 즉 아랫 사람은 복종한다는 뜻이다.

중하는 민주주의 국가라 할지라도 군대만은 엄격한 상명하복의 명령체계를 강조하는 것이며, 이를 뒷받침하기 위해 직책과 계급으로 대표되는 위계적 권위로 군의 질서를 유지시키고 있다. 즉 지나친 합리성이나 객관성을 제한하는 대신 명령에 대해서는 절대적인 복종을 요구하는 특성을 지니고 있는 것이다.

셋째, 무한한 희생과 헌신을 요구하는 조직이다. 군대가 가지고 있는 가장 큰 특징 중 하나가 개인에게 무한한 희생과 헌신을 요구하고 있다는 것이다. 전쟁은 인간에게서 가장 귀중한 목숨을 뺏기 위한 극단적인 투쟁이라고 하는데, 군대는 전쟁에서 승리하기 위해 군인들에게 자신의 생명까지도 내놓는 희생과 헌신을 요구하고 있다. 이러한 국가의 요구는 군인의 지위와 복무에 관한 기본법 제21조에도 "군인은 직무수행에 따르는 위험과 책임을 회피하지 아니하고 성실하게 그 직무를 수행해야 한다"라고 명시하여 법령으로써 강제하고 있기도 하다. 일반사회 그 어떤 조직도 이런 수준의 헌신과 희생을 요구하지 않는다. 오직 군대만 '위국헌신 군인본분'을 요구하고 있으며, 이는 전시뿐 아니라 평시에도 똑같이 요구되고 있는 조직의 특성이라 할 수 있다.

넷째, 단결과 협동이 중시되는 조직이다. 군인은 항상 조직의 일원으로 그 직무를 수행한다. 따라서 군인은 단결과 협동심이 요구되며 지휘관은 부하와 부대를 단결시키고 행동할 수 있도록 리더십을 발휘해야 한다. 우리 속담에 "백지장도 맞들면 낫다"라는 말이 있다. 단결과 협동의 중요성을 강조한 말이다. 단결과 협동은 궁극적으로 조직의 목표달성을 위해 조직원의 노력을 결집하는 것으로 개개인의 작은 힘이 합쳐지면 놀라운 위력을 발휘하게 된다. 이러한 단결과 협동은 평소 상호신뢰와 존경의 인간관계를 형성함으로써 부대 임무달성의 기초가 되는 동시에 전시에는 골육지정[11]의 전우애를 발휘하여 전투라는 극한 상

11 뼈와 살을 나눈 가까운 혈족(血族) 사이의 정분(情分)이라는 뜻으로 통상 군에서는 부하를 자신의 친족처럼 돌본다는 의미로 사용된다.

황에서 승리를 이루는 결정적인 요소가 된다.

다섯째, 엄격한 규율로 전투력을 유지하는 조직이다. 군기는 군대의 생명이라고 하듯이 군대는 규율과 통제를 강조하고 있다. 규율이란 집단생활이나 사회생활을 하는 데 있어서 필요한 행위의 기준을 말한다. 군대와 같은 거대한 조직이 유기체와 같이 일사분란하게 살아 움직이려면 각 구성원들의 자발적인 참여와 협조도 필요하지만, 조직이 요구하는 질서와 통제를 이탈하지 못하도록 강제하는 것도 필요하다. 특히 군 직무란 개인적 이해관계가 없고 임무를 수행함에 있어서 신체적 위험과 심신의 고통 · 피로가 수반되기 때문에 자율성만으로는 군의 질서유지와 임무수행이 어렵기 때문이다.

이상에서 '군대란 어떤 곳인가? 그리고 어떤 조직적 특성을 가지고 있는가?'에 대해서 살펴보았듯이 군은 일반사회 조직과는 확연히 다른 특징을 가지고 있다. 군대조직의 특성상 개인의 자율성은 제약될 수밖에 없으며, 조직의 특수성만큼 군인에게 요구되는 행동방식은 일반사회와 분명히 다르다. 그것은 임무완수를 최우선으로 삼고 있으며 이를 위해 무한한 희생과 헌신을 요구한다는 것이다. 아울러 전쟁이라는 특수한 상황에서 임무를 수행해야 하는 만큼 절대적인 상명하복의 위계적 질서 속에서 규율과 통제를 강조한다는 것이다.

하지만, 이러한 특성을 지니고 있는 군대에서의 임무수행도 분명히 민주적 기본가치와 질서를 존중한 가운데에서 이루어져야 한다. 군인에게도 준수해야 할 의무와 법과 규정, 도덕적 가치가 존재한다. 무엇보다 군인은 특수한 신분의 공무원이며 무력사용 전문가이지만, 동시에 군복을 입고 있는 민주시민이다. 따라서 직업군인이라면 자신에게 요구되는 군대윤리를 준수할 수 있어야 한다.

군인의 지위와 복무에 관한 기본법 제10조에 "군인은 대한민국 국민으로서 일반 국민과 동일하게 헌법상 보장된 권리를 가진다"라고 명시된 것처럼 상관과 명령에 대한 복종도 중요하지만, 부하와 동료가 가지고 있는 헌법적 기본권과 나아가 그들의 인격권과 자율성도 중요함을 인정해야 한다. 그리고 상호존중과 배려를 생활화할 수 있어야 한다.

제2장

군 직업에 관한 윤리적 관점

개요

본 장에서는 군 직업에 관한 윤리적 관점, 즉 군인의 직업관에 대해서 살펴보았다. 먼저, 일반적 의미에서 직업관을 추구목적에 따라서 분류하여 살펴보았고, 이어서 동양과 서양의 대표적인 사상가들이 정립한 직업관에 대해서 살펴보았다. 아울러, 이러한 직업관들에 기초하여 현대적 의미에서 직업군인이 가져야 할 바람직한 직업관에 대해서 정리하였으며, 이는 헌팅턴의 전문직업주의와 소명의식에 기초하여 제시하였다.
따라서 본 장에서는 군인이 가져야 할 직업관에 대해 추구목적과 동·서양의 직업관을 나누어 살펴보았고, 이를 토대로 오늘날 직업군인이 가져야 할 올바른 직업관에 대해서도 살펴보았다.

학습내용

1. 추구목적에 따른 직업관
2. 동양의 직업관
3. 서양의 직업관
4. 바람직한 직업관: 소명에 기반한 전문직업주의

1. 추구목적에 따른 직업관[12]

직업을 가지는 이유는 다양하다. 자기 나름의 생각과 관점, 필요에 따라 선택을 하게 되는데, 매슬로가 이야기했듯이 인간의 욕구단계에 따라 직업선택이 다를 수 있고, 허즈버그의 동기-위생이론처럼 사회적 가치를 중시하는 동기와 근무환경적 요소를 중시하는 위생이라는 2요인에 의해 직업을 선택할 수도 있다.[13] 그 어떤 방식을 따르더라도 직업 선택에는 각 개인이 추구하는 목적이 있으며 선택하는 사람마다 나름의 이유가 있고, 관점이 있을 것인데 이것이 바로 직업관이라고 할 수 있다. 따라서 여기서는 우선적으로 추구목적에 따른 직업관부터 살펴보도록 하겠다.

1) 생존수단으로서의 직업관

직업을 오직 의 · 식 · 주의 해결수단, 즉 생존적인 차원에서 보는 관점이다. 이러한 관점에서는 직업을 오로지 호구지책(糊口之策), 즉 입에 풀칠하기 위한 수단으로밖에는 생각하지 않기 때문에 일의 가치나 사회

---

12 본 장은 인문과학연구(2002) 제23집에 실린 고익환의 "삶과 직업관" 논문의 내용을 발췌하여 재구성하여 작성되었다(대구대학교 인문과학 예술문화연구소).

13 미국의 심리학자인 프레더릭 허즈버그는 직원들을 면담하여 직무에 영향을 주는 요소를 정리하여 동기를 높이는 요인과 불만을 높이는 요인 두 가지를 선별하고 이를 2요인 즉, 동기와 위생요인이라고 정의하였다. 동기 요인에 해당하는 것은 직무에 만족을 느끼게 하는 요인으로서 존중, 성취, 책임, 성장, 도전의식과 같은 요소가 여기에 해당한다고 하였으며, 이는 매슬로의 욕구 5단계 중 4 · 5단계와 유사한 욕구라고 할 수 있다. 반면, 위생요인은 불만을 느끼게 하는 요소 즉 환경적 요인들이라고 할 수 있는데, 급여, 작업환경, 보상, 지위 등 환경적인 요소가 여기에 해당하며, 매슬로의 욕구 5단계 중 1~3단계에 해당하는 욕구라고 할 수 있다[출처: 윤정일 외, 『교육행정학 원론』(학지사: 서울), 2007].

적 평판 따위는 중요하지 않으며, 그저 하루하루 생존에 따른 고된 노동으로만 인식하게 된다. 그러나 단지 먹고살기 위해서 직업에 종사한다면 직업은 고통스럽고 지겨운 고역밖에 되지 않으며, 이로 인해 일의 능률이 오르지 못하고 적당주의가 팽배해진다. 따라서 이러한 직업관을 가지고 직장생활을 하게 된다면, 그저 하루하루 무의미하게 보내게 되며, 대충대충 일을 하기 때문에 전문성은 고사하고 처리하는 일마다 하자가 날 수밖에 없다. 또한 직업적 전문성은 전혀 기대하지 못하게 된다.

2) 물질적 행복의 수단으로서의 직업관

이 직업관은 직업을 의 · 식 · 주 해결의 수단으로 생각한다는 점에서 생존수단으로서의 직업관과 같다. 하지만, 가능하면 물질을 좀 더 많이 가지고 물질적으로 더욱 풍요롭고 여유 있게 살기를 바란다는 점에서 생존수단으로서의 직업관과 구별된다. 한편으로 보면, 물질적으로 풍요롭고 여유로우며 편리한 삶의 영위를 바라는 것은 비난받거나 나쁠 것이 없으며, 현대사회의 발전을 위해서 필요하기까지 하다. 그러나 직업에 종사하는 목적이 물질적으로 풍요롭고 유복함(well-being)을 누리는 데만 있다면, 이러한 직업관에도 심각한 문제가 있을 수 있다. 심미적(審美的), 정신적 욕구와 달리 물질적 욕구는 '재화의 희소성' 때문에 다른 사람과 공유하는 데 한계가 있다. 따라서 모든 사람이 직장생활을 통해 물질적 욕구만을 추구한다면 우리 사회는 황금만능주의[14]에 빠지게 되고, 오로지 돈과 성공만을 위한 과열 경쟁이 만연하고 승자독식(winner-take-all)이 횡행하게 될 것이기 때문이다. 사회는 승자만이 존재하는 것

14 황금만능주의(黃金萬能主義, Materialism)는 돈을 삶의 가장 중요한 가치로 여겨 돈이면 무엇이든 할 수 있다는 생각을 일컫는다. 배금주의(拜金主義), 물질만능주의(物質萬能主義)라고도 한다.

도 아니며, '천상천하유아독존'(天上天下唯我獨尊: 하늘 위와 아래에 오로지 나 혼자만 존재한다) 식의 행태로 살아갈 수 없을 정도로 매우 유기적으로 연결되어있기 때문이다.

3) 성공수단으로서의 직업관

직업을 이른바 성공의 수단으로 생각하는 관점이다. 우리나라처럼 신분 지향적 삶이 지배했던 사회에서는 직업이 출세의 수단으로 여겨져왔다. 그래서 입신양명[15]이 동경의 대상이 되었고, 이것이 부모들이 자녀교육을 위해 헌신하게 하는 결정적 동기가 되어왔다. 예를 들어, 이러한 직업관을 가지고 있는 사람들은 사법고시나 로스쿨을 나와서 변호사나 판검사가 되면 바로 사회의 상류층 대접을 받고 있으며, 고위공직자, 고급장교, 의사 등과 같이 급여나 사회적 대우가 좋은 직장을 얻게 되면 이것이 곧 그 사람의 신분으로 여겨지고, 향후 상류층으로 살아갈 기회가 많은 것으로 보기 때문에, 직업을 성공수단으로 보는 것이다.

하지만, 이러한 시각에는 많은 문제점을 내포하고 있다. 사회는 소수의 특권을 가진 사람만 살아가는 것도 아니고 고위직이 있다면 하위직도 있다. 여러 사람이 협력하고 네트워크를 형성하여 움직이기 때문에 성공과 출세 지향의 직업관을 가지고 직업을 선택하게 된다면, 과거 '고시낭인'[16]처럼 성공을 위해서 모든 것을 포기하고 거기에만 매달리

---

15 자신의 뜻을 확립하고 이름을 드날린다는 뜻으로, 사회적으로 인정받고 유명해지는 것을 말한다.

16 고시낭인: 시험을 오래 준비하고 수없이 응시하였지만 오랜 시간 동안 합격하지 못한 사람들을 의미한다. 이들은 출세 지향적이고 한 번에 고위직으로 진출을 희망하는 사람들로서 사법고시, 행정고시, 외무고시, 회계사 등 성공과 출세가 보장된 직위에 응시하여 합격하는 것에 모든 것을 건 사람들이라고 할 수 있다. 동양에서는 과거제도가 실시되던 때부터 고시낭인과 유사한 사람들이 생겼는데, 과거라는 제도를 통해 인재를 등용하는 동양의 인재선발 제도에 따라 평생을 과거시험에 매달리면서 무위도식하는 사람들이 이들과 유사

는 부류가 생기는 등 사회적 낭비가 커질 수밖에 없다. 또한 성공이라는 우상에 매달려 동료 사이에 경쟁이 극심해지고, 사회적으로 정당하지 못한 방법을 통해 성공하려거나 타인을 짓밟는 것이 정당화되는 비정상화가 사회를 지배할 수 있기 때문이다.

4) 자기발전수단으로서의 직업관

자기발전수단으로서의 직업관은 직업을 단순히 생계유지나 출세의 수단으로 보는 것이 아니라, 자신의 꿈과 희망을 이루고 명예를 얻기 위해서 선택해야 한다는 시각을 가지고 있는 사람들이다. 어떻게 보면 한 분야의 전문가가 되기 위해 끊임없이 학습하고 실력을 연마함은 물론, 한 분야에 오랜 시간 동안 종사하면서 그 분야의 최고가 되려는 사람들이라고 할 수 있다.

이러한 자기발전수단으로서의 직업관이 가지고 있는 특징은 일종의 장인(匠人)정신이라고 할 수 있다. 장인정신을 가지고 자기의 직업에 종사하는 사람은 단순히 먹고살기 위해서나 물질적으로 좀 더 여유를 즐기기 위해서 직업을 선택하는 것이 아니다. 그뿐만 아니라, 지위가 높아져서 지배하고 살기 위해서 직업에 종사하는 사람들이 경험하지 못하는 헌신과 보람과 긍지를 체험하게 된다. 우리가 사회적으로 존경하고 있는 기술 분야의 명장이나 명인, 과학자나 발명가와 같이 사회의 여러 분야에서 전문가라고 불리는 사람들이 이들에 속한다. 따라서 자기의 직업에 관련된 기술이나 기능을 완전한 데까지 발전시키려고 몰두하는 사람은 힘들고 고통이 있어도 보람과 긍지와 기쁨을 누리며 살아가는 것이다.

하다. 주로 양반 및 귀족자제, 지방의 부유층 자제들이 여기에 해당되었다.

5) 소명(召命)으로서의 직업관

소명으로서의 직업관은 사명, 또는 천직으로서의 직업관이라고도 할 수 있다. 이 직업관은 근대자본주의의 이론적 기반을 제공한 개혁주의자 즉 프로테스탄티즘을 주창한 마틴 루터[17], 칼뱅[18] 등에 의해서 강조되었으며, 직업을 하늘 또는 신이 부여한 책임이나 사명으로 이해한다. 그래서 이러한 직업관에서 직업은 신으로부터 위임받은 것이며 하늘이 주는 천명으로 생각한다. 이러한 소명으로서의 직업관은 직업이 가지는 의미를 신앙적인 차원으로까지 끌어올린 것으로 평가된다. 성직자들처럼 직업에 대해 개인의 명예와 이익보다는 헌신에 더 의미를 두고 소명으로서 직업에 헌신적으로 투신한다. 그리고 이러한 헌신적 투신은 고통과 고난을 이겨낼 수 있음은 물론이요, 심지어는 죽음까지도 초월할 수 있는 사명감을 가지게 한다.

이상에서 직업관에 대해서 살펴보았듯이 직업에 대해서 어떤 목적으로 접근하고 얻고자 하느냐에 따라서 직업에서의 행복과 불행은 물론, 직업에 대한 열정의 정도와 직책 수행에서 능률과 발전이 결정된다. 그리고 직업을 단순히 생존수단이나 물질적 행복의 수단, 성공수단으로만 파악했을 때, 우리는 그 속에서 보람이나 긍지를 찾기 어려움을 확인할 수가 있었다. 따라서 우리는 직업에 대해 올바른 가치와 추구목적을 가지고 접근해야 하며, 이를 통해 행복한 직업인으로서 삶을 살아야 할 것이다.

---

17 1483년 독일의 작센안할트 출신, 로마 가톨릭교회의 부패에 반기를 든 독일의 종교개혁자이다. 가톨릭교회의 교리와 폐쇄성에 의문을 제기하고 성경을 통한 하나님과의 직접적인 접촉과 하나님의 구원을 설파하였으며, 라틴어로 되어 있던 성경을 독일어로 번역하여 대중화에 기여했다.

18 1509년 프랑스 오드프랑스 누아용 출생. 프랑스의 종교개혁가로서 제네바에서 종교개혁에 성공하고 신정정치적 체제를 수립하였다. 저서에 복음주의의 고전이 된 『그리스도교 강요(綱要)』, 『로마서 주해』 등이 있다.

2. 동양의 직업관

동양의 직업관은 동양의 철학사상이나 사회적 특성 속에서 발전해왔다. 서구와 같이 근대적 자본주의가 발달하지 않은 관계로 봉건적인 신분제 사회 속에서 직업관도 신분제 사회에 맞게 발전해왔다. 또한 동양의 주류인 중국의 영향에 따라 유교의 영향을 받은 직업관이 주를 이루고 있으며, 동시에 불교와 도교와 같이 동양 중심으로 발달한 종교도 직업관 형성에 많은 영향을 미쳐왔다. 특히, 동양철학에서 근본으로 다루고 있는 내용이 군자의 도를 위시하여 군신의 예인 충(忠), 사회적 예로서 경(敬), 가정에서의 예인 효(孝), 인륜, 천륜과 같은 윤리적 내용이 주를 이루고 있으므로, 직업관도 윤리적 당위성이나 대의명분을 중시하고, 도덕을 강조하는 모습으로 발전해왔다. 그래서 동양의 직업관은 '공공을 위한 것'과 '천명에 따라 행하는 것'이라는 두 가지 관점으로 정리할 수 있다. 부연하면 공공을 위해 직업을 갖고 일한다는 것은 직업을 선택함에 대의명분이 있어야 하고, 윤리적으로 청백리와 같이 청렴결백하게 일해야 한다는 것이며, 그의 행위가 군주와 백성을 행복하게 해야 한다는 의미를 지니고 있다. 더불어 천명에 따라 행한다는 것은 직업은 하늘이 내린 것이므로, 그 일을 천직으로 알고 최선을 다해 직업적 소명을 완수해야 한다는 의미이다. 언뜻 서양의 천직이나 소명론과 비슷한 의미를 지니고 있지만, 동양이 신분제 사회를 유지해온 것에 비춰보면, 그보다는 신분에 따른 직업에 만족하고 그 직업을 벗어나지 말 것을 강조한 것으로 보는 것이 타당해보인다. 이는 농자는 천하의 근본이라는 말과 같이 언뜻 보기에는 농업을 중요히 여기는 듯하지만, 농업에 종사하는 평민들이 국가산업의 기본인 관계로 이들이 자신의 직업에 최선을 다하고 다른 곳에 눈을 두지 않도록 강조한 것과 유사한 개념이라고 할 수 있다.

따라서 동양의 직업관은 동양의 철학적 토대와 동양사회 구조의 형성에 가장 큰 영향을 준 중국 사상가의 직업관을 중심으로 살펴보겠다.

1) 공자의 직업관

공자(孔子)[19]의 직업관은 정명론이라고도 한다. 공자는 임금의 다스림이란 바로잡는 것(正)이라고 하면서 다스림에 있어 가장 먼저 해야 할 일이 이름(名)을 바로잡는 것이라고 하였다. "이름이 바르지 않으면 말이 순조롭게 전달되지 못하고, 말이 순조롭게 전달되지 못하면 일이 이루어지지 않으며, 일이 이루어지지 않으면 나라를 다스리는 법도인 예악(禮樂)이 흥성하지 못한다. 예악이 흥성하지 못하면 백성에게 내리는 형벌이 형평을 잃게 되고, 형벌이 형평을 잃게 되면 백성은 손발을 어디에 두어야 할지 모른다"라고 하였다. 다시 말해 임금이 나라를 다스림에 있어서 정사를 바르게 수행해야만이 모든 일이 순차적으로 바르게 되고, 궁극적으로 백성들이 각자 자기의 위치에서 제대로 손발을 움직여 일할 수 있음을 설파한 것이다.

또한 공자는 부(副)와 귀(貴)는 사람들이 누구나 탐내는 것이지만 올바른 방식으로 얻은 것이 아니면 누리지 말 것이며, 빈(貧)과 천(賤)은 누구나 싫어하는 것이지만 마땅히 그렇게 되었다면 감수하여야 한다고 했다. 이처럼 올바르고 의롭지 못하게 얻은 부귀영화는 어떤 가치도 없을 뿐만 아니라 오히려 부끄러운 것으로 보았다.

아울러 공자는 일이란 인간이 살아가기 위해서 필연적으로 필요

---

19 중국 춘추 시대의 사상가 · 학자(B.C. 551-B.C. 479). 이름은 구(丘), 자는 중니(仲尼). 노나라 사람으로 여러 나라를 두루 돌아다니면서 인(仁)을 정치와 윤리의 이상으로 하는 도덕주의를 설파하여 덕치 정치를 강조하였다. 만년에는 교육에 전념하여 3,000여 명의 제자를 길러 내고, 『시경』과 『서경』 등의 중국 고전을 정리하였다. 제자들이 엮은 『논어』에 그의 언행과 사상이 잘 나타나 있다.

한 것이지만, 일은 어떤 것이라도 그 자체로 힘들고 고통스러운 것이므로, 일을 기꺼이 즐겁게 하여 이를 극복해야 한다고 하였다. 즉 일을 즐겁게 하기 위해서는 일의 조건이 중요한데 일은 자발적으로 수행되어야 하고, 그 수고의 결과인 재화의 분배가 수긍할 만하게 이루어져야 하며, 일하는 사이에 적절한 휴식이 보장되어야 한다고 조건의 중요성을 강조하였다(곽만연 · 이학춘, 2000; 하지윤, 2004).

결론적으로 공자는 나라를 다스리는 임금부터 공명정대하게 정사를 행해야 하고, 백성들도 부귀를 얻기 위해 노력하되 정정당당한 방법으로 수행해야 한다고 말했다. 그리고 그 과정에서 부정함이 없도록 해야 하고, 혹 본인이 가난하고 천한 직위에 있더라도 이를 남 탓으로 돌리지 말고 스스로 감내하되, 이를 해결하려고 옳지 못한 방법을 사용해서는 안 됨을 강조하였다.

2) 맹자의 직업관

맹자(孟子)[20]는 나라를 다스리는 근본이 이(利)가 아니라 인(仁)과 의(義)에 있다고 피력하면서, 백성이 일정한 생활의 근거가 없으면 이로 인해 일정한 마음도 없게 된다고 보았다. 아울러 정당한 방법에 의한 것이 아니면 한 그릇의 밥도 남에게 받아서는 아니되며, 정당한 방법에 의한 것이면 순 임금이 요 임금에게 천하를 이어받는 것도 결코 사치스러운 것이 아니라고 하여 정당한 방법을 통한 직업수행의 방향을 제시하였다(국방부, 2004).

이러한 맹자의 사상은 생계 유지수단으로서의 정당한 생업이 우

---

20 중국 춘추전국 시대의 사상가(B.C. 372-B.C. 289). 자는 자여(子輿) · 자거(子車). 공자의 인(仁) 사상을 발전시켜 '성선설(性善說)'을 주장하였으며, 인의의 정치를 권하였다. 유학의 정통으로 숭앙되며, '아성(亞聖)'이라 불린다.

선적으로 보장되지 않으면 인간에게서 윤리를 기대할 수 없다는 사실을 말한 것이다. 그래서 맹자는 백성들이 굶주리지 않고 춥지 않게 살도록 생업에 종사할 수 있는 기회와 조건을 마련해주어야 한다고 하였다. 구체적인 방안으로 농업, 어업, 축산업, 잠업, 임업 등 여러 방면에 관하여 정전법 등 여러 가지 제도와 정책을 제시했다. 또한 맹자는 백성이 일하는 것은 생존을 위한 권리라는 관점에서 바라보고 일을 하고 싶어도 일할 자리가 없거나 일할 만한 조건이 갖추어지지 않으면 결국 일을 할 수 없으므로, 이는 생존권의 침해라고 하였다. 일할 권리를 인간의 기본권으로 인정하고 그것을 윤리적 규범으로 확립함으로써 정책을 통해 해결해나가고자 하는 것이 곧 생업의 보장이라고 한 것이다(곽만연 · 이학춘, 2000).

한편, 맹자는 인간이 먹고살기 위해서는 일을 해야 한다는 의무를 수행해야 함을 강조하였다. 제자가 밭을 갈지 않고 먹는 것에 이의를 제기하자 그것을 그대로 받아들이고, 대신 일이란 육체노동만이 아니라 정사를 다루고 사상을 연구하는 것도 일임을 강조하였다. 즉, 맹자는 일하는 것은 백성의 기본권이자 동시에 의무임을 설파한 것이다(하지윤, 2004).

결론적으로 맹자가 주장한 직업관은 인과 의를 세우기 위해서는 백성의 먹고사는 문제가 제일 중요하므로 생존권 차원에서 직업을 통해 일을 가져야 하고 이를 정책적 차원에서도 추진해야 하며, 동시에 백성도 일하는 것이 생존을 위한 의무임을 강조하였다. 또한 일은 꼭 밭을 가는 것만 아니라, 축산업, 임업, 어업, 잠업과 같은 육체노동과 아울러 정사를 다루고 사상을 연구하며 학문에 힘쓰는 것도 일의 하나임을 강조하여 직업의 분화를 인정하였다.

3) 순자의 직업관

배고프면 먹고 싶고, 추우면 따뜻하게 입고 싶고, 고단하면 쉬고 싶은 것이 인간의 본성임을 인정하는 데서 순자(荀子)[21]의 직업관은 출발한다. 그는 인간의 욕망과 이익추구 본성을 긍정적으로 평가함으로써 많은 재화의 생산을 유발시키고 그것을 정당화하는 이론적 토대를 마련하였다. 그러면서도 무조건적인 욕망을 추구하면 훨씬 쾌락을 적게 누린다는 역설(逆說)을 배워 욕망을 적절히 절제하고 합리적으로 추구할 때, 개인뿐만 아니라 사회의 평화도 유지되는 바람직한 상태가 된다고 강조하였다(국방부, 2004).

좀 더 부연하면, "인간의 욕구 대상인 자연의 만물은 본래 인간의 욕구를 충족시키고도 남을 만큼 여유가 있으므로, 인간이 열심히 노력만 하면 욕망을 얼마든지 충족시킬 수 있다"는 것이다. 이처럼 낙관적인 견해를 피력함으로써, 사람들로 하여금 노력의 결과를 믿게 하고, 수고하는 가운데에서도 즐거움과 보람을 가지는 직업에 종사하도록 하였다. 순자는 일이 모든 사람에게 있어서 중요한 임무라고 생각했다. 그는 일을 가까이 하지 않고 나태하거나, 염치없이 일하지 않고 음식을 먹으면서 "군자는 진실로 힘쓰지 않는다"라고 말하는 사람을 맹렬히 비난하였다. 이처럼 순자가 근로를 중요시하고, 강조한 까닭은 인간의 욕구를 충족시키기 위해서는 부족한 재화를 생산해야 하며, 물질생산에 있어서 노동이 필수요건이기 때문이었다.

그러면서 그는 한 사람이 세상을 살아가는 데 수많은 물건이 필요한데, 아무리 능력이 뛰어난 사람이라도 혼자서 다 만들어낼 수는 없기 때문에 각자 능력과 적성에 맞게 물건을 생산하고 교환하는 것이 욕구

---

21 중국 전국 시대 조나라의 사상가(B.C. 298~B.C. 238). 이름은 황(況). 예의로써 사람의 성질을 교정할 것을 주장하고 맹자의 성선설에 대하여 성악설을 제창하였다. 저서에 『순자』가 있다.

를 충족하는 데 효율적임을 강조하면서 생산에 있어서 분업을 강조하였다. 또한 각 분야에 능한 사람을 가려 그 사람이 그 분야를 이끌게 하고, 그 결과에 따라 높은 지위와 신분, 재화를 가지도록 하는 것이 합리적이며 이것이 사회정의에 부합한다고 하였다. 즉 그는 능력 본위의 직업 구분과 부의 축적이 가장 이상적인 정치이며, 사회질서를 유지하는 길이라고 생각한 것이다(하지윤, 2004).

이상으로 중국의 사상가인 공자, 맹자, 순자를 중심으로 동양의 직업관을 살펴보았다.

한편, 우리 선조들도 자신의 일에 대한 긍지를 가지고 정성을 다하는 장인정신과 청렴결백의 윤리의식인 청백리 정신[22]을 강조하였다. 또 "큰 부자는 하늘이 정해주고 작은 부자는 부지런함으로 이루어진다", "1년의 계획은 봄에 세우고 하루의 계획은 새벽에 있다", "하루 일하지 않으면 하루 먹지도 말라" 등의 원칙을 통해 근면성과 성실성의 중요함을 가르쳤다. 나아가 두레를 통한 공동작업체를 조직하여 공동연대와 상부상조의 의식 등도 고취하였다. 이처럼 우리나라의 직업관은 근면과 성실을 기본 바탕으로 하면서 상부상조하는 협동성을 강조하는 모습으로 발전해왔다.

하지만, 신분제 사회라는 한계로 인해 특정 직업은 특정 계층의 사람들만 수행하는 천직으로 여기고 신분을 벗어나지 못하는 이상 해당 직업도 가질 수 없는 한계를 가지고 있기도 하였다. 예를 들어 백정 신분의 사람들은 사냥과 도축 같은 살생을 전담하는 직업을 가졌으나, 이들은 사회적으로 가장 천한 신분으로 여겨져 인간적인 대우를 받지 못하는 부당한 삶을 살기도 하였다. 고급관료와 군의 장교는 양반귀족층만의 전유물이 되었고, 이들만이 사회지도층으로서 문학과 정사를 전담하고 사회를 자신들에게 유리하게 만들어 부와 권력의 대물림을 하

22 재물에 대한 욕심이 없이 곧고 깨끗하고자 하는 정신을 말한다.

였다. 따라서 이러한 신분제 사회의 고착으로 인해 조선은 상공업이 활발히 발달하지 못하고 근대화에 뒤처지게 되었다. 서구적 의미에서 근대국가로 발전하지 못하고, 부국강병을 꾀하지 못한 결과, 주변국들에 의해 국익을 강탈당하고 심지어 일제에 의해 국권을 강탈당하기도 하였다.

3. 서양의 직업관

서양의 직업관은 자본주의 사회의 일반적인 직업관이라고도 할 수 있는데, 이는 근대자본주의사회의 태동과 동시에 형성된 직업관에 기초해 오늘날 서구사회가 형성되었기 때문이다.

일반적으로 근대자본주의 사회의 출현은 크게 두 가지 이론이 대립하고 있다. 사회주의를 주창하는 쪽에서는 마르크스[23]가 유물사관[24]을 통해 밝혔듯이 "중세 봉건사회의 경제적 모순에 의해 출현했다"라고 주장

23 독일의 경제학자 · 정치학자 · 철학자(1818-1883). 독일 관념론, 공상적 사회주의 및 고전 경제학을 비판하여 과학적 사회주의를 창시하였다. 헤겔 좌파 사상의 영향을 받고 급진적인 부르주아 반정부 기관지 『라인 신문』의 주필로 있다가, 신문의 폐간으로 파리로 망명하여 사적 유물론 사상을 확립하고 1848년에는 엥겔스와 함께 「공산당 선언」을 집필하였다. 1849년 이후에는 런던에서 빈곤과 싸우며 경제학 연구에 전념하고 『자본론』 저술에 몰두하였다. 이는 역사의 유물 변증법적 해석으로 프롤레타리아의 역할을 인식하고 해방을 추구하여 계급 투쟁의 이론을 수립한 것으로 평가받고 있다. 국제 공산주의 조직인 '인터내셔널'을 만들었으며, 저서에 『신성 가족』, 『경제학 비판』, 『프랑스의 내란』, 『철학의 빈곤』, 『자본론』, 『고타 강령 비판』 따위가 있다.

24 마르크스주의의 역사관을 가리키는 말로 사적 유물론의 줄임말. 경제적 · 물질적 생활 관계를 역사발전의 원동력으로 보는 입장이다. 사회적 · 정치적 및 정신적 생활 등 모든 인간의 역사는 물질적 경제적 생활의 생산방법에 의하여 규정되고, 또한 이 물질적 기반 자체는 그 자신의 변증법적 발전의 필요성에 따라 전개되는 것, 즉 세계사를 정신의 발전이 아닌 물질의 발전으로 보는 역사관을 이르는 말이다.

하고 있는 반면, 자본주의 사회에서는 『프로테스탄티즘의 윤리와 자본주의 정신』에서 베버[25]가 주장한 것처럼 "근대자본주의는 칼뱅주의라는 종교적 윤리의 부산물로서 출현했다"라고 주장하고 있다(막스 베버, 2018).

그러나 오늘날 서구의 주류는 사회주의가 아닌 자본주의이며, 마르크스의 이론이 옳지 않거나 적어도 현대 자본주의 사회에 적합하지 않다는 것이 보편적 시각이다. 따라서 서양의 직업관은 베버가 주장한 것처럼 근대자본주의의 태동을 이루는 데 기여한 종교적 윤리관을 기반으로 하였다.

1) 루터의 직업소명의식

루터(Martin Luther: 1483-1546)는 성직자가 하는 일이나 가사도우미가 하는 일이나 그 어떤 일이든 신이 보기에는 동등한 일이라고 주장하면서, 모든 직업을 신으로부터 부여받은 사명, 즉 소명이라는 의식을 갖게 하였다(윤대혁, 2001). 다시 말해 루터에게 있어서 모든 직업은 하나님의 소명에 의한 것으로서, 성직자는 성직자로 장인은 장인으로 구두수선공은 구두수선공으로서 각각의 직업적 부르심을 받은 것이고, 부르심의 선택권은 하나님의 고유영역이라고 한 것이다(최조웅, 1991).

그는 인간은 인류의 조상인 '아담과 하와'의 원죄로 인해 태어나면서부터 신의 의지에 거역하고 자신의 욕망을 추구하여 타락한 죄인이지만, 예수그리스도를 통해 죄를 용서받고 신에 봉사하며 직업 생활을 통해 세계와 새로운 관계를 맺는다고 보았다. 즉 루터는 모든 직업이 신의 소명에 의한 것이므로, 인간은 항상 하나님의 섭리를 깨닫고 그에 따른 근면한 가운데, 탐욕을 버리고 자신의 분수를 지켜 만족할 줄 아

25 사회 과학의 방법론을 전개한 독일의 사회학자이자 경제학자.

는 검소한 생활이 중요하다고 강조함으로써, 근면, 절제, 청렴의 프로테스탄트 직업관을 형성한 것이다(국방부, 2004).

특히, 루터는 성경에 나오는 십계명에 대한 적극적 해설을 통해 인간이 지켜야 할 의무와 책임을 다음과 같이 설명하였는데, 바로 이것이 근대자본주의 태동과 발전의 기초를 다지게 되는 것이다.

첫째, 인간은 신의 사랑과 섭리를 깨닫고 그의 뜻대로 살아가려고 노력해야 하며, 탐욕을 버리고 자기의 분수를 지켜 자족할 줄 아는 검소한 생활을 해야 한다고 강조하였다. 즉 십계명의 준수를 통한 근면, 절제, 청렴과 같은 윤리규범을 강조하였다.

둘째, 인간은 자신이 하는 일이 신께서 부여한 사명으로 알고 최선을 다해야 한다고 하였다. "일하기 싫으면 먹지도 말라"는 성경 구절에 근거하여 직업의 귀천의식을 없애고 모든 직업의 발전을 촉진하여 분업과 전문화를 이룸으로써, 자본주의 발전의 원동력이 되었다.

셋째, 사유재산제도가 인간의 본능, 존엄성 그리고 사회 정의의 측면에서 정당한 제도임을 설명하였다. 이는 십계명에 "네 이웃의 재산을 탐내지 말라"고 한 구절에 따른 것이다.

넷째, 부자는 항상 사랑의 정신으로 가난한 사람들에게 가진 것을 나누어주어야 함을 가르쳐주고 있다. 이는 "네 이웃을 네 몸과 같이 사랑하라"는 구절에 근거한 것이다.

이러한 루터의 직업관은 하나님의 계율에 따라 열심히 일하고 살아가는 자는 이미 믿음을 가진 자이며, 하나님의 백성으로서 직분을 수행하고 봉사하는 자로서 의로운 자가 되었기에 구원을 받아 천국에 간다는 의미이다. 결국 루터의 이러한 사상은 그가 불을 당긴 종교개혁이 이윤의 추구나 상업적 발전을 부정하고 기존의 정치권력에 대해 보수적임에도 불구하고, 자신 외에는 어느 것에도 의존하지 않고 생산활동에 전념하면서 세속적 생활에 경건하게 헌신한다는 소명적 직업관을 완성하게 된다.

2) 칼뱅의 금욕적 직업윤리

칼뱅(J. Calvin: 1509-1564)은 중세의 수도원이나 교회에서 신에게 경배하는 것보다 세속적 생활과 직업을 통해 신에게 예배하고 찬송하는 일에 보다 깊은 종교적 의미를 부여하였다. 그의 이러한 사상은 고통과 저주의 대상이거나 낮은 단계의 일상생활로 인식되던 노동이 하나님께 영광을 돌리며 구원예정의 확신을 줄 수 있는 근거로 대두됨으로써 자본주의적 프로테스탄트의 노동윤리로 자리하게 되었다. 특히 그는 가톨릭이 종교적인 일과 세속적인 일을 구분하고 종교적인 일만 신성하다고 여긴 것과 달리, 모든 신앙인의 노동과 직업은 신성할 뿐 아니라 평신도도 성직자 못지않게 그리스도 예수 안에서 소명을 갖는다고 하였다(윤대혁, 1991).

또한 칼뱅은 "개인의 멸망과 구원은 이미 예정되어있으며, 인간은 자신의 공로가 아닌 하나님의 은혜로 값없이 구원받는다"라는 구원예정론을 주창하였다. 다만, 어떤 사람이 구원이 예정되어있는지 아닌지를 외적으로는 확인할 수 없으므로 이 세상에서 하나님께 영광을 돌릴 수 있는 독실한 생활을 통해 구원의 확신을 가져야 한다고 하였다. 다시 말해 개개인의 직업에서 자신에게 맡겨진 일들을 성실하게 행하는 것이 자기가 선택받은 자들에 속해 있다는 확신을 가질 수 있는 최고의 수단인 것이다. 가톨릭에서는 고해성사라는 제도를 통해 인간 행위의 불완전성을 인정한 결과 신자들의 윤리적 행위는 즉흥적이고 비조직적인 특성을 보였다. 그러나 칼뱅주의는 자기 확신이라는 메커니즘을 통해 신자들의 조직적이고 체계적인 윤리적 생활양식을 이끌었다. 그리고 이러한 주장의 결과는 근면, 정직, 절제가 삶의 목표와 표어가 되었고 그렇지 못한 생활은 종교적으로 죄이자 지탄받는 직업관을 형성하였다(국방부, 2004).

이에 따라, 칼뱅은 근면, 정직, 절제를 통해 합리적이고 창조적인 직업활동에 참여함으로써 부를 획득하는 것이 하나님께 영광을 돌리는 신앙인의 정당하고 신성한 의무이며 책임이라고 하였다. 즉 사유재산은 부도덕한 것이 아니라 하나님이 주신 은총이자 정당한 대가이므로, 어느 누구도 침범할 수 없는 신성한 것이 된 것이다. 따라서 직업은 하나님의 부름을 받은 소명이 되었으며, 보수나 이익에 얽매이지 않고 근면하게 일해야만 하는 종교적 행위로 승화된 것이다.

이처럼 칼뱅은 직업에의 몰아적 헌신을 위하여 절제와 금욕을 요구한 것이다. 이러한 관점에서 직업에의 헌신은 인간의 욕망을 억압하는 것이 목적이 아니라, 각 개인의 위치에서 주어진 일에 최선을 다할 수 있는 진실한 정신적 자세와 태도이기도 한 것이다(홍치모, 1985).

그리고 이러한 칼뱅의 금욕적 직업윤리는 서구 자본주의가 지속적인 성장과 발전을 거듭할 수 있는 정신적 기초가 되었을 뿐만 아니라, 종교, 정치, 문화, 경제, 사회 전반에 걸쳐 시민의식의 근거가 되었다.

3) 베버의 천직론

베버(M. Weber, 1864-1920)는 그의 저서『프로테스탄티즘의 윤리와 자본주의 정신』에서 서구의 독특한 문화적 속성으로 합리성, 체계성, 조직성, 합법성을 들고 이러한 속성들이 종교개혁운동을 통한 세속적 금욕생활과 직업윤리에 의해 조성되었다고 파악하였다(막스 베버, 2018).

베버는 무제한의 탐욕은 자본주의와 무관하며 오히려 자본주의는 이러한 비합리적 충동을 억제하는 최소한의 절제라고 하였다. 자본주의는 탐욕의 산물이 아니라, 합리적으로 자본을 축적하고 사업을 경영함으로써 지속적으로 새로운 이윤을 창출해나간다는 것이다. 또한 그는 근대자본주의의 정신을 추적해가면서 그 주도세력(기업가, 자본가, 숙련노동자, 고도기술자) 대부분이 프로테스탄트들이었으며, 자본주의가 크게 번성하였던 지역에서 종교개혁이 우호적으로 받아들여졌다는 점에 주목하였다. 이는 프로테스탄트들의 직업관을 형성한 마틴 루터나 칼뱅의 사상이 자본주의 번성에 크게 영향을 미쳤으며, 그 사상적 기초가 되었음을 간파한 것이었다. 따라서 그는 지속적이고 체계적인 세속활동이 최고의 금욕적 수단인 동시에 구원을 받은 자와 그의 신앙심에 대한 가장 확실하고 분명한 증거였다고 하면서, 이러한 칼뱅주의는 근대 자본주의 정신과 생활관을 확장하는 가장 강력한 버팀목이었다고 분석하였다(윤대혁, 2001).

이러한 분석을 토대로 베버는 루터의 종교적 직업소명론과 칼뱅의 세속적 금욕론을 결합하여 자본주의 발전의 윤리적 바탕을 이룬 독특한 천직론을 제시하였고 이는 근대 자본주의 직업윤리의 근간을 이루게 되었다(배영기, 1990). 베버는 일이란 하늘에 속한 것이라기보다는 인간이 살고 있는 사회에 속한 것이며, 인간은 일을 통하여 다른 인간과 공동체에 대하여 봉사하게 되는 것이라고 하면서 루터의 직업에 대한 소명의식에 입각해서 직업을 천직(Beruf)이라고 불렀다. 또한 이 천직적 사고는 칼뱅의 금욕적 직업윤리에 의한 합리적 생활태도와 접목하여 시민적 직업윤리로 발전하였다. 즉 베버는 소명적 직업관과 세속적 금욕주의에 내포된 엄격한 규율성을 합리성의 관점에서 다음과 같이 말하였다(김동일 외, 1995).

첫째, 금욕정신을 통한 자기규제는 충동적, 감정적 요소에 대한 제어라는 측면에서 합리성을 갖는다는 것이다.

둘째, 이러한 자기통제가 무계획적이고 우발적인 것이 아니라 지속적이고 체계적으로 이루어진다는 점에서 합리성을 갖는다.

셋째, 명확한 자의식 속의 자기성찰을 통한 행위의 규제는 자기 자신과 자아를 둘러싼 세계에 대한 부단한 사고와 지식 추구에 의해 이루어진다는 점에서 합리성을 갖는다.

한편, 베버가 말하고 있는 천직은 루터나 칼뱅도 부분적으로 언급하였으나, 베버에 의해서 천직은 종래의 신이 인간에게 부여한 '세상에 속하는 일'이라는 합리적인 인식으로 전환케 하는 계기가 되었다. 그리고 이러한 근거에 의하여 베버는 직업 활동에서 나태함이나 이기심, 무절제, 사치, 퇴폐나 낭비를 제거할 것을 강조하였다.

4. 바람직한 직업관: 소명에 기반한 전문직업주의

이상에서 살펴본 동서양의 다양한 직업관에서 바람직한 직업관의 특징을 도출해보면 비록 그 정도의 차이는 있겠지만 대체로 직업의 목표를 생계수단이라는 개인적 차원을 넘어 사회에의 기여라는 사회적 차원으로까지 확장하고, 다른 성원들과 협조 · 협동하며 적극적 · 긍정적 사고로 매사에 근면 · 성실하게 임해야 한다는 것이다. 따라서 바람직한 직업관은 임무에 대한 자부심과 보람을 갖는 사명 또는 소명의식에서 출발한다고 하겠다. 무엇을 하며 살든 간에 직업군인이 되고자 하는 사람은 직업의 이러한 의미를 명심해야 한다. 특히 직(職)의 의미가 크게 강조되는 직업이 군인이라는 사실을 한시라도 잊어서는 안 될 것이다.

그렇다면 현대를 살아가는 군인들은 어떠한 직업관을 가지고 살아가야 할 것인가? 이에 대해서는 헌팅턴[26]이 군의 전문직업주의[27]를

---

26 새뮤얼 헌팅턴(Samuel Huntington): 1927년생(生), 미국의 정치학자이며 하버드대학교 정치학 박사, '문명충돌론'으로 널리 알려진 미국의 정치학자이다. 군사정치학과 비교정치학 분야에서 이론정치와 현실정치를 두루 체험한 정치학자로 평가받고 있다. 저서로 『제3

주창했듯이 소명의식에 바탕을 둔 전문직업주의적 관점을 가지고 살아가야 할 것이다.

인간의 역사를 보면 전쟁의 역사라고 할 정도로 전쟁은 항상 있어왔다. 인간은 투쟁이라는 '자연상태'를 피하려고 공동체라는 '사회상태'를 만들었지만 상호작용하는 곳에는 항상 갈등이 있었다. 그리고 그 갈등은 이해관계가 강하면 분쟁상태로 변하였고 분쟁이 해결되지 못하면 전쟁으로 치달았기 때문에, 거대한 직업군대가 평시에도 전쟁에 대비하기 위해 존재하고 있다. 현대의 직업군대는 과거 왕조시대 생계의 한 방편으로 구성되었던 상비군 성격의 용병과는 근본적으로 다르다. 끊임없이 정보를 수집하여 전쟁을 계획하고 고도의 무기를 다룰 수 있도록 교육과 훈련을 해야 하며, 부단히 새로운 전장 환경에 적합한 작전개념을 발전시키는 전문가가 되어야 하기 때문이다. 또한 국가와 국민을 지켜야 한다는 막중한 책임감으로 인해 목숨까지 희생해가면서 임무를 완수하는 헌신적 도덕성이 필요하게 되었다. 따라서 현대사회에서 군인은 소명의식이 충만한 전문직업인이 되어야만 한다.

1) 군인은 일반직업인인가? 전문직업인인가?[28]

순수하게 직업적 차원에서 직업군인이 무엇인가에 대해서는 크게

의 물결: 20세기 후반의 민주화』, 『미국정치론』, 『문명의 충돌』 등이 있다.

27 군 전문직업주의: 헌팅턴이 이론적으로 뒷받침한 개념으로 그는 군 직업도 전문직업이라고 강조하였으며, 전문직업의 특성을 전문지식과 기술, 책임성, 단체성으로 제시하고 군 직업이 그와 같은 전문직업적 특성에 부합한다고 하였다. 이러한 헌팅턴의 개념을 적극 수용한 것은 미 육군으로서 미 육군은 ADP1(Army Doctorin Publication No1.)에서 육군의 정체성을 전문직업군으로 규정하고 있으며, 이는 그들의 기준교범에서도 동일하게 규정하고 있다(출처: 국방부, 『군대윤리』, 2016).

28 국방부, 『군대윤리(직업군인의 가치관)』, 2004, pp. 154~163에서 발췌하여 정리하였다.

두 가지 견해가 존재한다. 하나는 군인을 일반직업과는 구별되는 전문직업으로 보는 견해이고, 다른 하나는 직업군인도 경제적인 보수 획득이 주요한 목적인 일반직업과 동일하다는 견해이다.

먼저, 일반직업으로 보는 견해를 살펴보면, 직업군인을 경제적인 보수 획득을 주요한 목적으로 하는 일반직업과 같은 선상에서 보는 견해이다. 그러나 이러한 견해는 전문무력집단으로서 무력을 관리하고 전쟁수행이나 국가가 부여한 임무완수를 위해 목숨까지도 바쳐가며 희생해야 하는 직업군인의 직업적 특수성과 전문성을 무시하고, 경제적인 보수나 직업의 안정성 등과 같은 직업성만을 강조한 개념이다. 이러한 개념이 보편화하게 되면, 라스웰(H. D. Lasswell)[29]이 표현한 바와 같이 군대에 부여된 '무력의 관리'라는 고유의 기능 수행을 어렵게 할 위험성이 있다. 나아가 군을 하나의 이익집단화하도록 하는 변화를 조장하고, 직업군인을 국가적 목적보다 개인적 이익에 관심 있는 일반직업인과 동일시할 우려가 있다.

다음으로 전문직업으로 보는 견해를 살펴보면, 군의 전문직업론은 헌팅턴을 위시한 다수학자들의 공통된 견해로 직업군인의 전문직업적 성격을 강조하는 입장이다. 전문직을 명확하게 특징지은 것은 전문기술(expertise)과 책임성(responsibility) 그리고 단체성(corporateness)이라고 할 수 있다. 좀 더 부연하면, 전문직업은 첫째, 장기적인 교육과 훈련을 통해 습득되는 전문지식과 기술이어야 한다. 둘째, 습득한 전문지식과 기술을 공동봉사를 위해 활용해야 하는 사회적 책임성이 있어야 한다. 셋째, 전문직업단체로서의 성립을 위해 선발 · 교육 · 인사 등의 제도적

29 미국의 정치학자 · 심리학자. 1922년 시카고 대학을 졸업하고, 런던 · 제네바 · 파리 · 베를린 등의 대학에 유학하였다. 귀국 후에 1927년 시카고 대학 조교수, 1932년 교수로 재직하였고, 1939~1945년에는 국무성 고문 등의 정치에도 관계를 했다. 1946년 이래는 예일 대학에서 법학과 정치학을 강의. 그는 신시카고 파(派)의 대표자로 S. 프로이트 정신 분석학의 방법을 정치학에 도입한 선구자이다. 논리 실증주의의 영향이 강하고, 행동 과학의 입장에서의 철저한 기술적 · 객관적 분석이 그의 기본적 방법론이었다.

권한을 합법적으로 인정받는 단체성이 있어야 한다.

이러한 관점에서 전문직이라는 데 이견이 없는 의사의 경우를 보면, 의사의 주요한 기능은 진단과 처방이며 그의 책임은 고객의 건강이다. 마찬가지로 직업군인의 기능은 무력의 관리이며 그 책임은 국가사회의 안전보장이다. 그리고 국가사회의 안전보장이라고 하는 책임을 완수하기 위해서는 우선 무력의 관리라고 하는 전문기술에 숙달해야 하는 것이다. 또한 직업군인은 특유의 교육과 훈련 그리고 고유의 군인정신을 공유하고 있다는 점에서 군인으로서의 집단의식 즉 단체성을 띠고 있는 것이다. 이에 대해 헌팅턴은 "직업군인은 전문직업인의 이상에 제일 가까이 접근했을 때, 가장 강력하고 효과적인 임무를 수행할 수 있게 되며, 그 이상으로부터 멀리 떨어져 있을 때 가장 약하고 결함이 많은 존재가 되는 것"이라고 하였다.

물론 이런 견해도 직업군인을 지나치게 단순화시켰다는 지적이 있다. 이러한 전문직업주의적 관점은 직업의 개인적 측면이라고 할 수 있는 생계유지의 수단, 자아실현의 장(場) 등 직업성 보장 측면을 소홀히 하고, 군인의 전문성만을 강조하고 있기 때문이다.

2) 전문성과 직업성의 조화를 통한 소명의식의 내면화

직업군인을 전문성['직'(職)의 측면 강조]과 직업성['업'(業)의 측면 중시]의 양면성을 동시에 지닌 특수한 직업인으로 파악할 때 직업군인의 성격을 올바로 바라볼 수 있다. 즉 독특한 단체적 응집성, 특유의 복합적 조직성, 자체 요구에 부응하는 교육방식과 경력관리체계, 그리고 사회에서 군의 위치 등 제반적인 특성을 고려할 때, 군인이라는 직업은 의사나 변호사와 같이 강한 소명의식을 내적으로 요구하는 직업이지만, 외적으로는 개인의 생존이라는 삶의 현장으로서 일반직업적 성격도 내포함을 인정해야 하는 것이다. 요컨대 헌팅턴의 전문직업주의를 견지하되 개인의 삶으로서 '업'적 측면도 함께 고려해야 한다. 다만 본말이 전도되지 않도록 전문성, 소명의식(사회적 책임성)에서 출발하여 개인적 생계유지를 고려하는 직업관을 형성해야 할 것이다.

결론적으로 현대적 의미에서 직업군인이 과거 봉건시대 상비군 성격의 용병과 구별되는 올바른 군인이 되기 위해서는 내면적 소명의식을 반드시 함양해야 한다. 군인다운 마음가짐, 군인으로서의 사고방식, 군인으로서의 영혼과 신념, 그리고 이념을 가져야 한다. 만약 군이 국가에 대한 헌신과 봉사의 자세를 이념으로 삼지 않고 개인의 유익을 추구하는 사익집단이 된다면 그것은 죽은 군대, 생명이 없는 군대이며 심지어 폭력집단에 불과하기 때문이다. 과거 군복무를 시민의 자랑스러운 권리로 여겼던 시민군인 로마군대는 세계를 정복하고 대제국을 건설하였으나, 군대의 충성과 복종의 대상이 총독이나 황제로 바뀌고, 용병이 시민을 대체한 이래 멸망의 길로 빠져든 예에서 군대의 소명의식이 왜 중요한지를 잘 확인할 수 있다.

더불어, 개인적 측면에서 생계유지를 위한 삶의 현장으로 경제적 유익을 추구하되, 군 본연의 임무를 잊어버리고 군대를 민간직장과 동일시하는 직장주의를 경계해야 한다. 만약 직장주의의 눈으로 군대를 본다면 '군대란 특별한 소명의식을 요구하는 곳도 아니며, 사회의 일반직장과 뚜렷이 다르지도 않다'라는 관념을 지니게 되며, 이로 인해 주로 임금, 자유시간의 양, 유급휴가, 작업조건, 승진 전망 등이 군 직업 선택의 동기가 된다. 그러나 군 직업을 하나의 직장에 불과한 것으로 보는 이러한 직장주의는 직업군인들이 왜 넉넉하지도 못한 보수를 받으면서도 어렵고 힘든 군복무를 하는지, 그리고 왜 상관의 명령에 따라 목숨을 바칠 준비가 되어있어야 하는지를 설명할 수 없다.

따라서 직업군인은 전문직업인으로서 소명의식을 내면화한 가운데, 국가안보를 지키는 전문집단으로서 소명을 키워나가야 하며, 동시에 국가는 직업군인의 직업적 안전성과 생계유지에 충분한 지원을 아끼지 않아야 할 것이다.

제3장

군인의 직업윤리 실천

개요

본 장에서는 군인의 직업윤리 실천에 대해 살펴보았다. 일반적으로 군인의 직업윤리를 실천하는 방법은 군에서 제시하고 있는 가치관을 습득하고 이를 내면화한 가운데 실천해나가야 한다.

따라서 본 장에서는 직업군인의 윤리로서 제복 입은 민주시민의 개념과 실천과제, 그리고 '군인의 지위 및 복무에 관한 기본법'에 명시된 군인정신을 대표적인 실천 직업윤리로서 선정하고 이에 대해 살펴보았다.

학습내용

1. 제복 입은 민주시민
2. 직업군인의 실천윤리로서의 군인정신

1. 제복 입은 민주시민

자유민주주의 국가에서 군복무는 과거 봉건왕조[30] 시대의 상비용병과 같이 돈을 받고 근무하는 존재가 아니라, 국민 자신이 군인이며, 군인이 곧 국민이므로, 국민의 권리이자 의무이기도 하다. 따라서 국민들은 법에 의해 정해진 대로 병역의 의무를 수행하고 있으며, 그 형태는 징병제와 모병제 또는 두 제도의 혼합형으로 이루어지기도 한다. 현재 우리나라도 헌법 제39조 1항에 "모든 국민은 법률이 정하는 바에 의거하여 국방의 의무를 진다"라고 하여 병역을 의무로 부여하고 징병제의 근간을 마련하고 있으며, 나아가 병역법 제3조 1항에 "대한민국 국민인 남자는 헌법과 법률이 정하는 바에 따라 병역의무를 성실히 수행하여야 한다. 여자는 지원에 의하여 현역에 한하여 복무할 수 있다"고 규정하고 있다. 이는 병역의 의무가 헌법에 명시된 국민의 의무이며 권리라는 의미이다.

따라서 자유민주주의 국가에서 군대는 헌법과 법률에 의해 통제되고 있으며, 민주적 절차로 선정된 국가지도자가 합법적 형태로 통수권[31]을 행사함으로써 군을 지휘하고 있다. 또한 군인들은 헌법적 가치를 최고의 이념으로 삼고 이를 준수하는 가운데 군복무를 수행하고 있으며, 각개 장병들은 제복 입은 민주시민 또는 군복 입은 민주시민으로서 역할을 요구받고 있는 것이다. 이와 더불어 군인을 군복 입은 민주시민이라고 부르는 것은 군대와 시민사회의 밀접한 유기적 관계 때문이다. 오늘날 군대는 시민사회와 동떨어진 조직이 아니다. 즉 군 조직의

30 봉건왕조: 봉건제 국가를 통치하던 왕조국가로서 왕과 제후가 존재하고 전제주의적 국가형태를 띤다.

31 통수권이란 군의 최고사령관으로서 군을 지휘 · 통솔하는 권한을 말하며, 군령권이라고도 한다. 우리 헌법에서는 대통령에게 통수권을 부여하고 있다(제74조).

목표를 효과적으로 달성하기 위해 다른 규칙이나 방법을 적용하고 있다는 점을 제외하면 군대도 국가와 시민사회의 일부분으로 자유민주주의 사회의 다른 조직과 동일하게 헌법적 가치와 질서를 준수해야 하기 때문이다.

독일의 경우 이러한 헌법적 가치와 질서를 '내적 지휘'라는 독특한 형태로 발전시켜온 것으로 잘 알려져 있다. 그들은 '내적 지휘'를 '독일 연방국의 내적 질서에 따른 지휘'라고 정의하고 있다. 여기서 내적 질서란 독일 헌법의 최고질서인 자유민주주의적 기본질서를 의미하며, 이는 결국 내적 지휘가 자유민주주의적 기본질서에 입각하여 군을 지휘하는 것을 의미하는 것이다(정상근, 2019). 특히, 독일군은 군 장병들이 제복 입은 민주시민이므로 독일시민으로서 사회적 규범을 따르는 군인이 되어야 한다고 말하고 있다. 따라서 독일군은 국가가 천부인권, 입헌주의, 법치주의의 핵심적인 가치와 정신으로 통치하듯, 독일의 군대와 군에 속한 모든 구성원은 이 정신을 구현하도록 가르치고 있다.

그렇다면 제복 입은 민주시민이란 무엇인가? 한 사람의 군인으로서 헌법의 가치와 규범을 병영 생활에서 실현해야 한다는 기본정신을 추구한다. 따라서 제복 입은 민주시민은 군사적 역량을 함양해야 함은 물론, 자유민주주의 기본질서 안에서 군인을 위한 자유와 권리, 그리고 의무사항에 따라 그 행동이 보장되어야 한다(정상근, 2019).

한편, 민주시민이란 각자의 자유와 권리를 누리면서 의무를 다하며 사회에 대해 책임 있게 활동하는 사람이라고 할 수 있다. 즉 민주시민이 되는 조건에는 의무와 책임이 강조되고 있다. 따라서 민주시민은 민주시민으로서 가치관을 정립하고 이를 실천해야 하며, 군인도 군복을 입고 있지만, 민주시민이라면 민주시민으로서 기본적인 가치와 질서를 준수해야 하는 것이 마땅하다. 이러한 의미에서 국방부에서 『정신교육기본교재』(2008)를 통해 제시한 군복 입은 민주시민으로서 지켜야 할 몇 가지 실천가치를 소개하면 다음과 같다.

1) 질서의식과 준법정신의 생활화

민주국가에서 법은 국민들의 보편적 의지의 반영이라고 보고 있는데, 이는 법이 사회적 연대 또는 공동체 의식을 지키는 최소한의 국민의 약속이기 때문이다. 법을 지키는 것은 우선 자신의 권리와 타인의 권리를 분명히 알고, 그 권리를 정정당당하게 주장하는 것이 된다. 그러므로 민주사회에서 개인의 권리 주장은 도덕적으로 정당화될 수 있다. 법을 인간의 자유와 평등에 대한 제한으로 오해하고 준수하지 않으려는 사람들도 있으나, 이는 결코 바람직하지 않다. 더불어 사는 공동체는 법과 질서를 지키려는 성숙한 시민의식에 의해 성립되기 때문이다.

특히, 군인들은 반드시 준수해야 할 행동규범과 해서는 안 되는 금지사항을 '군인의 지위와 복무에 관한 기본법'에 명시하고 있다. 즉 군인의 기본적인 의무사항으로 충성, 성실, 친절, 청렴, 정직, 명령 발령자의 의무, 명령 복종의 의무, 전쟁법 준수 의무 등 여덟 가지가 명시되어 있다. 그리고 군인으로서 해서는 안 될 금지사항으로 군기문란 행위의 금지, 비밀엄수, 직무이탈 금지, 영리행위 및 겸직 금지, 집단행위의 금지, 정치운동의 금지 등 여섯 가지를 규정하고 있다. 그 외에도 병영생활규정과 각종 부대의 행정예규를 통해 군인으로서 부대원으로서 어떻게 행동해야 할지 구체적으로 명시하고 있다.

이러한 규정들은 모두 군이 추구하는 바와 존립 목적을 효율적으로 달성하기 위해 만들어진 행동규범으로서, 이를 준수하고 실천함으로써 군인은 군인다운 군인이 됨과 동시에 민주시민으로서 가치관을 체득하게 된다. 다시 말해 제복 입은 민주시민으로서 정체성과 가치를 확립하고 행동으로 실천하게 된다.

2) 자발적 참여와 봉사활동

현대사회는 구성원 스스로 자기가 해야 할 일을 자율적으로 결정하고 그 결과에 대하여 책임질 것을 강조한다. 군대는 조직과 임무의 특수성으로 인해 장병 개개인이 스스로 결정할 일이 많지 않을 수도 있지만, 주어진 임무를 수행하는 과정에서는 개개인의 적극적이고 능동적인 참여의식이 필요하다. 이는 업무수행의 효율성을 제고하고 성과를 극대화하는 데 필수적인 요소이기 때문이다. 아울러, 봉사활동은 자발적인 참여를 통하여 더불어 살아가는 공동체를 만드는 활력소라 할 수 있을 것이다. 선진국일수록 많은 사람들이 다양한 분야에서 저마다 가치 있다고 생각하는 일에 적극적이고 자발적으로 참여하여 봉사하고 있다.

특히, 군인은 군복을 입는 순간부터 봉사의 길로 접어든다고 해도 과언이 아니다. 군대는 최고의 봉사집단이며 군인이야말로 가장 명예로운 봉사자이다. 자신의 생명을 던져 국가와 민족의 안전을 지키고 그 번영된 미래를 위해 헌신하는 길보다 더 큰 봉사는 없을 것이다. 작게는 나보다는 먼저 동료를 위해 헌신하고, 더 나아가서는 부대의 전투력 향상과 국가의 발전을 위해 생명까지 바칠 각오로 헌신하는 것이 제복 입은 민주시민으로서 군인의 역할이며 봉사의 자세라 할 수 있다.

3) 군인으로서 책임의식 고취

군인에게 있어서 책임이란 '국가의 안전을 확보하고 국민의 생명과 재산을 보호하는 사명의 주체'임을 자각하여 자신에게 주어진 책임을 완수하는 것을 말한다. 직무에 대한 책임의 중요성에 있어서 군인의 책임보다 더 중요한 것은 그리 많지 않을 것이다. 전시 군인의 책무는 전쟁의 승패와 국가의 안위에 직접적인 영향을 미치기 때문이다.

군인의 책임은 자신에 대한 책임과 임무에 대한 책임으로 나누어 볼 수 있는데, 우선 자신에 대한 책임은 자신의 행동에 대한 평가와 그에 따른 결과를 정당한 것으로 받아들이는 자세이다. 또한 현재 자신의 위치에서 바람직한 최선의 결과를 이루기 위해 항상 노력하고 맡은 일에 긍지와 자부심을 갖는 것이라 할 수 있다. 임무에 대한 책임은 군의 존재 목적에 대한 책임이라고 할 수 있다. 그런데 군의 임무는 집단적인 성질을 강하게 갖고 있기 때문에 이러한 임무의 수행에는 복종심, 군기, 협동, 단결, 인화, 사기 등의 제 가치가 필요하다. 이러한 집단적 정신전력의 구성요소가 뒷받침될 때 군의 임무 수행은 용이해진다.

따라서 우리는 병영생활을 통하여 책임을 다하는 자세를 키워야 한다. 공은 부하에게, 명예는 상관에게, 책임은 나에게라는 의식을 견지한 가운데 행동으로 보여주어야 한다.

4) 내적가치의 함양

현재 우리 군은 독일군의 내적지휘 개념을 차용하여 제복 입은 민주시민 또는 군복 입은 민주시민 양성의 기치 아래 내적가치라는 명칭으로 헌법적 가치와 민주적 절차와 질서를 내면화한 민주시민으로서 군인 만들기에 많은 노력을 기울이고 있다. 물론, 아직은 학문적으로 충분히 성숙되지 않았지만, 육군과 국방정신전력원[32]을 중심으로 기본개념으로부터 이론적 토대를 갖추어나가고 있으며, 실천과제를 선정하고 교재를 보급하여 주간정신전력교육[33]에 포함해 교육하는 등 외연을 확

32 국방정신전력원: 2013년 12월 1일 군 정신전력교육의 통합과 전문교관 양성을 목적으로 창설된 국방부 직할기관으로서 군의 정신전력교육을 전담하고 있다.

33 주간정신전력교육: 군에서 매주 수요일 오전 3시간 동안 실시하는 주간 단위 정신전력교

대해나가고 있다(육군본부, 2020).

육군은 지난 2018년부터 내적가치 함양교육을 통해 장병들의 내적가치를 제고함으로써, 위국헌신군인본분의 사명을 충실히 완수하는 장병 육성에 힘쓰고 있다. 육군은 내적가치에 대해 사전적으로 정신이나 마음의 작용에 관한 가치, 내부적으로 작용하는 가치라고 정의하면서, 물질이나 겉모습이 가지는 가치와 같이 겉으로 드러나는 가치인 외적가치와는 구별하고 있다. 어떤 임무를 부여받았을 때, 포상, 진급, 물질적 이익 등을 생각하며 임무를 수행한다면 이는 외적가치에 따른 것인 반면, 이익을 생각하기보다 군인으로서의 사명, 임무에 대한 자부심, 소속감 등에 따라 적극적이고 능동적으로 임무를 수행하는 것이 내적가치에 따른 것이라고 말하고 있다.

육군은 장병들이 외적가치에 의해서가 아니라, 스스로가 군인이라는 높은 자긍심과 정체성을 인식한 가운데 주어진 임무를 완수할 수 있도록 내적가치 함양교육을 실시하고 있으며, 이는 다음과 같은 특징을 가지고 있다.[34]

첫째, 군(軍)과 군인(軍人)의 본질에 집중하는 교육이다. 시대변화에 흔들리지 않고 군인으로서 생각하고 알아야 할 과제, 변하지 않는 주제로 교육을 추진한다. 장병들이 '왜 군 복무를 해야 하는지', '내가 입고 있는 군복은 어떤 의미가 있는지', '군 복무는 어떻게 해야 하는지', '군인으로서 지켜야 할 보편적 가치는 무엇인지' 등 시대를 초월하여 군인이라면 스스로 생각하고 느낄 수 있는 교육에 집중하고 있다.

둘째, 장병들이 가져야 할 기본적이고 손에 잡히는 내용으로 구성하고 교육하고 있다. 장병들의 복무와 직결될 수 있는 '나는 왜 군복을 입고

육으로서 1교시는 기본정신전력교육, 2교시는 시사안보교육, 3교시는 문화단결활동으로 진행된다.

34 육군본부, 『내적가치 함양! 위국헌신의 참다운 육군』, 2018.

있는가', '군인은 왜 거수경례를 하는가', '군인에게 임무완수를 왜 생명이라고 하는가', '군인을 왜 군복 입은 민주시민이라고 하는가', '전우는 왜 나에게 소중한 존재인가' 등 구체적인 내용으로 교육과제를 구성하여 장병들이 "나는 무엇을 어떻게 해야 하겠다"라고 행동화하도록 했다.

셋째, 육군의 내적가치 교육은 과제별로 갈등 딜레마 사례를 제시하여 올바른 판단을 선택할 수 있는 상황윤리 교육이다. 단순히 과제를 제시하고, 당연한 토의주제를 부여하는 것에서 탈피하여, 상황만화를 제시하여 장병들이 만화의 주인공이 되어 스스로 판단하도록 유도한다. 상황은 장병들이 군 복무 간 경험할 수 있는 갈등과 딜레마로 구성하여 상황에 대한 몰입감을 높이고, "왜?"라는 생각을 통해 어떤 것이 '옳은가, 좋은가, 군인다운가'를 스스로 생각하게 유도한다.

넷째, 스스로 생각하고 해답을 찾는 장병이 주인 되는 교육이다. 지금까지의 교육은 '정답'을 정해놓고 그 정답을 주입하고 강요하는 형태였다. 그러다 보니 장병들이 가슴으로 공감하지 못했고, 행동으로 연결되지 못하는 경우가 많았다. 내적가치 함양교육은 교관의 일방적 강의식 교육에서 벗어나 장병 스스로 "왜?"라는 의문을 갖게 하고, "나라면 어떻게 할 것인가?"를 생각하게 한다. 교관이 가르치는 교육이 아니라 장병들의 토의와 토론, 발표가 중심이 되는 교육이다.

육군은 내적가치 함양교육의 과제를 3대 영역 12개 과제로 구성하여 교육하고 있는데 다음의 〈표 2.1〉과 같다.

〈표 2.1〉 육군의 내적가치 교육과제

구 분	과 제 명
군복과 나	1. 나는 왜 군복을 입고 있는가?
	2. 군인의 생각과 행동은 왜 달라야 하는가?
	3. 군인은 왜 경례를 하는가?
	4. 나는 왜 전사가 되어야 하는가?
임무완수와 나	5. 군인에게 임무완수를 왜 생명이라고 하는가?
	6. 경계는 왜 중요한가?
	7. 왜 전투를 두려워하지 않는 용감한 전사가 되어야 하는가?
	8. 전시에 우리는 왜 죽음을 무릅쓰고 임무를 완수해야 하는가?
병영생활과 나	9. 군인을 왜 군복 입은 민주시민이라고 하는가?
	10. 선진 병영문화를 만드는 길은 무엇인가?
	11. 전우는 왜 나에게 소중한 존재인가?
	12. 군생활의 목표설계가 왜 중요한가?

2. 직업군인의 실천윤리로서의 군인정신[35]

지난 2016년, 기존의 군인복무규율을 대체하여 제정된 '군인의 지위와 복무에 관한 기본법'(이하 군인기본법)은 군인으로서 준수해야 할 의무와 권리를 포함하여 국군이 지향하고 있는 이념과 가치를 제시하고 있다.

이 법 제1장 5조 국군의 강령 3항에 "군인은 명예를 존중하고, 투철한 충성심, 진정한 용기, 필승의 신념, 임전무퇴의 기상과 죽음을 무릅쓰고 책임을 완수하는 숭고한 애국애족의 정신을 굳게 지녀야 한다"

35 국방부에서 지난 2008년 발간한 『정신교육기본교재』에 수록된 '군인정신 6대 요소'에 담긴 내용을 발췌 및 재정리하여 기술하였다.

라고 명시하고 있는데 바로 이것이 군인정신이라고 할 수 있다.

군인정신은 군인이 지녀야 할 가치관 중 하나이며, 준수해야 할 실천윤리의 하나라고 할 수 있다. 일반적으로 가치관은 어떤 특정한 존재 목적이나 행동방식이 다른 것보다 상대적으로 더 옳다거나 좋다거나 바람직하다는 개인의 신념인데, 군의 가치관 측면에서 보면 군이 어떤 가치를 수행하고 있으며 이를 위해서 군인은 어떠한 사고와 행동을 해야 하는가 하는 공통 · 집단적 믿음체계를 말한다. 따라서 군인의 가치관은 군인정신의 다른 표현이라고 할 수 있는 것이다.

군인기본법에 명시된 군인정신은 여섯 가지의 덕목을 제시하고 있다. 물론, 군인은 이 외에도 많은 덕목을 지녀야 하며, 군인기본법에서 제시하고 있는 의무와 권리사항에도 군인에게 필요한 덕목들이 존재한다. 다만, 본 서에서는 실천윤리의 하나로서 군인기본법에 명시된 여섯 가지의 덕목을 중심으로 살펴보았다. 그것은 명예, 충성, 진정한 용기, 필승의 신념, 임전무퇴의 기상, 애국애족의 정신이다.

1) 명예

명예란 외형적으로는 한 인간이 수행한 일의 업적이나 그가 점하고 있는 지위에 대하여 사회로부터 주어지는 존경도라고 할 수 있으며 내면적으로는 자신이 수행한 일의 성과에 대해 스스로 만족하고 보람을 느끼는 심리적인 태도라고 할 수 있다.

아리스토텔레스는 "덕(virtue)에 대한 보상으로서 외적으로 주어지는 가치 가운데 최고의 것"이 명예라고 정의하였다. 즉 한 개인이 어떤 덕을 지니고 이를 발휘했을 때, 다른 사람들이 그것에 대하여 보내는 찬사가 바로 명예라는 것이다. 아울러 그는 명예와 관련되는 덕 가운데 최고의 덕을 긍지(pride)라고 하면서 명예는 긍지에 대한 외적 보상이라고 했다. 그렇다면 긍지란 무엇인가? 이는 직무에 대한 사명감과 만족감에서 스스로 떳떳함을 확신하는 마음이라고 할 수 있다. 자기가 하는 일이 국가와 민족을 위해, 사회와 타인을 위해 보람된 것이라고 믿을 때 긍지를 가질 수 있다. 따라서 긍지를 가진 사람은 자기 본분에 충실함으로 스스로 비굴해지지도 않고 자만하지도 않는다.

결국, 명예란 온갖 어려움을 무릅쓰고 자신의 이익이나 안전을 희생시키면서도 자신에게 부과된 사명과 임무를 완수한다는 긍지에서 얻어지는 것이다. 소크라테스[36]가 "명예로운 죽음은 불명예의 삶보다 낫다"라고 한 이유가 바로 여기에 있는 것이다.

이러한 명예심은 전투에서 반드시 승리하겠다는 강한 의지를 갖게 해주는 것은 물론 패배하여 비굴하게 살아남기보다는 차라리 용감하게 싸우다 죽겠다는 각오를 갖게 함으로써 불리한 상황하에서도 적극적으로 전투에 임할 수 있는 힘을 부여한다.

2) 충성

'충성(忠誠)'이라는 한자를 분석해보면, '충(忠)'은 '가운데의 마음'으로서 신뢰와 믿음을 뜻하며 인간의 근본된 마음의 바탕을 말한다. 그리고 '성(誠)'은 '말을 이룬다'는 것으로 진실을 뜻하며 만물이 조화를 이루는 근본이라고 할 수 있다. 이러한 충성은 크게 '자기 자신에 대한 충성', '상관에 대한 충성', '국가에 대한 충성'으로 나누어볼 수 있다.

첫째, 자기 자신에 대한 충성은 자기 자신에게 진실하고 자기의 언행을 일치시키기 위해 성실을 다하는 것을 말한다. 자기 자신에 대한

36 기원전 5세기경 활동한 고대 그리스의 대표적인 철학자이다. 문답법을 통한 깨달음, 무지에 대한 자각, 덕과 앎의 일치를 중시하였다. 말년에는 아테네의 정치문제에 연루되어 사형판결을 받았다.

충성은 우리가 지향하는 지고지순한 충성들을 위한 출발점과 같다. 자기 자신에 대해 충실한 사람은 자연스럽게 타인이나 자기 직무, 나아가 국가에 충실하게 될 것이기 때문이다. 셰익스피어의 작품 『햄릿』에 나오는 "자신에게 진실하게 되면 밤과 낮이 어김없이 이어지듯이 타인에게도 충실하게 될 것이다"라는 글귀는 자신에 대한 충성의 의미를 잘 반영하고 있다. 즉 자기 자신에게 충성스러운 사람이 여타의 다른 것에 충성하는 것은 낮과 밤이 전혀 어김없이 이어지는 자연의 법칙처럼 지극히 당연하다는 뜻이다.

둘째, 상관에 대한 충성은 마음으로부터 우러나와 자기에게 부여된 임무를 능률적이고 성공적으로 수행함으로써 상관을 받들며, 혹 자신의 언행 때문에 상관의 권위와 위신이 실추되지 않도록 함을 의미한다. 그러나 상관에 대한 충성은 일방적인 것이 아니라는 점을 알아야 한다. 충성은 일방적인 것이 아니라, 그 속에는 부하에 대한 상관의 사랑, 그리고 상관에 대한 부하의 믿음이 존재한다. 따라서 지휘관이 부하로부터 진정한 충성을 원한다면 먼저 부하의 마음으로부터 상관에 대한 충성심이 자발적으로 발현되도록 솔선수범해야 한다. "충은 믿음을 근본으로 삼고, 믿음은 충을 불러일으킨다(忠是信之本信忠之發)"는 주자의 말은 충성과 신뢰의 관계를 잘 표현해주고 있다. 또 『손자병법』은 "장수는 병사 보기를 부모가 갓난아기를 보는 것처럼 해야 한다. 그러면 병사는 장수와 더불어 위험한 깊은 계곡에도 들어가게 된다"라고 적고 있다. 이처럼 상관에 대한 충성과 부하에 대한 사랑과 신뢰는 상호 밀접한 관계에 있음을 기억해야 한다.

셋째, 국가에 대한 충성이다. 군인에게 있어서 국가에 대한 충성은 자신의 모든 것, 심지어 목숨까지도 바쳐 국가에 봉사한다는 희생, 헌신의 정신과 함께 '오직 국가와 민족을 위한다'는 애국애족의 정신도 함께 담고 있다. 특히, 군인의 상관에 대한 충성이나 직업적 규범에 대한 충성은 국가에 대한 충성에 위배되지 않을 때라야 정당성을 가진다. 군인을 '제복 입은 민주시민'으로 간주하는 독일은 나치 군대의 악몽을 되풀이하지 않기 위해 병사들에게 '올바른 충성'을 가르치고 있다. 매년 7월 20일 베를린 국방부 청사에서 열리는 충성 서약식은 그런 교육의 상징이다. 이때 신병들은 "독일연방공화국에 진실하게 봉사하고 독일 국민의 법과 자유를 용감하게 수호할 것"을 맹세한다. 바로 이와 같이 국가에 대한 충성을 다짐하고 행동할 때 군인은 가장 군인답게 되는 것이다.

3) 진정한 용기

일반적으로 용기는 '씩씩하고 굳센 기운', '사물을 겁내지 않는 기개' 등으로 정의된다. 이는 분별력이 있어 미혹당하지 않는 지혜로운 사람을 지자(智者)라 하고, 근심 걱정 없는 어진 사람을 인자(仁者)라 하며, 기개가 있어 두려워하지 않는 사람을 용자(勇者)라 칭한 공자의 말에서 비롯된 것이다.

용기는 또한 대의를 위한 분별력 있는 정신적 인내력이다. 진정한 용기는 대의나 정의와 불가분의 관계 속에 있다는 것이다. 분별없는 용기이거나 정의와 상관없는 용기는 만용에 불과한 것이다. 따라서 용기 있는 사람은 자기 자신을 극복할 수 있는 힘으로 불의와 타협하고자 하는 욕망을 누르고 정의를 위해 행동하고자 하는 의지를 갖고 행동하는 사람이라고 말할 수 있다.

서양의 격언에 '행운은 용자(勇者)의 편에 선다'라는 말이 있다. 이것은 승부를 건 싸움에서 승리의 여신은 용감한 자의 편으로 찾아온다는 말이다. 생사를 걸고 적과 싸워 이겨야 하는 군인에게 있어서 용기의 필요성은 두말할 나위가 없는 것이다. 그러나 시기와 장소, 대상을 가리지 않고 무분별하게 발휘하는 용기는 진정한 용기가 아니다. 필요한 상황 속에서 발휘되는 용기라야 진정한 용기라 할 수 있다. 거친 행위는 용기 있는 행위가 아니라 교양이 없고 예의가 없는 야비한 행위가 된다.

특히, 군인에게 있어서 진정한 용기는 항상 명령과 규율 아래서 발휘되어야 하며, 죽음을 무릅쓰고 자기의 책임 또는 목표를 달성하는 데서 그 참된 가치가 발휘된다. 죽음의 공포가 엄습하는 전장에서 진정한 용기의 발휘는 공포를 극복하게 할 뿐만 아니라 부대에 힘을 불어넣음으로써 승리를 가능케 한다.

4) 필승의 신념(信念)

신념이란 "굳게 믿어 의심하지 않는 마음"으로서 어떤 일을 함에 있어 그것을 성공적으로 이루어 낼 수 있다고 굳게 믿는 일종의 자신감이다. 그래서 신념이 있는 사람은 행동을 할 때 주저함이 없고 우유부단하지 않으며, 뒤로 물러서지 않는다. 남의 평판에 좌우되지 않고 눈치를 살피지도 않는다. 그리고 자신이 옳다고 믿고 있는 바를 소신 있게 해나간다. 물론 여기서 "자신이 옳다고 믿는 것"은 정의(定義)에 기초를 두어야 한다. 정의에 기초하지 않는 소신은 그저 주관적인 편견이거나 아집에 지나지 않는다. 모든 사람이 지구를 중심으로 태양이 돌고 있다고 믿고 있음에도 불구하고 "그래도 지구가 태양 주위를 돌고 있다"라고 했던 갈릴레이의 주장은 과학적 진리에 바탕을 둔 것이었기에 올바른 신념이다.

신념은 적극적인 사고방식의 한 형태이다. 적극적인 사고방식이란 사태를 바라보는 시각이 부정적이지 않고 긍정적임을 말한다. 진보와 발전은 '할 수 있다'라는 긍정적인 사고방식 안에서만 가능하다.

미국의 사상가 에머슨은 "가능하다고 믿는 자는 정복할 수 있다."라고 말하였다. 불과 13척의 배만으로 왜군을 물리친 이순신 장군과 참모들이 불가능하다고 건의한 인천상륙작전을 성공시킨 맥아더 장군은 바로 이러한 신념의 소유자인 것이다.

5) 임전무퇴(臨戰無退)의 기상

임전무퇴는 글자 그대로 '전쟁터에 들어서면 죽기를 각오하고 싸우며 물러서지 않음'을 말한다. 한국적 군인정신의 덕목 가운데 임전무퇴의 기상은 상징적인 요소라고 할 수 있다. 전장에서 물러서지 않고 끝까지 싸우는 이런 기상이 있었기에, 우리 민족은 나라를 백척간두(百尺竿頭)[37]의 위기에서 지켜내기도 했으며 빼앗긴 조국을 되찾기도 하였다.

임전무퇴의 계율은 원래 신라의 원광법사가 화랑인 귀산과 추항에게 내린 세속오계(世俗伍戒) 가운데 네 번째 것으로서 "싸움 마당에 다다르면 물러섬이 없어야 한다"라고 한 가르침에서 유래하였다. 이 가르침은 그 후 화랑들에 의해 전장에서 실제 행동으로 옮겨졌으며, 신라군이 전투에서 승리하여 삼국을 통일하는 정신적 지주가 되었다. 임전무퇴의 정신은 어떠한 최악의 상황 속에서도 희생을 각오하고 맡은 바 책무를 다하며 불굴의 투지로 승리를 쟁취하는 정신이므로, 용기, 강인한 체력과 인내력, 필승의 신념과 의지력을 동반할 수 있어야 한다.

6) 애국애족(愛國愛族)의 정신

애국애족이라는 단어는 그 속에 인간의 가장 심오한 감정이라고 할 수 있는 '조국에 대한 사랑'과 '민족에 대한 사랑'이라는 두 가지 감

---

37 백척간두(百尺竿頭): 백 자나 되는 높은 장대 위에 올라섰다는 뜻으로 몹시 어렵고 위태로운 지경을 이르는 말.

정을 포함하고 있다. 조국을 사랑한다는 것은 조국의 운명에 대한 깊은 애정을 의미한다. 부침[38]하는 조국의 운명을 두고 심장을 불태우며 그의 융성과 번영을 위하여 분투하는 열정과 헌신성이 곧 조국애다. 반면, 민족애는 조국애와 같은 감정이지만 그 대상이 자기 민족에 대한 사랑이라는 것이 다르다. 그러므로 단일민족 국가에 있어서 조국애와 민족애가 서로 충돌할 수도 있고 그로 인하여 많은 문제를 야기하기도 한다.

애국애족 정신은 모든 군인의 덕목들이 지향해야 할 최고의 덕목이라고 말할 수 있다. 왜냐하면 군인의 충성, 봉사, 명예, 희생, 용기 등 모든 덕목 속에는 애국애족 정신이 담겨 있기 때문이다. 애국애족 정신이 아니고는 군인이 추구하는 모든 가치가 참의미를 찾기 어렵다. 애국애족 정신이야말로 군인을 단순한 싸움 전문가와 구별시켜주는 기준이 된다.

예를 들어, 옛날의 전쟁터에서 맹활약을 했던 싸움 전문가인 용병들을 생각해 보자. 외면적으로만 보면 용병은 오늘날의 직업군인과 크게 다르지 않았다. 그들은 용기도 있었고 일종의 명예도 지킬 줄 알았으며, 전투에 대한 전문가이면서 전투행위에 대한 대가로 일정한 급료도 받았기 때문이다. 그러나 용병들은 조국과 민족을 위해서가 아니라 오로지 급료를 받기 위해 싸웠다. 자신의 몸이 돈을 버는 수단이었으므로, 목숨을 끝까지 부지하기 위해 적과 적당히 타협하는 것을 즐거워했다. 이처럼 옛날의 용병들이 오늘날의 직업군인과 다른 점은 바로 애국애족의 정신이 결여되어 있었다는 것이다. 만약 군인이 군 복무를 단순히 돈벌이 수단으로 생각하고 있다면 용병과 다를 바 없이 되고 마는 것이다.

따라서 용병이 아닌 직업군인에게 있어서 애국애족의 정신은 조

---

38 물 위에 떠올랐다 물속에 잠겼다 하는 모습을 말한다. 다시 말해 세력 따위가 흥했다가 쇠했다가 하는 것을 비유적으로 표현하는 말이다.

국의 불행을 가슴 아파하고, 조국의 기쁨을 함께 나누면서 조국의 흥망에 자신의 운명을 직결시키는 충정, 그리고 조국의 보다 훌륭한 내일을 강조하기 위해 자기를 바치는 진실한 행위를 의미함을 기억해야 할 것이다.

오늘날 한국군에게 있어서 애국애족의 정신을 한마디로 표현하면 '위국헌신 군인본분(爲國獻身 軍人本分)[39]'이라고 표현할 수 있다. 즉, 애국애족의 정신은 민족을 포함한 국가를 위해 자기 자신을 바치는 것, 바로 이것이라고 할 수 있으며, 직업군인에게 있어서 최고의 가치요 덕목이라고 할 수 있다.

39 위국헌신 군인본분: 나라를 위하여 자기 자신을 헌신하는 것이 군인의 본분이라는 뜻으로 안중근 장군의 유묵으로도 유명하다.

제4장

직업윤리의 사례

개요

사례연구는 토의법과 문제법을 혼합한 교육방법의 한 형태이다. 사례나 예시로 제시되는 문제 상황을 토의 또는 토론을 통해서 해결해 나가는 과정 속에서 그와 관련된 지식이나 사고능력, 정서적 태도 등을 얻을 수 있게 하는 학습방법이다(권영창 외, 2008).

또한 사례연구는 학습자들 스스로 연구하고 토의하며 문제를 해결해 나가는 과정에서 창의적이고 발전 지향적으로 지식을 확장해 나갈 수 있으며, 협동학습을 통해 동료들과 유대관계를 강화하고 협업능력을 향상시킬 수 있다.

사례연구 방식의 수업 진행을 위해 제2부에서는 6개의 사례를 선정하였으며, 토의주제를 함께 제시하여 보다 쉽고 효율적으로 토의식 수업을 진행토록 하였다.

사례를 적용한 수업방식은 다양하게 할 수 있으나, 본 교재에서는 다음과 같은 방법을 제안한다.

1단계 : 선행학습 – 토의용 사례와 주제에 대해 개인연구안 작성

2단계 : 핵심강의 – 교수에 의한 핵심 이론강의

3단계 : 조별학습 – 개인안 토의 및 발표, 조 발표안 작성

4단계 : 학급토의 – 각 조별 발표 및 토의(다양한 토의방법 적용)

5단계 : 교수 강평 및 보충강의

사례

1. 나치와 독일군
2. 버큰헤드와 영국해군
3. 안중근과 위국헌신 군인본분
4. 연평도 포격도발과 해병용사
5. 노블레스 오블리주
6. 목숨보다 더 큰 명예

1. 나치와 독일군

제2차 세계대전 당시 독일국방군은 폴란드, 프랑스, 소련 등 인근 국가들을 침략하여 수많은 인명을 살상하고 파괴하였으며, 나아가 유태인과 슬라브인들에 대한 인종청소를 자행하고 강간과 약탈 등 각종 전쟁범죄를 저질렀다. 흔히들 제2차 세계대전 당시 독일군이 저지른 인종청소와 전쟁범죄는 히틀러의 무장친위대인 슈츠슈타펠(SS)에 의해서만 이루어진 것으로 알고 있으나, 실제는 독일국방군도 상대적 빈도가 적었을 뿐이지 무장친위대의 학살을 지원함은 물론, 그들 스스로도 적극적으로 만행을 저질렀다.

독일국방군은 1935년에 창설되어 1945년까지 존재했으며, 독일의 육해공군 전체를 지칭하는 명칭이다. 이들은 독일의 정규군으로서 히틀러의 나치당 소속도 아니고, 무장친위대인 슈츠슈타펠과 같은 비정규군도 아니다. 그런데 이들이 전쟁범죄를 저지르고 참여한 이유는 무엇일까? 독일국방군의 복무신조에서 그 일부를 엿볼 수 있다.

> "나는 하나님께 엄숙히 맹세하오니, 독일과 국민의 지도자이며 독일국방군의 최고 통수권자이신 아돌프 히틀러에게 무조건적인 복종을 바치며, 언제든지 이 맹세를 지키기 위해 나의 목숨을 바칠 준비가 된 군인이 될 것을 맹세합니다."

이 복무신조에 근거하면 그들은 국가와 국민에 충성하는 국민의 군대가 아니라, 히틀러 개인에게 충성하는 사병화된 집단이었음을 알 수 있다.

한편, 독일의 제2차 세계대전 패전 이후 독일국방군은 해체되었고 현재는 독일연방군으로 대체되어 유지되고 있다. 이들은 독일국방군의 잘못을 저지르지 않기 위해 내적지휘라는 개념을 군의 지휘철학으로 발전시켜, 한 정당이나 개인에게 충성하는 것이 아니라 오로지 헌법적 가치인 국가와 국민에게 충성하는 군대로 변모하였다.

토의주제

1. 독일국방군의 사례를 통해서 얻을 수 있는 교훈은 무엇인가?
2. 군인의 직업윤리적 관점에서 독일국방군의 잘못은 무엇인가?
3. 군인이 진정으로 충성해야 할 대상과 가치는 무엇인가?
4. 군인은 상관의 명령에 복종해야 한다. 그렇다면 상관과 통수권자의 명령에 복종한 독일국방군은 잘못이 없는 것인가?

2. 버큰헤드와 영국해군

1852년 2월 27일 영국의 버큰헤드는 472명의 군인과 162명의 여성과 아이들을 태우고 아프리카 해안을 따라 항해하고 있었다. 새벽 2시경 모두가 잠들어 있던 시간에 절망적인 일이 벌어졌다. 암초에 부딪힌 배의 바닥에 뚫린 구멍으로 바닷물이 솟구쳐 들어와 배가 침몰 직전에 이르렀던 것이다. 사방에서 북을 두드렸다. 우선 군인들을 갑판 위에 집합시켜야 했다. 삽시간에 군인들은 마치 열병식이라도 벌이듯 갑판에 질서정연하게 집합하였고 이들에게 여자와 아이들을 구하라는 명령이 떨어졌다. 군인들은 여자와 아이들을 갑판 위 보트에 태워 바다로 띄워 보내는 일을 조용하고도 신속하게 행하였다. 거의 모든 여자와 아이들이 구출된 것 같았다. 이때 선장이 군인들에게 고함을 질렀다. "그

대들도 헤엄칠 수 있는 사람들은 모두 바다로 뛰어내려 저 보트에 올라타시오."

그러나 이때 제91스코틀랜드 연대의 라이트 대위가 그들의 앞을 가로막았다. "진정한 군인은 내 말을 들어라! 안 된다. 너희들이 바다에 뛰어들어 보트에 매달리면 혼란이 일어난다. 보트는 가라앉고 말 것이다. 국민을 아끼고 지키는 군인은 이 자리에 서 있어라!"

이 용감한 대위는 꼼짝도 않은 채 그대로 서 있었다. 바닷물은 어느새 갑판 위로 올라와 무릎을 적시고 있었으며 남아 있는 보트도 없고 한 가닥의 안전대책이나 희망도 없었다. 그러나 병사들은 대위의 말을 따랐다. 배가 가라앉는 순간까지 불평하는 군인, 몸부림치는 군인은 한 사람도 없었다. 한 생존자는 후에 이렇게 회고했다. "배는 마지막 순간에 축포를 쏘면서 이들 군인과 함께 바닷속으로 사라지고 말았다."

그래서 지금도 영국해군에서는 명예를 말하거든 "버큰헤드를 기억하라"라는 말이 전해져 내려온다.

토의주제

1. 버큰헤드의 사례에서 얻을 수 있는 교훈은 무엇인가?
2. 군인의 직업윤리적 관점에서 버큰헤드의 사례에서 발휘된 군인정신은 무엇인가?
3. 버큰헤드의 군인들은 어떻게 군인으로서 명예를 지켰는가?
4. 나는 군인으로서 나의 생명과 시민의 안전을 맞바꿀 수 있는가? 과연 그것이 나와 나의 가족에게 어떤 유익이 있는가?

3. 안중근과 위국헌신 군인본분

안중근 장군은 옥중에서 '위국헌신 군인본분'이란 글을 남겨 군인으로서 사생관의 참의미를 후세에 남겼다. 아무도 그에게 군복을 입혀 준 적이 없다. 계급장을 달아준 적도 없다. 그러나 조국이 위기에 처하자 그는 분연히 일어섰다.

1905년 을사보호조약(을사늑약)의 체결로 국가의 외교권이 박탈되고 1907년 군대해산을 골자로 한 정미 7조약이 체결되자 강원도로 들어가 의병을 일으켜 스스로 대한제국의 군인이 되어 위국헌신의 길에 올랐다. 그리하여 일본군과 싸우다 북간도를 거쳐 러시아의 블라디보스토크로 망명한 안중근은 1909년 이범윤, 최재형과 함께 의용군을 조직하여 두만강 건너 경흥에 들어와 일본군 50명을 사살하고 회령까지 진격하며 적과 교전하였다.

그해 10월 침략의 원흉 이토 히로부미를 만주 하얼빈에서 저격한 뒤 의연히 "대한독립 만세"를 외친 뒤 여순 감옥에 수감되었다.

공판 중 이토 히로부미를 살해한 것은 그의 정책을 오해했기 때문이라는 한마디만 하면 석방시켜 주겠다는 일본 관헌을 오히려 꾸짖으며 대한독립의 정당성을 끝까지 항변하다 다음 해 3월 26일 여순 감옥에서 처형당하였다. 국가가 위급할 때 목숨을 바쳐 위국헌신의 길을 걸은 참군인의 귀감이 아닐 수 없다.

이처럼 국가를 향한 충성은 어느 시대, 어느 국가를 막론하고 가장 중요한 덕목으로 꼽혀 왔다. 또한 명예를 소중히 여기는 마음과 대의를 위해 나 자산을 헌신하는 희생, 그리고 봉사정신과 항재전장의식 등은 군인이 지녀야 할 위국헌신의 가장 기본적인 덕목이요 도(道)라 하겠다.

토의주제

1. 안중근 의사의 생애를 통해서 얻을 수 있는 교훈은 무엇인가?
2. 군인의 직업윤리적 관점에서 안중근 의사의 이토 히로부미 저격과 여순 감옥에서 적에게 굴복하지 않은 모습이 남긴 교훈은 무엇인가?
3. 자신의 생명과 조국의 안위를 바꾸는 것은 군인에게 있어서 어떠한 의미인가?
4. 생명을 보전하여 후일을 도모하는 것과 죽음을 통하여 귀감을 남기는 것 모두 중요한 선택이다. 여러분은 과연 어떠한 방식의 행동이 대한제국의 독립에 도움이 더 될 것이었다고 생각하는가?

4. 연평도 포격도발과 해병용사

2010년 11월 23일 북한의 연평도 포격도발은 6 · 25전쟁 휴전 협정 이후 북한이 대한민국 영토를 직접 타격하여 민간인이 사망한 최초의 사건이다. 북한군은 김정은의 지시를 받고 연평도 주둔 해병대의 해상 사격훈련을 빌미로 122mm 방사포로 무차별적인 포격을 가해왔다. 당시 마지막 휴가를 가기 위해 연평도 여객부두에서 배를 기다리던 서정우 병장은 북한군의 포격이 있자 그 즉시 휴가를 포기하고 부대로 구보하며 복귀하던 중 적의 포격에 전사하였다. 그리고 그 무렵 교육훈련 중이던 임준영 상병은 포대장의 지시에 북한군에 대한 대응사격을 준비하였다. 임 상병은 포탄이 떨어지고 불길이 치솟는 가운데에도 K-9 자주포 진지를 향해 뛰어갔다. 그 순간 화염이 임 상병을 휘감았으며, 방탄모 외피에도 불이 옮겨 붙었고, 불길은 턱 끈을 타고 내려와 전투복에도 화염이 그을렸다. 그러나 임 상병은 불길에는 전혀 신경 쓰지 않고 오로지 대응사격에 몰두하였다. 사격이 끝난 후 임 상병의 얼굴과 온몸에는 그을린 화염이 그대로 남아있었다.

토의주제

1. 무엇이 고(故) 서정우 하사(추서계급)로 하여금 휴가를 포기하고 전투 중인 부대로 돌아가게 하였을까?
2. 군 간부가 아닌 용사들의 행동이지만, 군인의 직업윤리적 관점에서 간부가 되고자 하는 이들에게 주는 교훈은 무엇인가?
3. 임준영 상병은 죽을 수도 있는 위험한 상황 속에서 포대장의 지시에 의거 포상으로 달려가다 화염에 휩싸일 정도로 위기에 처하기도 하였지만, 대응사격의 임무를 수행하였다. 임 상병의 행동을 통해서 직업군인이 발휘해야 할 정신적 가치가 무엇인지 토의해 보자.
4. 고(故) 서정우 하사와 임준영 상병이 보여준 행동을 통해서 확인할 수 있는 군인정신 6대 덕목에 대해 토의해 보자.

5. 노블레스 오블리주

프랑스 최고의 작가 로댕의 작품인 '칼레의 시민'은 고위층 또는 지도층의 의무라는 측면에서 노블레스 오블리주의 상징으로 널리 알려져 있다.

1347년 백년전쟁 당시 영국 에드워드 3세에게 점령당한 칼레성의 시민들은 모두 몰살당할 위기에 처한다. 이때 에드워드 3세는 칼레시의 지도자급 인사 6명을 자신에게 넘겨주면 나머지 사람들은 살려주겠다는 제의를 한다. 이에 칼레시장 등 시민대표 6명이 스스로 목에 줄을 감고 영국 왕에게 나아감으로써 시민들을 구하게 되는데, 바로 이와 같이 시민들의 대표인 상류층 인사들이 자발적으로 도덕적 의무를 수행하는 정신을 노블레스 오블리주라고 부르고 있다.

이로 인해 오늘날에도 서구사회에서는 지도층 인사라고 하면 군과 같이 생명을 담보로 임무를 수행하는 직무를 수행해야 하고, 전쟁에 나가서는 얼마나 용감했냐는 것이 지도자가 되는 중요한 덕목이 되고 있다.

그래서 영국 왕실의 왕위계승자와 왕자들은 군 장교로 복무하고 심지어 엘리자베스 여왕의 둘째 아들인 앤드류 왕자는 헬리콥터 조종사로 포클랜드 전쟁에 참전하기도 하였다. 또한 제2차 세계대전 당시에는 영국 고위층 자제가 다니던 명문 이튼 칼리지 출신 중 2,000여 명이 전사했다고 한다.

통계에 의하면 6 · 25전쟁 당시 미군 장성의 아들 142명이 참전하여 이들 중 35명이 목숨을 잃거나 부상을 입기도 하였고, 그들 중에는 미8군 사령관 밴 플리트 장군의 아들도 들어있었으며, 아이젠하워 대통령의 아들도 소령으로 참전하였다.

토의주제

1. 군인의 직업윤리적 측면에서 '노블레스 오블리주'에 담긴 윤리적 의미와 교훈에 대해서 토의하시오.
2. 노블레스 오블리주에 담긴 군인정신 6대 가치에 대해서 토의해 보자.
3. 가장 위험한 곳에 앞장서고 부하들을 위해서 희생할 줄 아는 솔선수범의 가치는 직업군인에게 있어서 중요한 덕목 중 하나이다. 솔선수범과 같이 군인으로서 노블레스 오블리주를 실천할 수 있는 방법에 대해서 토의해 보자.
4. 우리의 일상 생활에서 노블레스 오블리주를 실천하는 방안은 무엇인가?

6. 목숨보다 더 큰 명예

1996년 5월 현직 미 해군 참모총장이었던 제러미 마이클 보더 제독은 스스로 목숨을 끊었다. 보더 제독은 미국 역사상 최초로 수병에서 시작해 미 해군 최고의 지위에까지 오른 입지전적 인물이었다. 그는 평생을 통해 자기 양심을 속이는 일을 두 번 했다고 했는데, 하나는 해군에 입대를 위해 열여섯 살이었음에도 열일곱 살이라고 한 살 올려 지원서에 기재한 것이고, 다른 하나는 그를 죽음으로 내딛게 했던 브이(V) 메달을 목에 걸고 다닌 것이었다. 보더 제독은 월남전에서 두 개의 훈장을 받았는데 브이 메달은 전투에서 무공을 세운 사람에게만 수여되는 메달이었기 때문에 제독에게는 해당되지 않았다고 한다.

원래 브이 메달은 값이 1달러에 불과한 조그만 브이(V) 자 모양의 메달로서 정식 훈장도 아니었고, 또 대부분의 미군 영내 매점에서 구입할 수 있는 흔한 것이었다. 그렇지만 실제로 월남전에 참전했던 군인들은 이 1달러짜리 메달을 대단히 명예롭게 생각했고, 또 전투에 직접 참여했던 사람들만이 이 메달을 목에 걸고 다녔던 것이다.

보더 제독이 스스로 자결했던 날 그는 뉴스위크지와의 인터뷰가 예정되어 있었다. 아마도 그가 명예를 중시하는 군인이 아니었다면 인터뷰를 통해 자기 실수를 얼버무릴 수도 있었을 것이다. 그는 다른 어떤 변명이나 자기합리화보다는 스스로 죽음을 택한 것이었다.

토의주제

1. 보더 제독은 왜 스스로 자결하여 명예를 지키고자 하였을까?
2. 군인의 직업윤리적 관점에서 명예는 어떤 의미인가?
3. 보더 제독은 굳이 죽지 않고 다른 방법으로 자신의 실수를 인정하고 명예를 지

킬 수도 있었을 것이다. 하지만 그는 가장 극단적인 방법을 택하였는데, 그것이 가지고 있는 의미는 무엇이라고 생각하는가?

4. 보다 제독의 사례를 통해 직업윤리로서 군인정신의 가치가 가지는 의미에 대해서 토의해 보자.

제3부

리더와 군대윤리

제1장

리더윤리의 이해

개요

본 장에서는 리더와 군대윤리의 관계에 대해서 다루었다. 오늘날과 같이 정보화되고 과학화가 이루어진 시대에 다른 조직과의 경쟁에서 우위를 점하기 위해서는 조직이 처한 상황을 주도면밀하게 분석하고, 불확실한 미래 상황을 예측하여 능동적으로 대처할 수 있는 조직 능력이 필수적이다.

이러한 의미에서 먼저, 리더의 개념과 리더십과의 관계에 대해서 살펴보았고, 이후 리더와 군대윤리의 관계에 대해서 살펴보았다. 특히 현 시대에 리더는 왜 군대윤리를 준수해야 하는지에 대해 알아보았다.

학습내용

1. 리더와 리더십
2. 리더와 군대윤리

1. 리더와 리더십

오늘날과 같이 정보화, 과학화가 이루어진 시대에 다른 조직과의 경쟁에서 우위를 점하기 위해서는 조직이 처한 상황을 주도면밀하게 분석하고, 불확실한 미래 상황을 예측하여 능동적으로 대처할 수 있는 조직 능력이 필수적이다.

그리고 이러한 조직역량을 극대화하기 위해서는 조직 구성원 개개인의 자발적 참여와 역량이 중요하며, 조직 구성원을 유기적으로 통합하고 효율적으로 관리하는 리더의 역량 발휘가 필요하다. 이는 아무리 유능한 조직원들로 구성된 조직이라도 조직원들이 물과 기름처럼 섞이지 못하고 마찰만 일으킨다면, 그러한 조직은 결코 제대로 된 역량을 발휘하지 못하고 성장하지 못하기 때문이다. 따라서 하나의 조직이 성공하고 발전하기 위해서는 조직원들로부터 지지받는 리더와 그의 영향력이라고 할 수 있는 리더십이 필요하다.

일반적으로 리더(leader)는 공식적인 집단에 속하며, 조직의 목표를 달성하기 위해 공식적으로 부여된 직책과 권한, 책임을 토대로 조직 구성원들에게 동기를 부여하고 영향력을 행사하는 사람으로서 통상 조직의 장(長)이 해당된다.[1]

리더십(Leadership)은 자신이 이끄는 조직이나 집단이 추구하는 목적을 효율적으로 달성하기 위해 구성원들에게 영향력을 행사하게 되는데, 이때 행사되는 영향력을 리더십이라고 한다. 이러한 리더십은 오랜 기간 동안 연구되어 왔다. 그러나 오랜 연구의 역사를 지니고 있음에도 불구하고 이를 다루는 입장이나 관점에 따라 여러 가지로 상이하게 정의되고 있다. 물론, 대부분의 리더십 이론이 리더십을 개인이나 집단에

---

1 육군본부, 교참 8-1-0『육군 리더십』, 2017.

영향을 주는 과정이라는 데 관심을 두고 있으며, 지도자를 개인의 요구 및 능력과 조직의 요구 사이의 간극을 메우는 자로 보고, 그 간극이 메워질수록 개인의 만족이 증대되고 조직의 목표 달성도 증대된다는 것을 논의하고 있다(남정걸, 1998: 정동욱, 2001). 하지만 근본적으로 리더십은 사회현상인 관계로 여러 관점에서 접근이 가능하기 때문에 개념의 다양성은 불가피하다. 그리고 이로 인해 다수의 연구자들이 리더십의 정의는 리더십의 연구에 관여한 사람 수만큼이나 다양하고 복잡하다고 말할 정도로 학자와 관점에 따라 매우 다양하다는 것을 알 수 있다.

하지만, 리더십은 다양한 정의에도 불구하고 이미 조직 연구의 기술적 어휘가 되었으며, 대체적으로 직무나 직책의 속성, 개인의 특성, 실제 행위라는 세 가지 요소를 포함하고 있다(윤정일 외, 2007). 또한 리더십의 다양한 정의들 속에는 공통적으로 지도자, 지도자의 영향을 받는 개인 내지는 집단, 상황의 세 가지 요소가 포함되어 있다.

이러한 요소들을 포함하여 리더십에 대해 정의하자면, 리더십은 "조직 내에서 지도자와 그의 영향을 받는 개인 및 집단이 상황 속에서 상호작용을 주고받고, 조직의 목표를 달성해 가는 과정 내지는 현상"이라고 할 수 있을 것이다(고성진, 2010).

한편, 육군리더십센터에서는 리더십에 대하여 "리더가 전 · 평시 임무를 완수하고 조직을 발전시키기 위하여, 구성원에게 목적과 방향을 제시하고, 동기를 부여함으로써 영향력을 미치는 활동이다"라고 정의하고 있다(육군본부, 2018). 또한 리더십의 역할에 대해 6대 전투수행 기능[2]을 통합하고 촉진함은 물론, 지휘관이 임무 완수를 위해 지휘권한을 행사하는 과정에서 촉진제와 같은 역할을 수행하여 전투승리를 달성하게 한다고 말하고 있다. 특히 초급간부는 군 전투력 발휘의 창끝

2 6대 전투수행 기능은 지휘통제, 기동, 정보, 화력, 작전지속지원, 방호를 말하며, 전장지식 등과 함께 전투력 발휘요소로서 전투력은 단순한 합(合), 그 이상으로 발휘될 수 있도록 촉진하는 역할을 한다.

리더로서 현장에서 구성원들과 직접 접촉하면서 행동 위주로 리더십을 발휘해야 한다.[3]

초급간부는 상관의 지침을 받아 직접 지휘로써 부하들을 전사(戰士) 기질로 무장된 전투원으로 육성해야 하는 위치에 있으나, 군 생활 경험이 부족하기 때문에 군인정신 등 가치관을 정립할 때 상급자의 영향을 많이 받는다.

또한 초급간부는 올바른 리더십을 체득화(體得化)[4]해 가는 시기에 있기 때문에, 올바른 리더십을 실천하고 부하에 대한 존중과 배려, 소통과 공감이 중요하다고 인식을 하고 있으나, 제대로 발휘하지 못하는 것이 일반적이다. 따라서 군은 물론 간부 후보생을 양성하는 일반대학과 군의 양성교육기관[5]에서는 초급간부들의 리더십 향상에 관심을 가져야 한다.

2. 리더와 군대윤리

다양하고 복잡한 현대사회에 있어서 일반 사람에게 요구되는 보편타당한 윤리가 있다면 각 분야에도 그 분야에 필요한 윤리가 있다.

---

3 초급간부는 소위, 중위, 대위(임관 10년 이내), 하사, 중사, 준사관 및 군무원(임관 · 임용 10년 이내), 중견간부는 대위(임관 10년 이상), 영관장교, 상사(임관 10년 이상), 원사, 준사관 및 군무원(임관 · 임용 10년 이상), 고급간부(장군)를 의미한다. [출처: 육군본부, 『초급간부 자기계발 리더십』, 2018. p.22.]

4 몸으로 체험하여 알게 되는 것.

5 군인을 만드는 교육기관으로서 장교를 양성하는 기관인 사관학교와 학생군사학교(학생군사교육단), 부사관을 양성하는 부사관학교, 그리고 용사를 양성하는 훈련소 등이 이에 해당한다.

즉 전문 직업인에게 요구되는 윤리가 있다는 것이다. 선장은 선장으로서 윤리가 있고, 의사는 의사로서 윤리가 있다. 마찬가지로 군인도 군인 또는 군대에서 요구되는 윤리가 존재한다. 특히 군인은 일반 사람들보다 불확실한 상황 속에서 일반적인 규칙 또는 법규로만 해결할 수 없는 상황에 직면하게 되는 경우가 많기 때문에 군대윤리 범위 내에서 해결해야 할 경우들이 많은 것이다.

그렇다면 '군인 특히, 리더에게 필요한 군대윤리란 무엇인가?'에 주목할 필요가 있다.

군대윤리에 대해 이해하려면 군대(軍隊, military)와 윤리(倫理, ethics) 용어의 조합으로 군대윤리라는 개념어가 성립한다는 것으로부터 출발해야 한다.

군대윤리는 군 장병 개인에 관한 윤리로 군인의 가치관과 덕목, 직업윤리, 리더윤리, 전시 발휘되어야 하는 전쟁윤리 등이 포함된다. 이러한 관점에서 군인 개개인에게 주목하여 올바른 군인으로서 갖춰야 할 가치관과 덕목들이 어떤 것인지 알고, 내면화하여 스스로 동기를 부여할 수 있는 능동적이고 적극적인 군인상에 초점을 맞추어야 한다. 따라서 군 간부 즉, 리더에게는 가치관과 덕목, 윤리의식 등이 강조되어야 한다.

기본적으로 군대윤리는 가치, 행동, 태도에 관한 규범체계를 연구하는 윤리에 대한 논의가 핵을 이루고 군사라는 특정한 영역을 중심으로 논의되는 윤리학의 일종이다. 'military'라는 영역은 1차적으로 군에 종사하는 사람들과 그들이 핵심적으로 담당하는 전쟁과 관련된 일을 대상으로 한다고 이해할 수 있다. 그러나 군과 전쟁의 성격 변화에 따라 제반 민간분야와 군의 상관성이 높아지는 점을 고려한다면, 'military'라는 영역이 비단 군에 종사하는 사람들과 전쟁의 영역으로 국한되지 않고 그와 관련된 다양한 것들이 상호 연관성을 갖고 포함될 수 있는 광범위한 것이라고 이해할 수 있다(조은영 외 4인, 2017). 즉, 군대윤리는 "군 임무수행과 관련하여 군이라는 영역과 군과 관련된 제반 업무에 종사하는 사람들의 가치, 행동, 태도의 규범체계"라고 정의할 수 있는 것이다.

군에서 군대윤리가 처음 소개된 것은 1980년대 초로 추정되며 육군사관학교에서 군대윤리 과목을 군사학 과목으로 개설하면서 소개되었다. 그 이후 일반대학교 군사학과에서 실시되었고, 2004년에는 국방부에서 『군대윤리』라는 책자가 발간되었으나,[6] 야전에서 적극적으로 활용되지는 못하였다.

군에서 본격적으로 군대윤리에 대해 관심을 갖게 된 것은 2014년 '총기난사 사건[7] 및 윤 일병 사망사건[8]'이 발생하고, 굵직한 방산비리 사건이 일어나면서 군에 대한 국민의 신뢰가 추락하면서부터이다. 국방부는 '민 · 관 · 군 병영문화혁신위원회'를 출범시키고, 병영문화혁신과제를 선정하였는데, 그의 일환으로 군대윤리 및 리더십 교육 강화를 통한 올바른 가치관 확립이라는 과제를 추진하면서 군대윤리 교육이 전군 차원으로 확대되었다.

그렇다면 리더는 군대윤리를 왜 준수해야 하는가? 이에 대한 답은 미국의 한 컨설팅 회사의 연구 결과를 통해서도 알 수 있다. 이 회사는 윤리의식과 조직성과의 상관관계에 대해 연구한 결과, 도덕성이 높은 CEO가 있는 기업의 조직성과가 그렇지 않은 기업보다 5배나 더 높게 나타난다는 연구결과를 발표함으로써, 리더의 윤리의식이 조직의 성과에 크게 기여하고 있음을 확인해 주었다. 따라서 리더는 윤리의식을 실천함으로써 자신뿐만 아니라 주변 사람들 앞에 당당하고, 신뢰받는 존재

---

6 국방부, 『군대윤리』, "직업군인의 가치관", 국방부, 2004.

7 2014년 6월, 강원도 전방 GOP에서 아군 초병 임 모 병장이 수류탄 1발을 던지고 K2 소총으로 10여 발을 난사해 부사관과 병사 5명이 숨지고 7명이 중경상을 입은 사고이다.

8 2014년 4월, 육군 모사단 예하 포병부대 의무대 소속의 윤 모 일병이 선임병들에게 비인간적으로 학대당하고, 잔혹하게 구타 및 가혹행위를 당하여 사망한 사고이다.

가 되어야 하며, 부대의 성과를 높여 긍정적인 분위기를 조성해야 한다.

반면 리더가 윤리의식을 실천하지 않았을 때에는 주위 사람들로부터 존경과 신뢰를 얻지 못하며, 부대의 기강이 흐트러져 사고가 빈번히 발생하고 대군 불신을 초래하므로, 혹 전투에서 승리하거나 임무를 완수하더라도 사후 처벌을 면할 수 없게 된다(육군본부, 2018).

군에서 리더가 윤리를 위반하는 잘못된 사례로는 다음과 같은 것을 들 수 있다. ① 초과근무를 하지 않으면서 허위로 기록하거나 부하들에게 부탁하여 입력시키는 행위, ② 체력검정이나 각종 측정, 평가 시 부정이나 편법을 사용하여 부당한 이익과 성과를 얻으려는 행위, ③ 공공예산을 사적으로 사용하고 허위로 근거자료를 작성하거나 직권을 남용하는 행위, ④ 과도한 음주나 게임, 사이버도박 등 무절제한 사생활과 자신의 분수에 맞지 않는 과소비와 사치를 일삼는 경우, ⑤ 자신의 잘못이나 상급자의 질책이 두려워 허위, 왜곡, 과장되게 보고하는 경우이다.

그렇다면 어떻게 하면 윤리의식을 함양할 수 있는가?

첫째, 마음과 생각을 바꾸어야 한다. 실력 이전에 인성을 먼저 갖추는 것이 진정한 성공을 가져다준다는 것을 명심해야 한다. 윤리의식은 자유의지에 의해 연습되는 것이다. 꾸준한 자기성찰과 행동을 통해 어제보다 나은 발전을 지향해야 한다.

무엇보다 리더인 간부는 '어항 속의 금붕어'라는 점을 명심하고, 늘 스스로 경계하고 단속하는 마음과 자세를 가져야 한다. 간부는 문제의 옳고 그름과 좋고 나쁨을 명확히 이해하고 이에 맞게 행동해야 한다.

둘째, 행동으로 실천해야 한다. 순간적인 만족보다는 자신의 분수에 맞는 검소한 생활습관인 저축 생활화, 지출 리스트 작성, 건전한 음주회식 문화 등을 길러 청렴하고 자존감(自尊感) 있는 군인이 되도록 노력해야 한다. 직무를 수행할 때 수시로 관련 법규와 규정을 찾아보고 이해한 후, 준법정신에 근거하여 업무를 추진해야 한다. 예를 들어 부대 지휘활동비는 규정을 알고 용도에 맞게 투명하게 사용해야 한다. 관련된 규정으로 현행 법령 및 군별 규정, 규정 및 지침서, 회계업무규정, 예산회계실무기준을 참고하여야 한다.

한편, 군에서의 리더윤리는 상하관계, 동료관계 등과 같이 군대 내에서 생성되는 인간관계를 결속시키고, 단결력과 응집력 강화를 통해 전투능력을 향상시킬 수 있는 기능을 가진다. 그리고 분명한 것은 리더윤리의 주요 대상은 병사보다는 간부가 중심이 될 것이며, 간부 중에서도 상위 계급과 직책의 지휘관과 참모에게 더욱 높은 수준의 리더윤리가 요구될 것이다.

따라서 리더윤리는 군대윤리의 직접적인 범주에 해당하기보다는 군대윤리 대상에 대한 규정, 혹은 지도자가 갖추어야 할 당위적인 도덕성을 강조하는 내용에 더욱 근접하다고 평가되기도 한다. 즉 리더의 윤리는 군대윤리를 구성하는 하나의 요소라기보다는 올바른 군대윤리 정립을 통해 발휘될 수 있는 바람직한 지휘, 통솔의 방법이나 모습으로 볼 수 있다. 그러므로 군대윤리의 한 부분으로서 리더윤리는 개인보다는 제도와 조직에 요구되는 윤리라고 할 수 있다(황보식, 2015).

제2장
리더십에 대한 윤리적 관점

개요

본 장에서는 리더십에 대한 윤리적 관점에 대해서 다루었다. 이를 위해 윤리적 리더십의 개념에 대해서 살펴보았다. 윤리적 리더십의 개념은 리더의 품성과 덕성을 강조하므로 일반적인 리더십과 혼동되는 일면을 가진다. 이에 대해서 윤리적 리더십의 구성요소와 다른 리더십 유형들과의 비교를 통해서 살펴보았다.

학습내용

1. 윤리적 리더십의 개념
2. 윤리적 리더십의 구성요소와 효과

1. 윤리적 리더십의 개념

군의 리더들은 윤리적 측면에서 흠결[9]이 없어야 하며, 적어도 일반인보다는 흠결이 최소화된 삶을 살아야 한다. 이는 월남전 사례에서 보듯이 리더의 도덕적 · 윤리적 측면에서의 흠결은 부대 내 기강의 붕괴는 물론, 부정부패가 만연해지고 질서가 무너지는 결과를 초래하기 때문이다. 따라서 군의 리더들이 발휘하는 리더십은 윤리적으로 비난받지 않도록 도덕적이며 사회의 보편타당한 가치관이 담겨야 한다. 이러한 측면에서 우리는 윤리적 리더십을 주목할 수밖에 없다. 즉 윤리적인 리더가 되기 위해서는 윤리적 리더십을 갖추고 있어야 한다는 것이다.

윤리적 리더십(Ethical leadership)이란 "개인의 행동뿐만 아니라 개인 간 관계에서 규범적으로 적절한 행동을 보여주는 것이고, 쌍방향 의사소통, 의사결정 등을 통하여 조직 구성원(부하)에게 그러한 행동을 장려하는 능력"으로 정의된다. 즉 리더 개인이 행동뿐만 아니라 리더가 대인관계에서 규범을 지킴은 물론, 조직 구성원들이 그에 걸맞은 의사결정을 할 수 있도록 장려하고 유도하는 리더십을 말한다.

이러한 윤리적 리더십을 학자들의 주장을 통해 정리하면 다음과 같다. 먼저, Gini(1997)는 윤리적 리더십은 리더가 의사결정, 타인에게 영향력을 발휘하는 방식, 관여하는 행위에 있어서 어떻게 리더가 사회적 권력을 사용하는가에 초점을 두고 있는 것이라고 정의하며, 윤리적 리더는 구성원에게 윤리적 기준을 제시하고 구성원의 적합한 행동에 대해서는 보상을 하고, 부적절한 행동에 대해서는 규제를 함으로써 구성원의 사회적 학습 모델이 될 수 있다고 주장하였다.

Northouse(2004)는 윤리적 리더십을 조직 구성원들의 말을 경청

---

9 흠결(欠缺): 부족함이나 모자람이 있음을 의미하는 용어로 대체적으로 부족하거나 하자가 있다는 뜻으로 사용됨

하고 반대 의견을 포용하는 존중, 다른 사람들의 정당한 이익이나 목표를 추구하도록 도와주는 봉사, 부하들을 평등하게 대우하는 정의, 정직, 그리고 양립할 수 있는 목표를 추구하는 공동체 윤리 등으로 보았다. 이러한 윤리적 리더십에 기초해서 볼 때, 선진국은 사회 전반적으로 효율성, 투명성, 사회 책임성, 신뢰성 등으로 강조점이 변화되고 있다. 반면, 우리나라의 경우에는 조직 구성원이나 리더에 대해서 윤리적 관리 능력이나 도덕성을 크게 중요시하지 않는 것이 현실이다. 따라서 내가 근무하고 있는 조직과 나에게 이익이 된다면 사회적으로 문제가 되는 행동도 불가피한 상황이라고 합리화하는 경우를 흔치 않게 볼 수 있다(문주호, 2014).

한편, 윤리적 리더십을 실천하는 리더는 어떤 사람인가? 윤리적 리더는 윤리적 가치에 대해 조직 구성원들과 자주 의사소통하고, 명확한 윤리기준을 수립하며, 그 기준이 잘 준수되는지 보기 위해 조직 전체가 원칙에 부합하는 도덕적인 선택을 유도 · 역할하는 사람이라고 할 수 있다(Brown, M. E., Trevino, L. K & Harrison, D. A, 2005).

또한 윤리적 리더는 윤리적 가치의 중요성을 인식하고 이를 행동과 일치시킴으로써 그 능력을 보여줄 수 있다. 윤리적 리더는 스스로의 행동에 책임을 지고 솔선수범하여 부하들에게 윤리적 가치를 먼저 행하며, 또한 이에 적합한 동기부여를 제공하는 상사이기도 하다(박정호, 2017).

다음의 〈표 3.1〉은 윤리적 리더십에 대한 다양한 정의를 정리하여 제시한 것이다.

〈표 3.1〉 윤리적 리더십의 정의

연구자	리더십의 정의
Hosmer (1994)	리더가 신뢰와 자발적인 노력을 위해 구성원들에게 조직의 비전과 목표를 제안하고 계획을 세우며 행동의 기준 및 구체적이고 실행적인 전략과 성과를 측정하며 이것을 토대로 공정성에 기초하여 합리성을 추구하는 과정
Gini (1997)	윤리적 리더십은 리더의 공정한 의사결정, 관여하는 행동, 타인에게 영향을 미치는 방법에 있어 리더가 사회적 권력을 사용하는 방법에 초점을 맞추는 것
Ciulla (2004)	윤리적 리더십은 타인에 대해 권리와 존엄성을 존중하는 태도와 행동으로 이끄는 것
Zhu 외 (2004)	윤리적 리더십은 리더의 공정한 의사결정, 관여하는 행동, 타인에게 영향을 미치는 방법에 있어 리더가 사회적 권력을 사용하는 방법에 초점을 맞추는 것
Brown (2005)	개인적 행동과 상호관계를 통해 규범적으로 적절한 행위를 보이는 것 그리고 양방향 커뮤니케이션, 의사결정을 통해 구성원들에게 바람직한 행동을 촉진시키는 것

따라서 윤리적 리더는 본인이 말한 것을 실천하고 윤리적 행동을 구성원들에게 보임으로써 적극적인 윤리적 행동의 역할 모델로 존재하는 것이다. 즉, 윤리적 리더는 사람(people)과 사회(society)에 대해 관심을 보일 뿐만 아니라, 자신의 삶에서 윤리적으로 행동하는 원칙 중심적이고 공정한 의사결정자로 구성원들에게 인식되는 것이다.

한편, 윤리적 리더십의 개념은 리더의 품성과 덕성을 강조한다는 점에서 다른 유사한 용어들 즉, 진성 리더십(authentic leadership), 영적 리더십(spiritual leadership), 변혁적 리더십(transformational leadership)과 다소 혼동되는 일면을 가지고 있으나 리더의 영향력 측면에서 차이점을 가진다. 윤리적 리더십의 구성요소는 〈표 3.2〉와 같이 구분한다(유기동, 2017).

〈표 3.2〉 윤리적 리더십의 구성요소

구분	구성요소
리더의 자질	• 개인적인 특성: 윤리적 성실성(integrity) • 정직, 신뢰, 공정 등을 의미함 • 도덕적 개인(moral person)
리더의 행동	• 윤리적 성실성을 솔선수범하는 사람 • 부하들에게 동기부여 하는 사람 • 도덕적 관리자(moral manager)

윤리적 리더십과 다른 리더십의 비교는 〈표 3.3〉과 같다.

〈표 3.3〉 윤리적 리더십과 다른 리더십의 비교

구분	윤리적 리더십과 다른 리더십의 비교	
	유사점	차이점
진성 리더십 (authentic leadership)	• 이타성(altruism) • 윤리적 의사결정 • 통합(integrity) • 롤 모델링 (role-modeling)	• 윤리적 리더십은 도덕적 관리 강조 • 진성 리더십은 진정성(authenticity)과 자기의식(self-awareness)을 강조
영적 리더십 (spiritual leadership)		• 윤리적 리더십은 도덕적 관리 강조 • 영적 리더십은 비전 제시(visioning), 희망/믿음, 직업적 소명의식을 강조
변혁적 리더십 (transformational leadership)		• 윤리적 리더십은 도덕적 관리 강조 • 변혁적 리더십은 비전, 지적자극 (intellectual stimulation), 가치를 강조

출처: 박정화 · 심동철, 2018.

2. 윤리적 리더십의 구성요소와 효과

윤리적 리더십은 신의성실, 윤리적 인식, 공동체 및 인간 중시, 동기부여, 권한위임, 윤리적 기준 제시로 구성된다(Resick, Hanges, Dickson & Mitchelson, 2006).

첫째, 신의성실은 리더에게는 가장 근본적인 요소로서 도덕적인 정의에 기반 한 믿음이다. 리더의 신의성실[10]은 리더의 의사결정과 행동을 결정하게 된다.

둘째, 윤리적 리더십을 행사하기 위해서는 의사결정에서 도덕적인 판단 역량을 가져야 한다. 윤리적 리더십에서의 윤리적 인식은 의사결정의 결과뿐 아니라 의사결정 과정에도 적용된다. 윤리적 리더십은 집단적인 이익에 대한 관심을 가지고 수단과 결과를 모두 중시하며, 단기간보다는 장기적인 시각을 가지며, 다양한 이해관계자의 이해를 고려해야 한다.

셋째, 윤리적 리더십은 더 나은 선을 위해 봉사하는 것에 초점을 두며, 리더십이 타인에게 어떻게 영향을 미치는지에 대해 민감해야 한다. 윤리적 리더십은 리더가 가지는 권력을 개인적인 이익보다는 공동체의 이익과 이타주의에 바탕을 둔 인간 중시 사상을 중요하게 여겨야 한다.

넷째, 윤리적 리더십은 조직 구성원들에게 조직 목표 달성을 위한 행동을 유발하고, 고무[11]하기 위해 정서적 유대감을 바탕으로 동기부여를 강화시킨다. 특히 리더와 부하 간에 책임과 노력을 공유해 공통의 이익을 구축하도록 하는 정서적 유대감을 강조한다.

다섯째, 리더는 추종자들이 자신감과 자기 만족감을 가질 수 있도록 스스로의 자율적 판단과 의사를 존중하는 권한위임에 적극적이어야 한다. 권한위임은 자율경영, 창조경영, 능동적 경영이 이뤄지도록 함으로써 동기부여와 시너지 효과[12]를 가져온다.

---

10 신의성실: 신의성실의 원칙을 의미하며 줄여서, '신의칙'이라고도 부른다. 사회적 동물인 인간이 공동생활의 일원으로서 상대방의 신뢰를 헛되이 하지 않도록 성의 있게 행동하여야 한다는 원칙

11 고무(鼓舞): 힘을 내도록 격려하여 용기를 북돋음

12 하나의 기능이 다중으로 이용될 때 생성되는 효과. 상승효과(相乘效果)라고 번역된다.

여섯째, 윤리적 리더십은 리더 개인의 도덕적 특성에 그치지 않고 구성원들이 준수해야 할 윤리적 기준을 수립하고, 그러한 행동을 유인함으로써 윤리 경영이 조직 전반에 정착하도록 관리하는 역할을 하게 된다(박보식, 2019).

일반적으로 윤리적 기준을 준수하는 것은 기본이고 당연한 것이다. 따라서 윤리적 리더십은 사리사욕을 채우기 위해 자신에게 부여된 특권을 남용하지 않는 리더로서 자리를 자신이 획득한 것이 아니라 그 자리에 자신이 '부름 받았다'는 소명 의식(calling)을 가지고 있는 사람이다. 우리가 윤리적 리더십을 강조하는 것은 수학 공식처럼 100-1=99가 아니기 때문이다(김재득, 2014). 따라서 리더의 자질 중에서 도덕과 신뢰가 빠지면 그것은 99가 아니고 제로 혹은 마이너스가 될 수 있다.

한편, 윤리적 리더십의 효과로는 조직원의 자아개념과 믿음, 동기부여, 그리고 태도와 행동 등에 영향을 미친다. 리더십 관점을 떠나 조직원들은 리더와 자기를 동일시하는 경향이 강해 리더의 행동은 조직원들의 의식과 행동에 영향을 주게 된다. 따라서 윤리적 리더의 행동은 조직원의 윤리적 정체성에 모델이 되고, 타인과의 관계에서 발생하는 일련의 행동들 또한 종업원에게 영향을 주어 조직의 성과에 긍정적 영향을 미치게 된다.

윤리적 리더십이 군부대 내에 형성되고, 정착되기 위해서는 다양한 문화적 · 제도적 요건이 필요하다. 윤리적 리더십이 정착되기 위해서는 다음과 같은 것이 필요하다.

첫째, 조직 내에서 의사소통이 잘 이뤄져야 한다. 지나치게 권위적이거나 통제나 비밀이 많으면 의사소통이 원활히 잘 이루어지지 않는다. 특히, 역지사지(易地思之)의 입장에서 생각하고, 상대방과 대화에 있어서 개방적이고 허심탄회하게 의사소통의 경로가 마련되어야 하며 윤리적 이슈에 대한 논의와 실천이 확산될 수 있어야 한다.

둘째, 윤리적 리더십은 그것을 뒷받침할 수 있는 제도적 장치와 프로그램을 필요로 한다.

셋째, 윤리적 책임을 다하기 위해 행동강령을 제정해 운영하는 것이 필요하다. 군의 기본방침을 체계적으로 정리한 것으로 윤리강령, 행동강령, 실천강령을 만들어서 실행해야 한다(박보식, 2019).

제3장
리더의 윤리적 실천과제

개요

본 장에서는 군 리더의 윤리적 실천과제로서 군의 핵심가치에 대해서 다루었다. 이는 리더윤리가 한 사람의 개인 또는 군인으로서 리더는 어떤 윤리적 성품이나 가치관을 가져야 하는가와 그리고 이를 실천할 수 있는 자질을 지니고 있는 가로 귀결되고, 군인으로서 리더가 지녀야 할 가치 덕목을 어떠한 방법으로 실천할 수 있는가를 강구하는 것이 핵심이기 때문이다.

이러한 측면에서 본 장에서는 리더의 윤리적 실천과제로서 우리나라 육·해·공군, 해병대의 핵심가치와 미 육군의 가치에 대해서 알아보았다.

학습내용

1. 핵심가치의 정의와 중요성
2. 한국군의 핵심가치
3. 미 육군의 핵심가치

1. 핵심가치의 정의와 중요성

핵심가치도 가치의 일부이다. 가치에 핵심의 개념을 접목시켰다고 생각하면 추상적으로나마 어느 정도 의미를 유추할 수 있다. 핵심이라는 말은 '사물의 가장 중심이 되는 부분'을 의미하는데, 핵심가치는 바로 이 핵심과 가치가 합쳐진 합성어로서 해당 조직에서 가장 중요하게 여기는 가치라고 말할 수 있다. 따라서 핵심가치는 마음속에서 최우선 순위를 차지하고 있는 것으로서, 구성원들이 공유하고 실천하는 의사결정과 행동방식의 기준이라고 할 수 있다.

이러한 핵심가치는 여러 가치들 중에서 조직에서 가장 중요하게 여기는 것이며, 이미 많은 학자들과 사회 지도층, 전문 경영인들이 핵심가치의 중요성에 대해 인식하고 있다.

현대 경영학의 아버지라 불리는 미국의 피터 드러커는 "가치관이 없는 조직은 단지 사람들의 집합에 지나지 않으므로 존재할 수 없다"고 하면서 가치의 중요성을 역설한 바 있다. 미국의 유명한 경영컨설턴트인 짐 콜린스는 그의 저서 *Good to Great*에서 '여우와 고슴도치의 싸움'이라는 우화를 소개하면서 핵심가치의 중요성을 강조하였다.

> "여우는 고슴도치를 기습할 수 있는 고도의 전략가 스타일이지만, 고슴도치는 위험을 느낄 때 가시를 세우고 몸을 웅크리는 하나의 단순한 목표, 즉 핵심가치에 집중하는 우직한 스타일이다."

이러한 성향 때문에 여우가 아무리 잔꾀를 써서 융통성을 발휘한다고 할지라도 핵심가치에 집중하는 고슴도치에게는 항상 진다고 보았다. 즉 모든 성공하는 전략의 기본은 '핵심가치에 집중하는 것'이라는 것을 잘 나타내고 있다.

군에 있어서 핵심가치의 중요성은 군이 가치지향적 조직이라는 특성에 주목해야 한다. 가치와 유사한 말 중에서 가격이 있다. 기업이 물건을 생산하거나 어떤 서비스를 제공했을 때, 해당 물건이나 서비스가 높은 가격으로 책정된다면 기업 입장에서는 높은 가치를 창출했다고 볼 수 있다. 하지만 군은 기업과 달리, 가격 면에서 많은 비용이 들어 경제적으로 손해가 발생할 수 있더라도 국가안보라는 대의를 위해서는 충분히 손실과 희생을 감수하면서까지 주어진 임무를 수행해야 한다. 즉 군은 가격보다는 가치를 더 중요하게 생각하는 조직이다.

따라서 군이 존재 목적상 그 임무와 역할이 이익 추구를 목표로 하는 일반 기업과 달리, 공공의 가치와 이익을 위해 자신의 역할과 능력을 발휘하며, 사회적 책임에 따라 헌신하고 희생하는 것을 귀하게 여기는 가치지향적 조직이라는 점을 고려한다면, 군의 특성상 핵심가치가 중요할 수밖에 없는 것이다.

2. 한국군의 핵심가치

1) 육군의 핵심가치[13]

한국의 육군은 지난 2019년 3대 핵심가치를 새롭게 정립했는데, 그것은 위국헌신, 책임완수, 상호존중이다. 육군은 핵심가치에 대해 "전 구성원이 참된 군인이자 민주시민으로서 어떠한 상황에도 옳고 그

13 육군 핵심가치와 관련된 내용은 2020년 5월 8일부터 13일까지 5회에 걸쳐 국방일보에 특집으로 기획보도된 보도기사를 참조하여 정리하였다. [출처: 국방일보, 기획보도(2020. 5. 8~13.) "하나의 육군, 핵심가치로 결집하다 I~V편"]

름을 판단할 수 있도록 하는 사고와 행동의 기준"이라고 정의하면서, 육군을 구성하는 모든 사람이 핵심가치를 기반으로 서로를 존중하고, 맡은 바 책임을 다하며, 국가와 국민을 위해 헌신할 때 비로소 하나의 육군(One Army)을 이룰 수 있다고 말하고 있다.

(1) 육군 핵심가치 재정립과 고려 요소

육군의 핵심가치는 2019년 처음으로 만들어진 것이 아니다. 육군은 2002년에 충성, 용기, 책임, 존중, 창의라는 육군 5대 가치관을 선정하고 신념화 · 행동화에 힘써왔는데, 핵심가치를 재정립하게 된 것은 육군의 구성원인 장병들의 변화가 감지됐기 때문이다. 육군을 구성하는 대다수 젊은 장병들의 의식과 가치관이 사회 문화의 급속한 변화에 따라 과거와 달라지면서 기존의 5대 가치관이 장병들의 이성적, 정서적 요구를 더 이상 충족시키기 어려운 표방가치에 머무르게 됐던 것이다.

육군은 2018년 2월 육군사관학교에 '장병가치문화연구센터'를 창설하고 약 1년에 걸쳐 깊이 있는 연구를 진행했다. 총 15만 6천여 명의 육군 장병을 대상으로 두 차례에 걸쳐 대대적인 설문조사도 시행했다. 용사부터 장군에 이르기까지 육군 전 구성원의 의견을 핵심가치에 반영하기 위해서였다. 기존 육군의 5대 가치관을 포괄하는 동시에, 시대 변화에 맞는 새로운 핵심가치를 구상하는 데도 많은 고민이 필요했다.

이에 따라 육군의 가치문화를 주제로 토의, 세미나, 전문가 자문, 3성 장군회의 등을 통해 아이디어를 수렴하고 공감대를 형성하고자 노력했다. 이러한 노력 끝에 기존 육군 5대 가치관이 장병들의 믿음과 욕구에 조응(照應)하지 못하고 있음을 확신한 육군은 신분과 계급을 넘어 전 장병이 공감하고, 구성원 간의 신뢰를 촉진해 하나로 만들 수 있는 새로운 3대 핵심가치를 정립하게 된 것이다.

육군은 핵심가치를 재정립하기 위해 다음과 같은 3가지 측면을 중

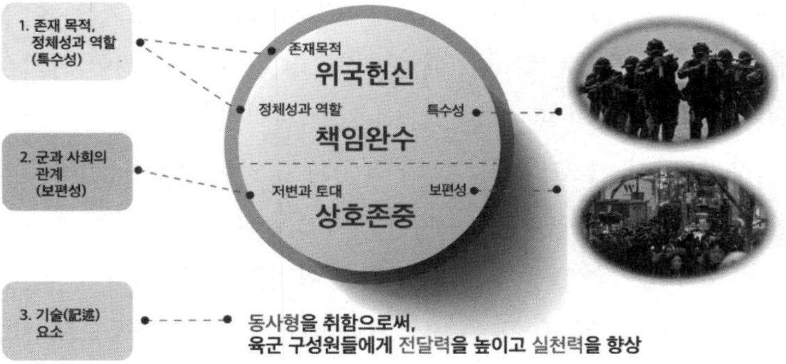

핵심가치 재정립 고려 요소

점적으로 고려했다고 한다.

첫째, 조직의 가치를 설정할 때 반드시 고려해야 할 요소인 군의 존재 목적과 정체성, 역할이다. 즉, 헌법과 법령에 명시된 국가의 안전보장과 국토방위라는 육군의 사명과 임무를 완수해야 한다는 특수성을 반영했다.

둘째, 군과 사회의 관계다. 육군 장병들은 대한민국의 사회 구성원으로서, 일정 기간 육군에 소속됐다가 다시 사회로 돌아간다. 따라서 육군은 핵심가치 속에 사회의 저변에 흐르는 자유민주주의의 보편적 가치를 담아내 공유가치로 승화될 수 있도록 했다.

셋째, 기술(記述)적 측면이다. 아무리 좋은 핵심가치라도 전달력이 없다면 빛 좋은 개살구에 불과하다. 따라서 육군은 핵심가치의 내용이 구성원들에게 효과적으로 전달되고, 실천으로 이어질 수 있도록 만드는 부분에도 심혈을 기울였다.

(2) 핵심가치 요소별 의미

① 위국헌신, 나는 무엇을 위해 군 복무를 하는가?

"내가 이 일을 하는 이유는 누군가는 반드시 해야 하는 일이고, 나와 내 가족, 그 가족의 소중한 사람들, 그 사람들이 살고 있는 이 땅의 자유와 평화를 지키는 일이기 때문이다." 몇 년 전 선풍적인 인기를 끌었던 드라마 〈태양의 후예〉의 남자주인공 유시진 대위가 했던 대사 중의 일부다. 당시 이 드라마를 통해 육군과 군인에 대한 국민적 인식이 한층 긍정적으로 바뀌었다. 그 이유는 무엇일까? 단순히 유 대위 역을 맡은 배우 송중기의 멋진 외모 때문만은 아니었다. 유 대위가 군인으로서 자신의 본분을 알고, 그 본분에 따라 해야 할 일을 행동으로 실천하는 모습을 보였기 때문이다. 즉 이러한 군인이 국민으로부터 호감과 신뢰를 끌어낼 수 있다는 것이다.

그렇다면 군인의 본분은 무엇인가? 안중근 장군은 위국헌신 군인본분(爲國獻身 軍人本分)이라는 짧은 글귀로 군인의 본분을 어떠한 표현보다도 명쾌하게 정의했다. 나라를 위해 몸을 바친다는 뜻을 지닌 위국헌신은 군인으로서 국가와 국민을 위해 최선을 다해 봉사하고 희생하는 것을 의미한다. 헌법 제5조에는 국군의 사명을 국가의 안전보장과 국토방위의 신성한 의무 수행이라고 명시하고 있다. 정리하자면 육군의 핵심가치 위국헌신은 군의 존재 목적이자, 군인으로서 헌법적 가치를 실현하는 첫걸음이라 할 수 있다.

② 책임완수, 나는 어떤 군인이 돼야 하는가?

군인은 전투라는 불확실성과 고통, 그리고 위험이 상존하는 영역에서 임무를 수행해야 한다. 이는 지위 고하를 떠나 모든 군인에게 주어진 책임이다. 한 사람 한 사람이 자기 역할을 충실히 수행하면서 책임을 완수할 때, 국가의 안전이 지켜진다. 군인에게 책임완수는 곧 임무완수라고 할 수 있다. 극한의 상황에서도 주어진 임무를 완수하는 것은 군이 승리하는 데 필수 불가결한 요소다.

이에 대해 육군은 자신이 존재하는 목적과 이유에 대해 "유사시 적과 싸워 이기는 것이며, 이는 결코 양보할 수 없는 절대 명제이자 소명이다"라고 하면서 책임완수가 육군의 정체성이며 역할임을 밝히고 있다. 한편, 육군은 책임완수라는 핵심가치를 실천한 대표적인 사례로서 육탄 10용사[14]를 강조한다. 부여된 임무를 완수하기 위해 박격포탄을 품에 안고 적의 기관총 진지를 파괴한 후 장렬히 산화한 선배 전우들의 모습을 통해 군인의 책임완수가 어떠한 것인지를 설명하고 있다.

③ 상호존중, 나는 군인이기 전에 누구인가?

군의 존재 목적은 유사시 적과 싸워 이기는 것이다. 승리의 요체 중 하나는 상하동욕(上下同欲)이다. 조직의 윗사람과 아랫사람이 같은 목표를 가지고 승리하려면 상호신뢰가 있어야 한다. 이러한 신뢰는 육군 구성원 각자가 존엄한 인격체라는 점을 인식하고 서로의 다양성과 인격 인권을 존중하는 것에서 시작한다.

육군 내 구성원 개개인은 대한민국 국민이자 존엄한 존재이며, 육군의 가장 소중한 자산이자 기본적인 플랫폼 역시 사람이다. 부하는 상

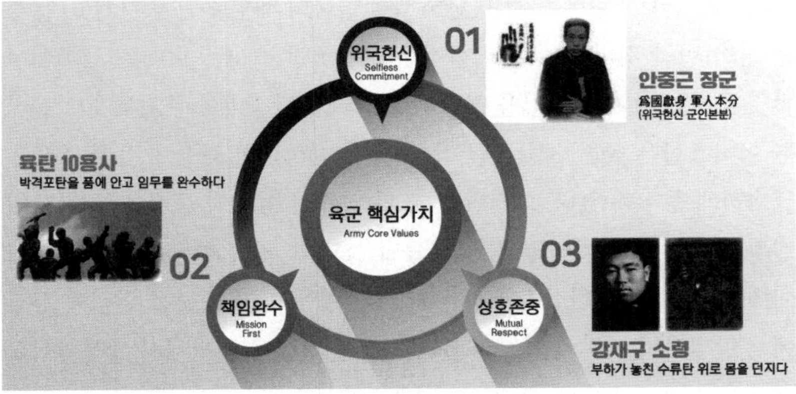

육군 3대 핵심가치

14 1949년 5월 4일, 개성 송악산에서 자폭 공격을 하여 북한군의 특화점을 폭파시키는 전공을 세웠다. 정부는 고인들의 공훈을 기려 추서 특진과 함께 을지무공훈장을 추서했다.

관을, 상관은 부하를 존중하고 아끼는 자세가 상호존중의 조직문화를 조성하는 기반이다. 육군은 부하가 놓친 수류탄 위로 몸을 날려 부하를 구한 강재구 소령을 상호존중의 모범적 사례로 기억하며, 월남전 참전 전우들과 함께 병사묘역에 묻어달라고 유언하여 창군 이래 최초로 병사묘역에 안장된 채명신 장군 또한 기억하고 있다.

육군은 구성원들이 인격 인권과 함께 반드시 상호존중해야 하는 것이 또 하나 있다고 한다. 그것은 각자에게 부여된 직책과 계급이다. 군은 장교, 부사관, 병 등 신분과 계급이 구분된 조직이다. 군이 일사불란한 지휘체계를 유지해 적과 싸워 이기기 위해선 그 구성원들이 직책과 계급을 존중하는 자세를 늘 지녀야 한다고 강조하고 있다.

2) 해군의 핵심가치[15]

창군 이래 해군은 극도로 열악한 환경에도 불구하고 북한과 주변국의 해양안보위협에 맞서 당당히 대한민국의 해양주권을 지켜왔다. 창군 당시 연안 경비정 수준의 함정을 보유했던 해군은 이제는 세계에서 몇몇 국가만이 가지고 있을 정도로 고가의 첨단장비와 무기체계로 무장한 이지스함은 물론, 3천 톤급 잠수함, 대형 상륙함 등을 보유할 정도로 급속하게 성장해 왔다. 하지만, 속도와 양적인 성장에 중심을 두다 보니 질적인 성장이 미흡하였고, 장병들의 도덕적 해이 현상마저 심화되어 이에 대한 대책이 절실하게 대두되었다. 이에 따라 해군은 양적인 성장에서 탈피하여 질적인 성장과 윤리적 성장을 이루기 위해서 핵심가치를 선정하고 이를 준수해 오고 있다. 해군의 핵심가치는 '명예, 헌신, 용기'의 세 가지 덕목으로 구성되어 있는데 이를 설명하면 다음과 같다.

15 해군 핵심가치와 관련된 내용은 해군본부에서 제작한 해군 핵심가치 교육자료를 참조하여 작성하였다. [출처: 해군본부, 해군핵심가치 교육자료, 2021.]

(1) 명예

명예는 해군으로서의 삶을 자랑스럽게 여기며 군인답게 사고하고 행동하는 자세를 의미한다. 명예는 진리에 부합되게 행동하려는 정의와 청렴을 포함하며, 비리, 부정부패, 성폭력 등으로 실추된 해군의 위상과 국민의 신뢰 및 자긍심 회복을 위해 필요한 가치이다.

해군은 명예의 상징적인 인물로서 손원일 제독을 선정하여 그 정신을 본받고 있다. 손원일 제독은 1952년 3월 이승만 대통령이 국방부장관으로 입각을 제의하자 "지금은 전쟁 중입니다. 군인은 우선 싸움에만 열중해야 하는데, 국방부장관 직은 행정을 하는 자리이니 다른 행정가에게 맡기시고 저는 전쟁이 끝날 때까지 싸우게 해주십시오"라며 정중히 거절하였다. 또한 그는 이승만 대통령이 해군참모총장의 계급을 중장에서 대장으로 승격하고 대장 계급으로 승진할 것을 제안하자 "제가 대장으로 진급하면 우리 해군에 적어도 구축함이나 순양함이 몇 척 있어야 하고, 병력도 지금보다 두 배는 있어야 합니다. 저 개인에게는 더없는 영광이지만, 지금 대장으로 진급하는 것은 국가적으로 도움이 안 된다고 생각합니다"라고 다시 한 번 정중히 거절했다고 한다. 바로 손원일 제독처럼 개인의 이익보다 국가와 국민을 먼저 생각하는 것이 해군의 명예이다.

(2) 헌신

헌신은 개인의 안위보다는 국가와 국민을 위해 희생하고 충성을 다하는 자세를 의미한다. 헌신은 국가를 위한 충성, 자기희생, 책임, 단결을 포함하며, 싸우면 이기는 강한 해군으로 투명하고 개방적이며 화합, 단결하는 해군문화 조성을 위해 필요한 가치이다.

해군은 헌신의 상징적인 인물로 고(故) 한주호 준위를 선정하고 그의 헌신을 기리고 있다.

한주호 준위는 2010년 3월 26일 21시 22분, 백령도 앞바다에서 북한의 어뢰 공격으로 천안함이 침몰하자 천안함과 함께 가라앉은 46명의 용사를 구하기 위해 투입된 해난구조대(SSU)와 특수전전단(UDT)의 일원으로 현장 작전 활동에 참여하였다. 참여 인원 중 최고령이며 베테랑 다이버였던 한주호 준위는 현장 작전의 중심에서 헌신적으로 일하였다. 하지만 캄캄한 바다, 빠른 물살, 불비한 구조환경 속에서 주변의 만류에도 불구하고 "아들 같은 장병들을 구하기 위해 내가 가야겠다"며 담담히 바다로 뛰어들던 그는 결국 3월 30일 바다에서 전사하였다. 이처럼 아들 같은 장병들을 구하기 위해 목숨을 바쳐가며 바다에 몸을 던져 물속으로 들어갔던 한주호 준위처럼 행동하는 것이 바로 해군의 헌신이다.

(3) 용기

용기는 어떠한 상황에서도 임무를 올바르게 완수하는 기상과 당당한 자세를 의미한다. 해군의 용기는 역경을 극복하는 도전과 낡은 관행을 타파하는 창의를 포함하며, 전사적 기질을 가지고 불의에 맞서서 목숨까지 내걸며 결단과 조치를 감행하기 위해 필요한 정신적 가치이다.

해군은 용기의 상징으로 6 · 25전쟁 당시 활약했던 지리산함을 선정하고 기리고 있다. 1951년 12월 24일, 영흥만 일대에서 적진에 가장 가까운 호도반도 근해를 경비 중이던 지리산함 등 아군 함정들은 그 일대에 수많은 기뢰를 부설하여 아군의 진격을 막고자 했던 북한의 방어전술과 기습공격에 막혀 적의 공격을 피해 안전지역으로 이동할 수밖에 없었다. 하지만, 지리산함은 좌우로 포탄이 떨어지는 가운데도 후퇴하지 않고 적진에 맹공을 가했으며, 이튿날에도 폭설과 거친 파도를 헤치고 적의 보급소를 파괴하는 등 필사의 각오를 보여줬다. 이러한 지리산함의 모습이 바로 해군의 용기이다.

3) 공군의 핵심가치[16]

지난 2006년 10월 9일 공군은 공군 핵심가치가 선정되었음을 대내외에 선포하는 행사를 가졌다. 이날 선포된 공군의 핵심가치는 '도전, 헌신, 전문성, 팀워크'의 네 가지 요소이다.

공군의 핵심가치는 전통, 미래, 역량, 관계라는 요소를 균형적으로 반영하여 미래 지향적이면서 전통을 무시하지 않고, 핵심역량을 강조하면서도 인간적인 냄새가 물씬 풍기는 공군적인 내용으로 선정되었다. 이러한 공군의 핵심가치를 설명하면 다음과 같다.

첫째, 도전(challenge)은 새로운 것을 이루기 위해 고난과 시련에 굴하지 않고 끊임없이 노력하는 자세를 의미하며, 공군의 역사를 관통하는 용기, 열정, 인내, 변화의 가치를 담고 있다. 이 네 가지 가치는 공군의 창군과 이후의 발전과정에서 공군의 내면에서 면면히 흐르고 있다.

둘째, 헌신(commitment)은 조국과 공군을 위해 자신의 가장 중요한 생명까지도 아낌없이 바칠 수 있는 자세를 의미한다. 헌신은 군인의 전통적 가치로 충성, 희생, 봉사, 성실을 포함하며, 공군과 국민과의 관계를 감안한 '고객 중심적 사고'를 바탕으로 한다.

셋째, 전문성(professionalism)은 맡은 분야에 최고가 되기 위해 풍부한 지식, 경험, 기술을 바탕으로 업무를 수행하는 능력을 의미한다. 전문성은 선진정예 공군이라는 공군의 목표를 달성하기 위한 기본적인 역량으로서 창의, 역량, 지식, 탁월을 포함한다는 측면에서 핵심가치로 선정되었다.

---

16 공군핵심가치와 관련된 내용은 공군본부에서 제작한 해군 핵심가치 교육자료를 참조하여 작성하였다. [출처: 공군본부, 공군핵심가치 교육자료, 2021.]

넷째, 팀워크(teamwork)는 공동의 목표를 달성하기 위하여 서로를 존중하고 각자 역할을 다하며 협력하는 자세를 의미한다. 팀워크는 대다수의 공군인이 가장 공군다운 가치로 생각하는 것으로 비행편대, 품질분임 등 공군의 주요 임무 특성과도 부합한다. 이는 영문 표현이기는 하나 이미 표준화된 외래어로서 존중, 신의, 화합, 책임의 의미를 포함한다는 점에서 공군 핵심가치로 선정되었다.

4) 해병대의 핵심가치[17]

해병대는 대표 표어로 "정의와 자유를 위하여"로 선정하고 이를 실천해 나가고 있다. 해병대 전 장병은 해병대 정신을 나 자신과 해병대를 존재하게 만드는 기본정신으로 신념화하고 해병대 핵심가치와 DNA 실천을 통해 해병대의 역사와 전통을 명예롭게 계승하겠다는 의지를 다지고 있다.

아울러 해병대는 핵심가치를 충성(Loyalty), 명예(Honor), 도전(Challenge)으로 선정하고 이의 실천을 통해 해병대 정신이 충만한 참 해병을 양성하고 있다.

첫째, 충성은 해병대 구성원 각자가 모든 힘과 마음을 다하는 것을 의미하며, 국가와 해병대에 대한 헌신, 상관에 대한 존경, 자기 자신에 대한 성찰이며, 어떠한 어려움과 고난에 처해서도 반드시 지켜야 할 해병대의 전통적 가치로서 자리하고 있다.

둘째, 명예는 해병대 일원임을 자랑스럽게 생각하고, 불의를 행하지 않으며, 자부심과 책임감을 갖는 것을 의미한다.

또한 외적인 명성뿐만 아니라, 내면에서 우러나오는 자긍심과 자

---

17 해병대 핵심가치와 관련된 내용은 해병대 사령부에서 게시한 해병대 핵심가치 홍보자료를 참조하여 작성하였다. [출처: 해병대 사령부 홈페이지, 해병대 핵심가치 교육자료, 2021.]

기 확신이며, 해병대의 정신적 가치로 자리하고 있다.

셋째, 도전은 수많은 고난과 역경을 이겨낸 해병대로서 현실에 안주하지 않으며, 개인과 조직의 발전을 위해 끊임없이 노력하는 것을 의미한다. 진취적인 사고로 변화와 혁신을 추구하는 해병대의 미래지향적 가치로 자리하고 있다.

3. 미 육군의 가치[18]

미 육군의 가치는 7대 가치라고도 불리는데, 미 육군은 육군에 속한 모든 장병들과 군무원들이 내면화해야 할 가치로 정하였다.

미 육군은 "개인의 주관적 가치는 유년기부터 성인기까지 수년에 걸쳐서 형성된다. 만인은 각자 자신의 가치를 형성하고 그에 따라 삶을 영위할 자유가 있지만, 군인과 육군 군무원은 맹세를 통해 육군 가치에 따라 살고 행동하기로 서약하였다"라고 하면서 이의 준수를 강조하고 있다. 또한 미 육군 가치는 군 복무에 필수적인 원칙, 기준, 자질들로 구성되어 있으며, 올바른 행동에 대한 그리고 모든 상황에서 올바른 결정을 내리는 데 필수적인 기준을 제공한다. 특히, 육군 가치를 실천하고, 교육하고, 보강하는 것은 리더의 중요한 책임 중 하나임을 강조하고 있다.

또한 미 육군은 모든 군인과 군무원들이 내면화해야 할 7가지 가치를 정하고 이를 수용하는 것은 육군 전문가임을 증명하는 것이라고 하면서, 그렇게 하는 것이 팀원과 미국 국민으로부터 신뢰와 책임감을

---

18 미 육군 가치는 미 육군의 'AP1 육군리더십'에 실린 내용을 발췌하여 정리한 것이다. [출처: 미 육군, 『AP1 리더십』]

받을 수 있도록 약속하는 것이라고 하였다. 한편, 미 육군 가치들의 첫 글자를 순서대로 읽는다면 그 약어는 LDRSHIP(역주: 리더십이라고 읽음)이 되며, 7대 가치는 '충성, 의무, 존중, 이타적 봉사, 명예, 정직, 용기(개인적 용기)'이다.

1) 충성: 미 헌법, 육군, 부대, 동료 군인에 대한 진실된 충성과 신의

충성의 대상은 헌법과 그 기반이 되는 이상이다. 헌법을 위반하는 자들에게 충성하는 사람은 헌법에 대한 충성을 다할 수 없다. 강한 조직을 만들기 위해서 상관, 부하, 동료 모두에게 충성해야 한다. 개인이 충성심을 보일 수 있는 방법 중 하나는 모든 육군 가치를 준수하는 것이다. 육군의 가치를 기반으로 한 충성은 양방향 교환이라 할 수 있다. 리더는 충성 받을 자격을 얻고 부하들은 그들이 리더에게 보인 충성에 합당하게 리더가 책임을 지고 부하를 존중하길 기대한다. 리더는 부하를 잘 훈련시키고 공정하게 대하며, 육군 가치를 삶에서 실천함으로써 부하들의 충성을 얻는다. 부하들은 리더를 위해 열심히 일하고 최선을 다함으로써 충성심을 보인다. 충성과 신뢰가 모든 조직의 성공적인 나날의 운영을 가능하게 한다.

2) 의무: 의무를 이행하라, 항상 최선을 다하라

미 육군의 모든 군인과 군무원은 최선을 다하기 위해 노력해야 한다. 의무는 법, 규정, 명령 그 이상을 의미한다. 육군 전문가들은 단순히 그들에게 주어진 명령의 문언만을 그대로만 이행하는 것이 아니라 명령의 목적을 달성하려 할 때 주도적으로 일을 수행한다. 리더는 더 큰 조직, 육군, 국가에 대한 본질적 의무로서 자신의 행동과 부하의 행동에 대한 책임을 진다. 소명감 있는 리더와 부하는 임무를 완수하는 데 필요한 최선을 다하는 책임의식을 가지고 있다. 이러한 책임의식은 군인과 육군 군무원이 자신이 지닌 최대한의 역량을 다해 올바른 일을 하는 것이 가능하도록 한다.

조나단 웨인라이트 대장

코레히도르 포로수용소

일본은 1941년 12월 필리핀을 침략했다. 1942년 3월 더글라스 맥아더 대장이 호주로 후퇴하자, 조나단 웨인라이트 대장은 코레히도르섬 마린타 터널에서 지휘권을 넘겨받았다.

곧, 일본군은 필리핀 섬들에 대한 장악력을 키워갔고 바탄에 있던 필리핀 방어군은 코레히도르섬으로부터의 포격 지원말고는 아무런 지원을 받지 못한 채 일본군에게 포위당했다. 첫 90일 동안 일본군은 바탄을 점령하지 못했지만, 질병, 탈진, 영양실조로 인하여 바탄은 함락되었다. 1만 2천 명 이상의 필리핀군과 1만 7천 명 이상의 미군이 포로가 되었다. 코레히도르 상황은 좋지 않았다.

웨인라이트 대장은 가용한 한정된 자원으로 방어선을 지휘했고, 그의 부하들의 상태를 확인하고 일일이 격려하기 위해 터널 외부를 자주 방문하였다. 그는 결코 적 포화를 두려워하지 않았다. 불굴의 용사였던 그는 옆자리에서 부하가 죽어가는 것을 보고 적에게 직접 대응사격을 하기도 하였다. 직접 전투하는 장군이었던 그는 자신 휘하의 장병들과 함께 역경 속에서 싸움으로써 부하들의 충성을 얻은 특별한 최전방 지휘관이었다.

웨인라이트 대장과 결연한 의지가 충만한 그의 부대는 필리핀 전체에서 가장 마지막까지 조직적으로 저항한 부대였다. 일본군과 싸워 아무런 지원 없이 6개월 동안 버텼지만 그의 부대는 모든 저항의 수단을 다 소진하였고, 외부의 도움을 전혀 기대하지 못하는 상황에 놓이게 되었다.

1942년 5월 6일, 웨인라이트 대장은 자신의 부대에 항복의사를 통보하고 그 고통스러운 결심을 설명하는 메시지를 미국 대통령에게 보냈다. 그는 그의 조국과 부하들을 자랑스럽게 여겼고 조국과 부하들에게 충성과 진심을 다하였다. 그의 부하들은 그를 사랑하고 존경하였으며, 직접 전투에 임하던 장군이었던 그를 위해 성심을 다해 복종하였다. 루즈벨트 대통령은 웨인라이트 대장에게 보낸 마지막 서신에 "웨인라이트 장군과 장군의 헌신적 부대원들은 우리의 목표와 전승보장의 살아있는 상징이 되었다"며 위로와 격려의 말을 전하였다.

일본군이 그에게 모욕을 주려고 패전한 그의 부대 대열 속을 걷게 하자 그의 부하들은 그가 지나갈 때 힘을 다해 기립하고자 하였고 경례를 함으로써 그에 대한 충성심과 존경심을 보였다.

제2차 세계대전의 최상급, 최고령 미군 포로로서 3년 넘게 억류되어 있는 동안 웨인라이트 대장은 영양결핍, 굴욕, 학대, 고문으로 고통받는 그의 전우들과 함께 조국에 대한 믿음과 충성을 잃지 않았다.

포로생활에서 보였던 불굴의 태도에도 불구하고 그는 코레히도르에서 항복으로 인해 사람들이 자신을 겁쟁이, 반역자로 여길 것을 걱정하여 귀국하기를 두려워하였다. 미 본토의 미국인들은 전방에서 직접 싸우던 웨인라이트 대장과 그의 용맹스러운 부하들에 대한 신의를 다했다. 그와 그의 부하들의 공로를 기리기 위해 1945년 9월 2일 일본 대표가 미주리호에 승선하여 항복문서에 조인할 때 웨인라이트 대장은 맥아더 대장 바로 뒤에 서 있었다. 웨인라이트 대장은 영웅의 환영을 받으며 귀국했다. 트루먼 대통령은 1945년 9월 10일 웨인라이트 대장 모르게 준비하였던 깜짝 행사에서 그에게 명예훈장을 수여하였다.

3) 존중: 대우받아야 하는 대로 사람을 대우하라

미 육군 가치는 모든 사람이 존엄성과 가치를 가지고 있으며 그에 맞게 대우받고 존중받아야 한다는 것을 강조한다. 미국은 모든 사람이 평등하게 창조되었다는 이상에 기초하여 건국되었다. 미 육군은 개개인의 인격을 바탕으로 사람을 평가한다. 미 육군 리더는 인종, 성 정체성, 성 지향성, 신조, 종교적 신념에 상관없이 모든 사람을 존엄과 존중을 가지고 대하는 분위기를 일관되게 조성해야 한다. 이러한 분위기를 조성하기 위해서는 리더부터 개인적 모범을 보여야 한다. 리더는 적대 세력을 포함한 모든 타인을 존중으로 대하여야 한다.

존 쇼필드 소장

1879년 8월 11일, 미 육군사관학교 생도대 대상 연설

자유국가에서 군인을 전투에 적합하게 만드는 군기는 부하를 가혹하거나 폭압적으로 다룸으로써 세워지지 않는다. 오히려 그러한 처사는 군을 세우는 것이 아니라 파괴할 가능성이 크다. 다른 악감정 없이 복종심을 불러일으키는 태도와 말투로 지시와 명령을 내리는 것이 가능한 반면 그러한 것과 반대되는 태도와 말투는 강한 원망과 반항심을 불러일으킨다. 부하를 다루는 방식은 지휘관의 내면에 깃든 그와 상응하는 정신에서 비롯된다. 타인이 마땅히 받아야 하는 존중을 느끼는 사람은 자신에 대한 존중심을 그들에게 불어넣지만 타인, 특히 하급자들에 대한 존중이 없는 사람은 그 무례함이 겉으로 표출되고 결국 이는 반드시 그에 대한 증오로 이어진다.

4) 이타적 봉사: 자신보다는 국가, 육군, 부하의 안위를 우선시하라

이타적 봉사란 국가, 육군, 조직, 부하들을 위해 올바른 일을 하는 것을 의미한다. 육군과 국가의 요구가 우선되어야 하지만, 이타적 봉사는 리더가 자신과 자신의 가족을 소홀히 여기라는 뜻이 아니다. 이타적이고 겸손한 리더는 스스로 접근하기 쉽고, 신뢰할 수 있으며 하급자들의 의견과 조언을 수용할 수 있는 동료가 된다. 이타적 리더는 개인의 이해관계를 넘어 더 큰 대의를 위한 목표를 달성하려고 노력한다.

5) 명예: 육군 가치를 실천하는 삶을 살아라

미 육군 가치에 따라 명예롭게 사는 것은 모든 조직 구성원에게 모범이 되고, 조직의 긍정적인 분위기와 사기에 기여한다. 리더가 어떻게 행동하는가, 리더가 어떻게 임무, 조직, 타인에 대한 의무를 다하는가가 그가 어떤 사람이고 어떠한 리더인지 정의한다.

데이비드 블릭 병장

1952년 6월 14일, 한국 미나리골

의무병인 데이비드 블릭 병장은 심문할 적군을 포로로 잡는 임무를 맡은 전투정찰대와 자진으로 동행하였다. 499 고지의 험준한 비탈길을 올라가던 정찰대는 강력한 자동화무기와 소형화기 사격을 받아 다수의 사상자가 발생하였다. 블릭 병장이 부상자에게 응급처치를 하는 동안 적은 근처 참호에서 그를 향해 사격을 하였다.

부상자를 보호하겠다는 결연한 의지로 그 용감한 의무병은 적을 향해 참호 속으로 뛰어들어 맨손으로 적군 세 명을 사살하였다. 그가 참호 밖을 나가던 중 수류탄이 동료 앞에 떨어졌다. 블릭 병장은 폭발로부터 전우를 보호하기 위해 빠르게 움직였다.

자신의 부상을 무시한 채 그는 가장 심각한 중상을 입은 전우를 산비탈로 옮겼다. 그 와중 두 명의 적군으로부터 공격을 받은 블릭 병장은 부상자를 내려놓고 두 적군의 머리를 서로 박치기시켜 제압한 뒤 다시 부상자를 안전한 곳으로 옮겼다.

블릭 병장은 그의 용맹한 행동으로 전우의 생명을 구했고 정찰대의 전투력을 보존할 수 있었다. 드와이트 아이젠하워 대통령은 1953년 10월 27일 그의 공로를 표창하여 명예훈장을 수여하였다.

6) 정직: 법적으로 그리고 도덕적으로 옳은 일을 하라

정직한 리더는 항상 명예로운 원칙을 따른다. 말과 행동이 정직한 리더는 미 육군의 근간이다. 정직한 리더는 진실에 어긋나는 행동을 그의 인격이 허용할 수 없기 때문에 올바른 일을 한다. 타인에게 육군 가치를 심어주기 위해서는 리더가 육군 가치를 실천하는 모범을 보여야 한다. 육군의 리더이자 정직한 사람으로서 개인적 가치관은 육군의 가치관을 증진할 수 있어야 한다.

버논 베이커 중위

1945년 4월 5~6일, 이탈리아 비아레조

제370 보병연대 버논 베이커 중위는 이탈리아 비아레조 인근 산악지대의 참호 속에서 방어하고 있던 독일군을 공격하는 동안 리더십을 보였다.

독일군의 수차례의 기관총 사격 때문에 그의 중대가 묶여 있었다. 베이커 중위는 한 기관총 진지까지 포복하여 이동한 뒤 그곳의 독일군 3명을 사살하고 기관총을 파괴하였다. 그 후 그는 적 관측소를 공격해 그곳에 있는 2명을 사살하였다. 그의 부하 중 한 명의 도움으로 그는 계속 전진하여 기관총 2대를 더 파괴하였고, 그곳에 있던 적군을 모두 사살하거나 부상을 입혔다. 적의 진지를 확보한 뒤 그는 이목을 끌어 적의 포화를 유도함으로써 노출된 공간에 있던 부상당한 부대원이 후송받을 수 있도록 하였다.

그 사건 후 다음 날 베이커 중위는 자진하여 적의 지뢰밭과 집중포화 속을 뚫고 대대의 진격을 이끌었다. 베이커 중위 중대의 3분의 2가 사상하였고 지원병력은 없었다. 그의 지휘관은 그에게 후퇴를 명령하였다. 베이커 중위는 후퇴할 수 없고 남아서 싸워야 한다며 이의를 제기하였다.

베이커 중위는 그와 함께하였던 사람들 외에도 많은 사람들에게 여전히 영감을 주고 있다. 그는 물러서지 않고 용맹스럽게 적에 맞섰고 전우의 숭고한 희생을 대표해 명예훈장을 받았을 때도 그는 명예롭게 자리를 지켰다.

7) 개인적 용기: 두려움, 위험, 또는 역경(물리적 및 도덕적)에 맞서다

용기는 두려움이 없는 것이 아니라 두려움을 제쳐두고 필요하거나 옳은 일을 하는 역량이다. 용기는 신체적, 도덕적 용기 두 가지 형태로 나뉜다. 신체적 용기는 육체적 해악에 대한 두려움을 극복하고 자신의 의무를 다하는 것이다. 이는 부상이나 죽음에 대한 두려움에도 불구하고 군인이 전투에서 위험을 무릅쓸 수 있도록 하는 용기의 도화선과 같은 역할을 한다. 리더들은 임무 달성을 위하여 자신 또는 휘하 장병의 목숨을 걸어야 하며 마땅히 적의 생명을 빼앗아야 한다.

도덕적 용기는 가치, 원칙, 신념을 지키고자 하는 의지이다. 이는 모든 리더들로 하여금 결과에 상관없이, 자신들이 옳다고 믿는 것을 수행할 수 있게 한다. 상황이 예상한 대로 진행되지 않더라도 자신의 결정과 행동에 모든 책임을 질 때 도덕적 용기를 실천하는 리더라고 할 수 있다. 도덕적 용기는 솔직하고, 정직하고 진실됨으로써 그 자체로 표출된다. 심사숙고한 전문적 의견을 제공하는 것은 부하, 동료, 상급자에 대한 용기의 표현이다.

톰슨 주니어 준위

1968년 3월 16일, 베트남 미라이

휴 톰슨 주니어 준위와 2명의 헬리콥터 승무원은 베트남 미라이 마을 상공에서 정찰 임무를 수행하고 있었다. 톰슨 준위는 미군이 부상당한 베트남 아이를 향해 사격하는 것을 발견하고 공포에 질렸다. 몇 분 후, 그는 더 많은 군인이 도랑에 있는 민간인을 향해 전진하는 것을 목격하였다. 보복성 학살의 가능성을 의심한 톰슨 준위는 헬리콥터를 착륙시키고 그곳의 젊은 장교에게 무슨 일이 일어나고 있는지 물었다. 지상전투 작전은 톰슨 준위가 상관할 일이 아니라는 답을 받자 그는 이륙한 뒤 해당 지역을 선회하였다.
미군이 더 많은 비무장 민간인을 공격하고 있다는 것이 명백해지자 톰슨 준위는 공습대피소로 향하던 마을 주민과 미군의 사이에 헬기를 착륙시켰다. 톰슨 준위는 사수들에게 무기를 준비하고 필요하다면 접근하는 미군에 발포하라 명령하였다. 그 후 톰슨 준위는 대피소에 있는 주민들을 개인적으로 설득하여 안전한 곳으로 공수하였다.

톰슨 준위의 해당 상황에 대한 즉각적인 무선통신 보고로 인하여 사격중지 명령이 내려졌고 궁극적으로 더 많은 수의 마을 주민의 생명을 구할 수 있었다. 윤리적으로나 도덕적으로 옳은 일을 하기 위해 자신의 신체적 위험을 무릅쓰기로 결단한 그의 의지는 도덕적 용기의 표본이었다.

제4장
리더윤리의 사례

사례학습 진행방법

사례연구는 토의법과 문제법을 혼합한 교육방법의 한 형태이다. 사례나 예시로 제시되는 문제 상황을 토의 또는 토론을 통해서 해결해 나가는 과정 속에서 그와 관련된 지식이나 사고능력, 정서적 태도 등을 얻을 수 있게 하는 학습방법이다(권영창 외, 2008).

또한 사례연구는 학습자들 스스로 연구하고 토의하며 문제를 해결해 나가는 과정에서 창의적이고 발전 지향적으로 지식을 확장해 나갈 수 있으며, 협동학습을 통해 동료들과 유대관계를 강화하고 협업능력을 향상시킬 수 있다.

사례연구 방식의 수업 진행을 위해 제3부에서는 6개의 사례를 선정하였으며, 토의주제를 함께 제시하여 보다 쉽고 효율적으로 토의식 수업을 진행토록 하였다.

사례를 적용한 수업방식은 다양하게 할 수 있으나, 본 교재에서는 다음과 같은 방법을 제안한다.

1단계 : 선행학습 – 토의용 사례와 주제에 대해 개인연구안 작성

2단계 : 핵심강의 – 교수에 의한 핵심 이론강의

3단계 : 조별학습 – 개인안 토의 및 발표, 조 발표안 작성

4단계 : 학급토의 – 각 조별 발표 및 토의(다양한 토의방법 적용)

5단계 : 교수 강평 및 보충강의

사례

1. 지덕칠 중사의 군인정신
2. 최영 장군의 무인의 삶
3. 김봉수 대대장의 결사항전 정신
4. 이순신 장군의 충성심
5. 몽클라르 장군의 군인정신
6. 자랑스러운 대한의 군인들

1. 지덕칠 중사의 군인정신

1967년 2월 1일, 베트남전쟁 중 미군 UDT의 수로측량을 엄호하는 '강구(江口)작전'에 투입된 청룡부대 1대대 2중대 3소대는 추라이 인근 강을 따라 수색작전을 시작했다. 얼마 지나지 않아 3소대는 계획된 목표를 향해 전진하던 중 예기치 못한 적의 기습사격을 받았다. 적의 기습공격으로 분대장 황보 하사 등 소대원 7~8명이 중상을 입고 쓰러졌다. 의무부사관인 지덕칠 하사는 이 전투에 참가 중이었는데, 적의 기습공격으로 동료전우들이 쓰러지는 것을 목격하자 빗발치는 적탄을 뚫고 부상자들 곁으로 뛰어들었다. 적의 공격 속에서 부상당한 동료들을 응급처치하던 중 지 하사도 어깨와 다리에 관통상을 입었다.

한편, 소대는 일시적으로 포위망을 뚫기도 했으나 계속해서 공격해 오는 베트콩으로 인해 악전고투를 면할 수 없었다. 더욱이 아군의 포병은 사거리가 미치지 못하였고, 증원헬기마저 오지 않은 상황에서 소대는 철수가 가능한 지점까지 지속적으로 이동할 수밖에 없었다.

이러한 상황 속에서 지 하사는 부상자 응급처지 중 입은 총상으로 행동하기가 어려웠음에도 불구하고 소대를 엄호하면서 뒤따라 이동하였다. 구조지점에 도착해서는 본인도 부상으로 고통 받고 모르핀 주사로 간신히 버티고 있음에도 불구하고, "내가 할 일이 남아있다"라고 하면서 부상병들의 치료와 후송 임무를 수행하였다. 특히 지 하사는 부상병 6명을 먼저 구조헬기로 태워 보내고 자신은 적을 막는 데 집중하다 마지막 구조헬기에 올랐으나 극심한 출혈로 숨지고 말았다. 지 하사는 팔, 다리, 어깨와 가슴 등 여덟 군데의 관통상을 입고도 부상당한 전우 3명을 구하였으며, 적 20명을 사살하는 감투정신을 발휘하다 장렬히 전사하였다. 군에서는 그의 공로를 기려 중사로 1계급 특진시키고, 군인에게 최고의 영예인 태극무공훈장을 추서하였다.

토의주제

1. 지덕칠 중사(추서 계급)의 사례를 통해서 얻을 수 있는 교훈은 무엇인가?
2. 지덕칠 중사는 전투를 수행하면서 우선순위를 어디에 두었는가?
3. 지덕칠 중사의 삶과 죽음에 대한 인식과 태도는 어떠했는가?
4. 군인이, 국가의 안전을 보장하고 국민의 생명과 재산을 보호하기 위해 하나뿐인 목숨까지 바쳐야 하는 이유는 무엇인가?

2. 최영 장군의 무인의 삶

고려시대의 명장 최영(崔瑩, 316-1388)은 사헌규정 최원직의 아들로 태어났으며 본관은 철원이다. 최영의 집안은 고려 예종 때 집현전 대학사를 지낸 이후로 대대로 문관에 오른 문신 집안이었으나, 장군은 젊은 시절부터 체력과 무예가 뛰어나고 이를 즐겨 했다.

최영 장군이 공식적으로 무인(武人)의 길에 들어선 것은 양광도에서 왜구를 토벌하면서부터이며, 1352년에 일어난 조일신의 난 때 공을 세워 무장으로서 인정을 받기 시작했다. 1359년에는 중국에서 일어난 홍건적 4만여 명이 국경을 넘어 서경을 함락시키자 서북면병마사로 나가서 적을 물리치고 큰 공을 세웠다.

한편, 최영 장군은 아버지 최원직이 죽으면서 남긴 유언인 "황금 보기를 돌같이 하라"라는 말을 실천하는 등 평소 우직하고 청렴결백하기로 유명했다. 이러한 사실은 『고려사』 113권 「열전」에 다음과 같이 기록되어 있다.

> 최영은 '황금 보기를 돌같이 하라'라는 말을 마음에 깊이 간직하고 재물에 관심 두지 않았다. 거처하는 집이 초라했으나 그곳에 만족하고 살았으며, 의복과 음식을 검소하게 해 간혹 식량이 모자랄 때도 있었다. 남이 좋은 말을 타거나 좋은 의복을 입은 것을 보면 개나 돼지만큼도 여기지 않았다. 지위는 비록 재상과 장군을 겸하고 오랫동안 병권을 장악했으나 뇌물과 청탁을 받지 않았으므로 세상에서 그 청백함을 탄복했다.

이처럼 최영은 고려를 위협하는 전투마다 나가서 용맹을 떨치는 한편 고려왕실을 보호하며 청렴하기까지 하여, 온 나라의 백성으로부터 존경을 받았다. 사실 위화도 회군을 통해 권력을 잡은 이성계가 최영을 결국 참형에 처할 수밖에 없었던 것도 최영이 백성으로부터 존경을 받았기 때문이다.

토의주제

1. 최영 장군의 사례에서 얻을 수 있는 교훈은 무엇인가?
2. 최영 장군의 청렴결백한 무인의 삶처럼, 우리도 군인이 된다면 그러한 삶을 살 수 있는가?
3. 군 복무 중 중요 직위에 있다 보면 각종 비리에 연루되거나 유혹을 받을 일이 생길 수 있다. 직무 수행 중 진급이나 금전적 유혹이 온다면 어떻게 대처할 것인가?
4. 윤리의식을 실천하지 않았을 때 나타나는 문제점과 그 해악에 대해서 토의하시오.

3. 김봉수 대대장의 결사항전 정신

1953년 6월, 6·25전쟁 막바지에 휴전협상을 위해 잠시 소강상태에 있던 전투는 휴전협상이 결렬되자 긴장상태가 고조되며 전투가 재발하였다. 이 시기 공산군은 휴전협상에서 유리한 입장을 고수하기 위해 전 전선에 걸쳐 새로운 공세를 펼쳤는데, 이것이 중공군 최후공세인 7월 공세로 알려져 있다.

당시 양측은 38선 상에서 수많은 고지 쟁탈전을 벌였는데, 그중 금성지구 전투는 1953년 6월부터 7월까지 중동부 전선 금성일대에서 중공군과 국군이 치열하게 싸운 전투이다.

금성지구 전투 당시 8사단 21연대 3대대(대대장 중령 김봉수)는 적과 공방전 중, 철수시기를 놓쳐 적에게 완전히 포위되고 말았다. 이에 대대장은 좌절하거나 항복하기보다는 적과 싸우다 죽기를 각오하고 전 장병에게 호소했다. "철수하다가 불명예스럽게 죽는 군인이 되기보다는 차라리 죽기를 각오하고 싸우는 명예로운 군인의 길을 선택하자!" 대대장의 호소에 감명받은 대대 전 장병은 최후의 순간까지 죽을 각오로 싸워 부대의 명예를 지키기로 각오하였다.

적은 3대대가 항복하지 않자 대대적인 공격을 감행해 왔다. 대대는 탄약과 식량이 떨어진 상황에서도 오직 명예로운 군인의 길을 택하겠다는 결의로 육탄전을 벌여가면서 용전분투하였다. 그 결과 진지를 사수함은 물론, 이어서 연대가 대대적인 반격전을 개시할 수 있는 발판을 만들 수 있었다.

전쟁이 끝난 후 대대는 미 대통령의 부대표창을 수상했고, 공로가 큰 15명의 장병은 미국 정부로부터 은성무공훈장을 받았다.

토의주제

1. 리더십에 대한 윤리적 관점에서 대대장의 '결사항전' 다짐이 주는 교훈에 대해서 토의하시오.
2. 대대장의 리더십이 부하와 전투승리에 미친 영향에 대해서 토의하시오.
3. 적에게 완전 포위되었을 때, 자신이 대대장이라면 김봉수 중령처럼 행동하였을 것인가에 대해서 토의하시오.

4. 이순신 장군의 충성심

이순신 장군의 시호는 '충성스러운 무인(군인)'이라는 뜻의 충무공이다. 이순신 장군이 죽은 후 그의 충성심을 널리 알리기 위해 조선조정에서 하사한 시호로서 그만큼 이순신 장군의 충성심이 남다르다는 의미일 것이다.

이순신 장군은 임진왜란, 정유재란 당시 왜군과의 해전에서 23전 23승의 전승을 거둔 명장이지만, 전쟁 중 정치적 모함을 받고, 삭탈관직과 백의종군이라는 고초를 겪기도 하였다. 그러나 나라에 대한 그의 사랑과 충성심만은 전혀 변하지 않았다.

이순신 장군의 나라에 대한 충성심은 선공후사하는 그의 태도를 통해서도 알 수 있는데, "어느 날 전장에서 부인이 위급하다는 편지를 받았으나, 나라가 이 지경에 이르렀는데 다른 일을 생각할 겨를이 없다"라고 난중일기에 적을 정도로 공과 사를 엄격히 구분하였다.

또한 이순신 장군은 전라좌수영의 '만호' 직을 수행하고 있을 때 직속상관인 전라좌수사가 이순신의 진영 뜰에 심긴 오동나무를 본인의

거문고를 만들기 위해 베어오라고 하자, 장군은 "관아의 오동나무도 나라 것이니 함부로 베어 쓸 수 없다"라고 거절하는 등 공(公)과 사(私)를 엄격히 구분하였다.

이 외에도 이순신 장군은 두 차례에 걸친 백의종군이라는 역경 속에서도 오로지 나라의 위태로움만 걱정하며 군인의 길을 걸었다.

토의주제

1. 이순신 장군의 사례에서 얻을 수 있는 교훈은 무엇인가?
2. 국가는 군인이 바칠 충성의 대상 가운데 대의명분 면에서 가장 큰 가치가 있다고 한다. 그 이유는 무엇인가?
3. 이순신 장군은 최고 사령관의 위치에서 계급도 관직도 없는 말단병사가 되어 전투에 참가하라는 명령을 받았음에도 진심을 다해 충성하고 복종하였는데, 우리가 이순신 장군이었다면 과연 복종할 수 있을까?
4. 이순신 장군이 실천하였던 진정한 충성심에 대해 토의해 보자.

5. 몽클라르 장군의 군인정신

지평리 전투는 1951년 2월 13일부터 15일까지 미 제2사단 23연대와 이 부대에 배속된 프랑스 대대가 원주 북방 경기도 양평군 지평리를 포위한 중공군 6개 연대의 집중공격을 전면 고수방어로 막아 낸 방어 전투다. 당시 지평리는 아군 병참선의 중심지이면서 유엔군이 한강으로 진출할 수 있는 전략적 요충지였다.

이 전투에서 미 제23연대와 프랑스 대대는 좌우 인접부대가 중공군의 공격에 밀려 철수함에 따라 중공군에게 사면이 포위될 위기에 놓이게 되었다. 하지만, 미8군사령부로부터 지평리를 고수하라는 명령을 받고, 전면 방어태세로 배치, 중공군의 파상공격[19]을 고립상태에서 4일 동안이나 막아 냄으로써, 전투를 승리로 이끌었다.

당시 프랑스군은 6 · 25전쟁에 참전하기 위해 중령으로 계급을 낮춘 예비역 중장 몽클라르(R. Monclar) 장군이 이끌었다. 6 · 25전쟁이 발발하자 프랑스 정부는 대대급 부대를 파견하기로 결정하고 참전을 준비하였다. 프랑스군의 참전 소식을 접한 몽클라르 장군은 본인이 지휘관이 되어 참전할 것을 자청하였다. 하지만 프랑스 정부가 대대급 부대의 지휘는 중령이 해야 한다며 거절하자, 스스로 계급을 중령으로 낮추어 현역으로 복귀하여 참전한 인물이다.

이러한 전력을 가진 그는 죽음을 각오하고 부하들과 필사적으로 적과 싸워서 중공군을 무찌르고 지평리에서 승리를 가져온 주인공이 되었다. 한편, 지평리 전투는 중공군 개입 이후 유엔군이 중공군과 싸워서 얻은 최초의 전술적 성공으로 평가된다.

토의주제

1. 한국은 6 · 25전쟁 당시 유럽에서는 이름도 알려지지 않은 작은 나라였다. 한국의 자유를 위해 몽클라르 장군은 계급까지 낮추어서 6 · 25전쟁에 참전했다. 그가 참전한 본질적인 이유가 무엇인지 토의해 보자.
2. 몽클라르 장군이 실천한 참다운 리더로서의 자세에 대해서 토의해 보자.
3. 지평리 전투는 몽클라르 장군을 위시한 프랑스군 장병들의 헌신적인 희생과 전투의지로 승리를 일군 전투이다. 우리가 지평리 전투에서 배워야 할 군인정신은 무엇인가?

---

19 동일 방향으로부터 계속적으로 짧은 시간 간격으로 공격해 오는 것을 말한다.

6. 자랑스러운 대한의 군인들

"전역, 꼭 하고 싶습니다. 그런데 지금은 아닙니다." 이 말은 2015년 8월 20일 경기도 연천군 중면 인근에 북한군의 포격 도발이 발발하자 우리 현역 장병들이 전역을 자진연기하면서 남긴 말이다.

우리 군이 서부전선에 대북 확성기를 설치하고 대북방송을 실시하자 북한군은 김정은의 지휘 아래 연평도에 포격도발을 자행하였다. 그 결과 고(故) 서정우 하사 등 용사 2명과 민간인 2명이 전사하고 많은 재산 피해를 입을 수밖에 없었다. 물론, 우리 해병대원들의 즉각적인 반격과 대포병사격으로 북한군은 우리와 견줄 수 없을 정도로 심각한 타격을 입은 것은 주지의 사실이다.

북한군이 연평도에 포격도발을 자행한 이날 우리 장병들이 남긴 이 말과 행동은 마지못해 한 일도 아니며, 누군가 시켜서 한 일도 아니다. 진심에서 우러나온 결심이었다. 남북 간 무력충돌의 위기 속에서도 '전우와 함께 내 조국을 지키겠다'며 기꺼이 전역을 연기하며 전의를 불태운 우리 국군 장병들에게 힘찬 박수를 보낸다.

토의주제

1. 우리 장병들이 전역을 자진해서 미루고 조국을 위해 자발적으로 희생하고자 한 행동을 각 군의 핵심가치와 연계하여 토의해 보자.
2. 만약, 내가 서부전선에서 전역을 앞둔 상황이라면, 전역을 연기하였을까? 각자의 생각을 토의해 보자.
3. 타인에 대한 인간애를 바탕으로 공공의 목적을 달성하기 위하여 자신의 희생을 자발적인 의무로 여기고 실천하며 살아가려는 정신을 이타적 의무감이라고 한다. 우리가 일상 속에서 이를 실천할 수 있는 방법은 무엇인지 토의해 보자.

제4부

전쟁과 군대윤리

제1장
전쟁윤리의 필요성

개요

본 장에서는 전쟁윤리의 필요성에 대해 살펴보았다. 흔히 전쟁과 윤리는 공존하기 어려운 것이라 생각할 수 있다. 일반적으로 전쟁의 승리를 위해서는, 윤리적인 문제는 다소 간과될 수 있다고 여긴다. 하지만 윤리적 고려 없는 전쟁수행으로 인해 인류는 역사적으로 많은 문제를 겪어 왔으며, 이와 관련하여 전쟁법과 국제협약 등을 통해 최소한의 윤리적 장치들을 마련하기 위해 노력해 왔다. 이 장에서는 전쟁과 윤리의 관계, 전쟁법과 국제협약, 현대의 전쟁양상의 변화에 대해 간략하게 소개하면서 전쟁윤리의 필요성과 관련된 문제들을 살펴보았다.

학습내용

1. 전쟁과 윤리
2. 전쟁윤리와 전쟁법
3. 전쟁양상의 변화와 전쟁윤리

1. 전쟁과 윤리

클라우제비츠(Carl von Clausewitz)[1]는 그의 유명한 『전쟁론』에서 전쟁은 정치 혹은 정책 수행을 위한 하나의 수단이기 때문에, 용기와 야심, 집요하고 강력한 승부욕이 필요할 뿐 도덕은 고려의 대상이 아니라고 말한다.[2] 전쟁의 목적은 결국 승리이기 때문에, 그것에 도움이 되지 않는다면 윤리는 무시될 수 있다는 것이 일반적인 생각일지 모른다. 중국고사인 송양지인(宋襄之仁)[3]의 교훈이 보여주는 것처럼, 윤리적 고려가 전쟁패배로 이어진다면 곤란하다. 하지만 윤리적인 고려가 없는 정의롭지 못한 전쟁의 폐해(弊害)는 패배보다 더 큰 문제를 만들어 내기도 한다. 따라서 인류는 필요악인 전쟁을 보다 정의롭게 수행하기 위한 조건들을 찾기 위해 노력해 왔고, 그러한 결실이 바로 전쟁윤리라 정의할 수 있다. 이러한 고민들은 그저 사상적, 심리적 차원에서 그친 것이 아니라, 전쟁법과 국제협약 등으로 최소한의 것을 보장하는 방식으로 발전하였다.

주지하다시피 군은 무력을 사용하는 집단이고, 심지어 살인을 전

---

1 카를 필리프 고틀리프 폰 클라우제비츠(Carl Phillip Gottlieb von Clausewitz, 1780. 7. 1.-1831. 11. 16)는 프로이센 왕국의 군인이자 군사 사상가이며, 군사이론서의 고전이라 할 수 있는『전쟁론』의 저자로 유명하다.

2 이민수,『전쟁과 리더: 윤리와 덕목』, 서울: 철학과 현실사, 2013, p. 70.

3 십팔사략(十八史略)에 나오는 이야기로, 송(宋)나라의 양공(襄公)은 초(楚)나라와 싸울 때 먼저 강 저쪽에 진을 치고 있었고, 초나라 군사는 이를 공격하고자 강을 건너는 중이었다. 이때 장군 공자목이 송양공에게 이르기를 "적이 강을 반쯤 건너왔을 때 공격하면 이길 수 있습니다" 하고 권하였다. 그러나 송양공은 "그건 정정당당한 싸움이 아니다. 정정당당하게 싸워야 참다운 승자가 될 수 있지 않은가" 하면서 듣지 않았다. 강을 건너온 초나라 군사가 진용을 가다듬고 있을 때, 또다시 "적이 미처 진용을 가다듬기 전에 치면 적을 지리멸렬(支離滅裂)시킬 수 있습니다" 하고 건의하였으나, 송양공은 "군자는 남이 어려운 처지에 있을 때 괴롭히지 않는 법이다" 하며 말을 듣지 않았다. 그 결과 송나라는 크게 패하게 되었는데, 세상 사람들은 이를 비웃어 송양지인(宋襄之仁)이라고 하였다(네이버 지식백과).

제로 훈련이 진행된다. 물론 대한민국 헌법은 침략전쟁을 허용하지 않고 있지만,[4] 전쟁 속에서는 정의와 평화를 함께 말하기 어려운 상황이 얼마든지 일어날 수 있다. 특히 전쟁에 직접적으로 직면할 수밖에 없는 군인들, 더군다나 간부들은 전쟁윤리와 관련하여 실존적인 질문을 던질 수밖에 없다. 자신이 참여하고 있는 전쟁에 대한 윤리적인 고려가 필요하며, 자신이 최소한의 윤리적 원칙하에 전장상황에 참여하고 있다는 확신이 요구된다.

추상적이고 관념적으로 들릴지 모르지만 정의로운 전쟁에 대한 윤리적인 고민 없이 전투에 참여하는 것은 결국 한계와 모순에 빠지고, 이러한 모순은 효과적인 전쟁수행에 걸림돌이 될 수밖에 없다. 특히 군대의 전력 가운데 무형전력으로서의 필승의 신념과 자발적인 전투의지는 매우 중요하다. 이는 스스로가 조국 수호와 의로운 일에 참여하고 있다고 확신할 때, 더욱더 강화될 수밖에 없다. 반대로 윤리적 신념과 의지가 결여된 군인이 제대로 된 전투의지를 가지기는 어려울 것이다. 성공적인 전투임무 수행을 위해서는 개인의 전투의지가 중요한데, 이는 올바른 가치관 위에 정립된 도덕적 자발성과 깊은 관련이 있다.[5] 따라서 군인은 전쟁에 대한 윤리적 입장을 정립해야 하고, 이것은 임무수행과 전쟁승리를 위해 꼭 필요한 필수적인 요소라 할 수 있다.

---

4 대한민국 헌법 5조에는 다음과 같이 명시되어 있다. "(1) 대한민국은 국제평화의 유지에 노력하고 침략적 전쟁을 부인한다. (2) 국군은 국가의 안전보장과 국토방위의 신성한 의무를 수행함을 사명으로 하며, 그 정치적 중립성은 준수된다."

5 국방부, 『간부용 군대윤리』, 충남: 국군인쇄창, 2016, pp.173-174.

2. 전쟁윤리와 전쟁법

영국의 철학자 홉스(Thomas Hobbes)[6]가 자연상태의 인간에 대해 "만인의 만인에 대한 투쟁(Bellum omnium contra omnes, The war of all against all)"이라는 표현을 사용한 것처럼, 인류의 역사에서 분쟁과 다툼이 사라진 적은 없었다. 계속되는 전쟁의 참혹함 앞에서 국제사회는 전쟁 상황에서 지켜야 할 최소한의 윤리적인 기준을 마련하기 위해 국제적인 합의를 마련하게 되는데, 대표적인 것이 헤이그법과 제네바법이다. 대한민국 '군인의 지위 및 복무에 관한 기본법' 제4장 제34조에서도 전쟁법 준수의 의무가 포함되어 있다.[7] 이러한 전쟁법(국제인도법)은 전쟁 중에 벌어지는 비윤리적인 행위나 전쟁범죄에 대한 최소한의 가이드라인을 제공하고 있다. 물론 윤리보다 당장 자신의 목숨을 지키는 것이 중요하고, 전투에서의 승리에 집중하다 보면 윤리적인 측면들을 간과하기 쉽다. 하지만 이러한 최소한의 기준조차 없는 전쟁수행은 당장의 전투에서는 이길 수 있을지 몰라도 결국 궁극적인 전쟁패배로 이어질 수밖에 없는 것이다.

국제적십자위원회(ICRC)는 무력충돌 시 적용되는 국제인도법(IHL: International Humanitarian Law)을 국제적 또는 비국제적 성격의 무력충돌

---

6 17세기에 활동하던 영국의 정치철학자로, 근대 국가 체제의 사상적 근거를 제공했다는 평가를 받고 있으며, 존 로크, 장 자크 루소와 함께 3대 사회계약론자로 불린다.

7 군인의 의무 등을 다루고 있는 '군인의 지위 및 복무에 관한 기본법' 4장에서는 전쟁법과 관련하여 다음과 같이 명시하고 있다.

제34조(전쟁법 준수의 의무)
① 군인은 무력충돌 행위에 관련된 모든 국제법 중에서 대한민국이 당사자로서 가입한 조약과 일반적으로 승인된 국제법규(이하 "전쟁법"이라 한다)를 준수하여야 한다.
② 군인은 전쟁법을 숙지하여야 하며, 국방부장관은 대통령령으로 정하는 바에 따라 군인에게 전쟁법에 대한 교육을 실시하여야 한다.

로부터 직접 야기된 인도적 문제를 해결하고자 특별히 고안된 국제조약 혹은 관습법이라 정의한다.[8] 이러한 전쟁법(Law of War)의 가장 중요한 목적은 무력충돌 시, 인간의 고통을 예방하고 최소화하는 것이다. 국제적십자의 창설자이자 스위스 기업가 앙리 뒤낭(Henry Dunant)과 기욤 뒤프르(Guillaume Henri Dufour) 장군은 이러한 토대를 만드는 데 선구자적인 역할을 했다. 앙리 뒤낭은 1862년 『솔페리노의 회상』(*A Memory of Solferino*)이라는 책에서 이탈리아 지역 솔페리노에서 벌어진 전쟁의 참상을 고발하고, 국제인도법에 대한 아이디어를 공식적으로 제안했다. 그리고 스위스의 통일을 주도한 뒤프르 장군은 제네바협약이 채택된 1864년 외교회의에서 의장직을 맡아 앙리 뒤낭을 적극 지원하였다.

제네바협약(Geneva Conventions)은 전쟁으로 인한 피해자를 보호하기 위해 제네바에서 체결된 일련의 국제조약으로 국제인도법의 핵심을 구성하고 있다. 제네바협약은 1864년 체결된 '육전(陸戰)에 있어서의 군대 부상자의 상태 개선에 관한 협약'이다. 이는 전쟁의 형태와 무기의 발달로 점증하는 인도적 원조의 필요성에 따라 단계별로 발전했고, 현재는 4개의 협약과 3개의 의정서로 구성되어 있다. 제네바 협약은 일부 조항을 유보한 채 비준한 국가까지 포함하면 유엔회원국 수인 193개국보다 많은 194개국에 의해 비준되었다.

8 "국제인도법 소개" 국제적십자위원회 웹페이지, https://kr.icrc.org/ihl/introduction/

- 제1협약(1864) : 육전에 있어서의 군대의 부상자 및 병자의 상태 개선에 관한 제네바협약
- 제2협약(1906) : 해상에 있어서의 군대의 부상자, 병자 및 조난자의 상태 개선에 관한 제네바협약
- 제3협약(1929) : 포로 대우에 관한 제네바협약
- 제4협약(1949) : 전시에 있어서의 민간인 보호에 관한 제네바협약

The 1st Geneva Convention : for the Amelioration of the Condition of the Wounded and Sick in Armed Forces in the Field

The 2nd Geneva Convention : for the Amelioration of the Condition of Wounded, Sick and Shipwrecked Members of Armed Forces at Sea

The 3rd Geneva Convention: relative to the Treatment of Prisoners of War

The 4th Geneva Convention : relative to the Protection of Civilian Persons in Time of War

- 제1의정서(1977) : 국제적 무력충돌 피해자들의 보호 강화
- 제2의정서(1977) : 비국제적 무력충돌 피해자들의 보호 강화
- 제3의정서(2005) : 적십자, 적신월 외 적수정을 새로운 표장으로 추가 채택[8]

Protocol I : relating to the Protection of Victims of International Armed Conflicts

Protocol II : relating to the Protection of Victims of Non-International Armed Conflicts

Protocol III : relating to the Adoption of an Additional Distinctive Emblem

국제인도법은 크게 제네바법과 헤이그법 이 두 가지로 구분된다. 이 두 갈래의 국제인도법은 최초에 그 법이 제정된 도시의 이름을 따서 명명되었으며, 1977년 둘을 하나로 묶는 추가 의정서가 채택됨으로써, 현재로서는 둘을 구분하는 것은 역사적 또는 교훈적 가치만 있다고 할 수 있는데,[9] 제네바법과 헤이그법을 간략하게 소개하면 다음과 같다.

먼저, 제네바법(Law of Geneva)은 전투에 더 이상 가담하지 않는 군인을 보호하거나 적대행위에 직접 연관되지 않은 사람 즉, 민간인을 보호하는 것이 주요 내용이다. 이는 상병자, 조난자, 포로, 민간인 등 무력충돌의 "피해자"의 관점에서 작성되었다. 제네바법은 무력충돌 시에 군대의 권리와 의무가 아니라, 피해자를 보호하기 위한 기본적인 의무를 규정하고 있다.

다음으로, 헤이그법(Law of the Hague)은 군인의 관점에서 작성된 무력충돌법으로, 군사 작전을 수행함에 있어 교전자의 권리와 의무를 확립하고 적에게 해를 가하는 수단을 제한하는 내용이다.[10] 헤이그법에는 전시에 특정한 발사체의 사용을 금지한 1958년 상트페테르부르크 선언(St. Petersburg Declaration)과 질식성, 유독성 가스 및 세균학적 무기를 비난한 1925년 제네바 의정서(Geneva Protocol) 등의 다른 협약들도 포함된다.

이러한 전쟁법이 공통으로 요구하고 있는 것은 전투원과 비전투원을 명확하게 구분함으로써, 비전투요원을 공격 대상에서 제외하고, 그들을 최대한 보호해야 한다는 것이다. 또한 점령지의 민간인들이 인

---

9 오늘날 헤이그법과 제네바법의 구별은 명확하게 이루어지지 않는 부분이 많아졌고, 1977년의 제1추가의정서는 헤이그법과 제네바법의 두 가지 측면을 모두 규정하고 있다. [출처: 김영석, 『국제인도법』, 서울: 박영사, 2012, p. 6.]

10 헤이그법의 출발은 미국 남북전쟁(1861~1865) 당시에 북군의 훈령으로서 작성된 1863년의 리버법전(Lieber Code)이라고 하는데, 이는 총 157개의 조문으로 작성되었으며, 무장한 적만을 공격할 것, 비무장한 민간인과 그 재산을 존중할 것, 포로와 상병자는 인도적으로 대우할 것, 포로교환, 휴전과 정전의 절차 등을 규정하고 있다. [출처: 김영석, 위의 책]

도적인 대우를 받게 하고, 중립지역 민간인들의 생명과 재산이 존중받아야 함을 천명하고 있다. 군사적 목표에 대한 무력사용이 이성적인 판단에 의해 수행되어야 함을 강조한다. 의료기관이나 역사적인 장소들은 공격받지 말아야 하며, 전쟁범죄에 대한 재판은 공정하게 진행되어야 하고, 점령지역의 공공서비스 제공 등에 대한 원칙을 제시하고 있다. 이는 전쟁의 상황에서 윤리적 고려의 구체적인 원칙들을 제시하고 있고, 이러한 규칙들이 준수될 때, 전장상황에서 최소한의 윤리가 지켜질 수 있는 것이다.

국제인도법 기본규칙[11]

1. 적대행위에 가담하지 않거나 더 이상 가담할 수 없는 자는 그들의 생명과 육체적, 정신적 보전에 대해 존중받을 권리가 있다. 그러한 자는 불리한 차별을 받아서는 안 되며, 보호되고 인도적으로 대우받아야 한다.
2. 투항하거나 더 이상 전투에 참여할 수 없는 전군을 살상하는 것은 금지된다.
3. 부상자와 병자는 그들을 자기 권력 내에 두고 있는 충돌 당사자에 의해 수용되고 치료되어야 한다. 의무요원 및 의무시설 수송기관 장비는 반드시 보호되어야 한다. 적십자·적신월 표장은 그러한 자들과 대상을 보호하는 표지로서 반드시 존중되어야 한다.

11 "국제인도법 기본규칙", 국제적십자위원회 웹사이트, https://kr.icrc.org/ihl/introduction/

4. 포획된 전투원과 적국의 권력 내에 있는 민간인은 그들의 생명, 존엄성, 개인의 권리 및 정치적·종교적 그리고 여타의 신념에 대해 존중받을 권리가 있다. 그들은 일체의 폭력으로부터 반드시 보호되어야 하며 자신의 가족과 소식을 교환할 권리가 있다.
5. 모든 사람은 사법상의 권리를 보장받아야 하며 누구도 자기가 저지르지 않은 행위에 대해 문책을 받아서는 안 된다. 누구도 신체적·정신적 고문, 잔학하거나 품위를 저하시키는 체형 또는 여타의 대우를 받아서는 안 된다.
6. 충돌 당사자와 그들의 군대 구성원 어느 누구도 전쟁의 방법과 수단을 무제한적으로 선택할 권리는 가지고 있지 않다. 불필요한 손실 또는 과도한 고통을 야기할 것 같은 무기 또는 전쟁 방법의 사용은 금지된다.
7. 충돌 당사자는 항시 민간인과 민간재산을 보호하기 위해 민간인과 전투원을 반드시 구분해야 한다. 민간인은 단체로서 그리고 개개인으로서 누구도 공격을 받아서는 안 된다. 공격은 전적으로 군사 목표물에만 국한되어야 한다.

3. 전쟁양상의 변화와 전쟁윤리

1) 매스미디어(Mass Media)와 전쟁윤리

현대전에서 매스미디어의 역할은 갈수록 증대되고 있다. 전쟁을 수행하는 국가들은 최대한 언론을 활용하고 있으며, 공보작전(Public

Affairs Operation)은 전쟁의 매우 중요한 요소로 평가되고 있다. 전쟁 당사국들은 매스미디어를 최대한 활용해서 자신들의 정당성을 인정받으려 노력하고 상대의 문제점을 부각시키려 한다. 교전 상대방의 잔혹한 행위를 강조하며 언론전을 펼치기도 한다.[12] 현대의 전쟁은 전장의 각종 정보들이 실시간으로 전송되기 때문에, 과거의 전쟁에서는 문제가 되지 않았던 것들이 전쟁의 정당성과 관련된 논의를 불러일으키는 것은 물론이고, 때로는 전쟁의 승패를 갈라놓기도 한다. 과거에는 전쟁의 참혹함이 간접적으로만 전해졌지만, 현대의 전쟁은 방송을 통해 실시간으로 생중계되고 전쟁의 참혹함이 고스란히 전 세계 안방으로 전달되고 있다. 1990년 이라크의 쿠웨이트 침공으로 인해 미국을 중심으로 한 다국적군이 참전한 '사막의 폭풍(Desert Storm)' 작전(걸프전)은 역사상 최초로 TV로 생중계된 전쟁으로 유명하다. CNN[13]은 현장의 모습을 인공위성으로 전 세계에 실시간 중계했다. 시청자들은 마치 게임을 보는 것처럼 실제 전쟁 상황을 안방에서 생생하게 볼 수 있었고, 이로 인해 CNN은 24시간 뉴스전문 채널로 성장하는 기반을 다졌다.

이런 매체 환경에서 도덕적으로 정당하지 못한 방식으로 전쟁을 수행하게 되면 어떤 일이 일어날까? 비도덕적 전쟁과 관련하여, 정부는 국내외의 비판적인 여론을 직면할 수밖에 없고, 이는 성공적인 전쟁수행에 큰 장애가 될 수밖에 없다. 또한 이러한 비난은 군의 사기와도 직결되고 전투에 악영향을 끼치게 된다. 과거에는 전쟁에 승리하기만 하

---

12 미국 언론의 이라크 전쟁(걸프전) 관련 보도에 대해 비판하는 사람들은 ① 유엔의 경제재제가 이라크 국민들에게 가한 고통에 대한 무시, ② 폭격으로 인한 민간인 희생자 관련 보도를 무시하거나 그 신뢰성에 의문 제기, ③ 사담 후세인 개인과 이라크 전체를 동일시, ④ 미국 정부 발표를 맹목적으로 추종, ⑤ 허위 공정보도, ⑥ 아전인수적 전문가 선택적 이용 등의 문제를 제기한다. 노엄 촘스키, 하워드 진 외, 『미국의 이라크 전쟁』, 서울: 도서출판 북막스, 2002, pp. 159-176.

13 1980년 6월 1일 미국 애틀랜타에서 탄생한 CNN(Cable News Network)은 '24시간 뉴스'를 내보내 진정한 글로벌 뉴스 채널로서 뉴스 하면 CNN을 떠올릴 만큼 강력한 브랜드를 지닌 국제 뉴스 거대 채널이다.

면 모든 것이 정당화되는 시대였지만, 지금은 전쟁 가운데 일어나는 많은 일들에 대해 승자 중심의 해석과 그에 따른 전후 처리를 할 수 없는 상황으로 변하고 있다. 예전에는 승자에게는 모든 면에서 면죄부(免罪符)가 주어졌지만 이제는 아니다. 비윤리적인 방식으로 당장의 전투에서는 이길 수 있지만, 궁극적으로 전쟁에는 패배할 가능성이 높아졌으며, 국제사회의 불신과 비난은 물론, 전후 복구를 위한 경제적, 사회적 부담까지 져야 하는 곤란한 상황이 생기는 경우도 많다. 이처럼 매스미디어의 발전에 따른 전장상황의 변화는 전쟁윤리에 대한 고려 없이 전쟁을 수행하는 것이 쉽지 않은 환경을 만들고 있다.

2) 평화주의(Pacifism)의 확산과 전쟁윤리

중세 유럽의 십자군으로 대표되는 성전론(Holy War)의 입장에서는 물론이고, 독일의 철학자 칸트(Immanuel Knat)도 그의 저서에서 영구적인 평화의 선결조건으로 전쟁[14]을 이야기했을 정도로 인류에게 전쟁은 너무나 자연스러운 것이었다. 피할 수 없는 전쟁이었기에, 어떻게 하면 좀 더 정의로운 전쟁, 평화를 위한 전쟁을 할 수 있을까에 대한 고민의 결과가 전쟁윤리였다. 하지만 제1 · 2차 세계대전의 참혹함은 인류로 하여금 전쟁보다는 평화에 관심을 가지게 만들었다. 제2차 세계대

14 칸트는 『판단력비판』에서 정치가와 장군을 비교하면서, 심미적 관점에서 볼 때, 정치가보다 장군에게 더 큰 존경을 표시하는 것이 당연하다는 의견을 피력한 뒤에, 더 나아가 전쟁의 숭고함을 묘사한다. "전쟁조차도 질서를 지키고 시민의 권리를 신성시하면서 수행된다면 어떤 숭고한 면모를 가지는 법이다. 그리하여 어떤 민족이 이런 식으로 전쟁을 수행할 경우에는 그 민족이 위험에 처하여 담대히 그 위험에 대처할 수 있다면 위험이 크면 클수록 전쟁은 그 민족의 사고방식을 더욱더 숭고하게 만드는 것이다. 이에 반해 오랜 평화는 한갓 상인 기질만을 퍼뜨리며, 그와 함께 천박한 이기심과 비겁함 그리고 유약함만을 만연시켜 민족의 사고방식을 천박하게 만드는 경향이 있다." [출처: 철학연구회, 『정의로운 전쟁은 가능한가』, 서울: 철학과 현실사, 2006, p. 75.]

전 이후 미국과 소련의 냉전구도 속에서 평화연구는 서서히 그 뿌리를 내리기 시작했다.

정의로운 전쟁이 과거 유일한 대안이었다면, 지금은 정의로운 전쟁을 위해 노력하기보다는 그 전쟁을 예방하고 정의로운 평화를 모색해 나가야 한다는 주장들이 많다. 평화운동 초기에는 당장의 폭력과 갈등을 줄여나가거나 제거하는 식의 소극적인 평화(negative peace)에 집중했다. 하지만 1960년대 후반부터는 갈등과 분쟁을 일으키는 원인에 대해 탐구하고, 그것을 해소하기 위해 노력하는 적극적인 평화(positive Peace)로 나아가게 되었는데, 이는 인권의 보장과 사회정의는 물론 경제적인 발전까지 포함하는 넓은 개념이었다. 그리고 1970년대에는 진정한 의미의 평화연구란 드러난 분쟁을 통제하는 것이 아니라 숨어있는 분쟁을 드러나게 하는 것에 있다는 식의 구조적 폭력에 대한 관심으로 확대되었고, 1980년대에는 자기반성을 통해 좀 더 발전적인 방향으로 전개되었다. 과거 소극적 평화와 적극적 평화의 관계에 대한 학문적인 고찰과 분석을 통해, 지금까지의 정치, 군사, 경제적인 검토는 물론이고 갈등과 관련하여 문화 또는 문명적 차원에서 고민하게 되었고, 평화운동의 실증주의 방법론이 지니는 한계를 극복하고자 동서양의 평화사상에 대한 대대적인 재검토가 있었으며, 평화의 실천전략으로서 상대국가가 군비경쟁이나 선제공격을 시도할 수 있다는 위협을 느끼지 않을 정도의 대체 방어 그리고 국가 간의 전쟁을 회피하고 폭력의 내재적 요인을 극복하는 수준의 공동안보의 개념으로까지 발전하게 되었다.[15]

이처럼 전쟁에 대한 전통적인 입장에 대한 비판이 커지면서, 평화에 대한 국제적인 관심이 적극적인 평화사상으로 발전해 나갔다. 이런 분위기 속에서 전쟁은 더 이상 정의롭지 못하며, 인류문명사의 발전을 거스르며, 어떤 식으로도 정당화 될수 없다는 평가를 받기에 이른다. 하

15 그리스도교 철학연구소, 『현대사회와 평화』, 서울: 서광사, 1991, pp. 194-207 참조.

지만 세계는 여전히 분쟁이 끊이지 않는 현실을 마주하고 있다. 정의로운 전쟁보다는 정의로운 평화를 원하는 시대 속에서 전쟁을 준비하고 수행해야 하는 군인, 특히 간부들은 정의로운 평화를 위한 전쟁을 대비해야 할 사명이 있고, 이를 위해 꼭 필요한 것이 정의로운 전쟁을 위한 윤리적 준비를 하는 것이다.

3) 승자 없는 전쟁과 전쟁윤리

오늘날 평화를 위한 국제사회 공동의 노력과 UN(United Nations)의 역할은 전쟁의 개념을 변화시키고 있다. 제2차 세계대전 이후, UN은 국제적 비극에 대한 경각심 속에서 설립되었다. 이미 칸트의 영구평화론에서 평화를 위한 국제기구의 필요성[16]이 주창된 것처럼, 유엔의 가장 중요한 목적은 국제평화와 안전을 유지하는 것이다. 유엔은 강력한 집단안보체제 구축을 통하여 지구촌의 평화를 이루기 위해 노력하고 있다. 유엔의 평화유지활동(peace-keeping operation) 중의 하나는 감시 및 정찰활동(observation)으로 유엔요원들을 분쟁지역에 파견하여 정찰 결과를 유엔에 보고한다는 점을 당사국들이 인식하도록 하고, 이를 통해 국경침범과 같은 적대행위를 억제하고 방지하는 역할을 한다.[17] 이러한 유엔의 적극적인 개입은 전통적인 전쟁 상황에서는 존재하기 어려운 교착상태를 가져오고 있다. 유엔을 통한 협상과 강제적인 화합은 과거 군사적 승리를 통해 매듭지어졌던 전쟁 상황을 일종의 무승부로 만들면서 절대적 승자가 없는 상황이 벌어지고 있다. 이를 통해 피해를

---

16 칸트는 "영구평화론"에서 국제적인 평화를 위해서는 모든 나라가 정치제도로 공화정을 확립해야 하며, 국가들 사이의 합법적인 대외관계로서의 국제기구의 필요성을 강조했다. 철학연구회, 『정의로운 전쟁은 가능한가』, pp. 82-84.

17 존 메릴스, 김재원 역, 『국제분쟁의 해결방법』, 교육과학사, 1998, p. 298.

최소화시키고 제한적인 평화를 유지하게 되었지만, 양측의 동결된 갈등이 여전히 내재되어 있을 뿐 아니라, 전통적인 전쟁에서 가장 중요한 부분인 승자와 패자의 문제가 애매해지면서 다소 복잡한 상황들이 연출될 수밖에 없다.

과거의 전쟁에서는 승자가 모든 것을 가지는 약육강식(弱肉强食)의 논리가 지배했었다. 승자는 정치적인 승리는 물론이고 도덕적인 승리도 얻었으며, 전쟁의 승리를 통해 정치적인 목적 또한 쉽게 확보할 수 있었다. 과거나 지금이나 전쟁은 많은 비용을 필요로 하는데, 과거의 전쟁에서 승전국은 패전국에게 직접 전쟁비용을 청구하거나, 아니면 간접적인 방식으로 그것을 확보할 수 있었지만 지금은 그렇게 단순하지 않다. 오히려 승자가 막대한 전쟁비용까지 떠안아야 하는 경우까지 발생하고 있다. 과거 압도적인 힘을 통해 상대국을 점령하여 군사적 항복을 받아냈던 전통적인 전쟁과 달리, 지금의 전쟁은 양 진영 모두 과거와 같은 의미에서 승자 혹은 패자로 구분하기 어려운 상황이다. 따라서 전쟁의 전 과정에서 윤리와 관련된 고려 없이 전쟁을 수행하는 것은 과거와 달리 위험부담이 많은 일이 될 수밖에 없기 때문에, 그런 의미에서 전쟁과 관련된 윤리적인 고려가 무엇보다 중요한 시대가 되었다. 전쟁 양상의 변화와 국제정세의 변화는 전쟁과 그것의 윤리성에 대한 관심을 불러일으켰으며, 전쟁윤리가 전쟁의 승패를 좌우하는 결정적인 요소로 평가받고 있다. 이러한 상황에서 군의 간부들에게 전쟁윤리에 대한 고민과 실질적인 준비는 필수적인 요소로 부각되고 있다.

제2장
전쟁에 대한 윤리적 관점

개요

본 장에서는 전쟁에 대한 여러 가지 윤리적 관점들을 살펴보았다. 과거 종교가 사회 전반에 영향을 끼쳤던 시절의 성전론과 전쟁의 폐해를 지적하며 등장했던 평화주의사상 그리고 그와 대척점에서 전쟁을 옹호하는 현실주의(군사주의)와 윤리적으로 옳은 전쟁을 추구했던 정의전쟁론의 입장을 살펴보고, 이를 통해 전쟁윤리에 대한 보다 넓은 이해를 얻고자 한다.

학습내용

1. 성전론(Holy War Theory)
2. 평화주의(Pacifism)
3. 현실주의(Realism)
4. 정의전쟁론(Just War Theory)

1. 성전론(Holy War Theory)

성전(Holy War)이란 무엇인가? 사전적인 의미로 간단히 말하면 종교적인 목적(사명)을 가진 전쟁이다. 성전은 과거의 유물이라 치부할 수도 있겠지만, 아직까지도 일부 국가에서는 전쟁과 관련하여 성전의 입장에서 접근하는 경우들이 있다. 이슬람 국가들과 무장테러단체들은 지금도 말 그대로의 성전(지하드/Jihād) 개념을 사용하고 있다. 이슬람권만의 이야기가 아니다. 9 · 11 테러 이후, 이라크와의 전쟁을 시작하면서 미국의 부시 대통령(George W. Bush)은 종교적인 언급을 주저하지 않았었다.[18] 물론 그것이 개인의 순수한 종교적 표현인지 정치적인 전략인지 확인할 길은 없지만, 분명한 사실은 여전히 전쟁에 있어서 종교는 특별한 기능과 역할을 하고 있다는 것이다.

성전의 대명사처럼 불리는 유럽의 십자군 전쟁(Crusadesa)은 당시에는 매우 타당해 보였다. 이교도들에게 빼앗긴 성지를 탈환하여 신에게 영광을 돌리는 전쟁, 흡사 구약성경에 등장하는 이스라엘 백성들이 가나안 땅에서 이방인들을 몰아내고, 축복의 땅, 약속의 땅을 차지하는 일과 십자군 전쟁을 동일시할 만큼 설득력이 있었다. 성직자들의 연설에 감동하여, 자신들은 성전을 수행하고 있다고 생각하고, 정당성을 부여받은 제후와 민중들에게 윤리적인 고려는 전혀 필요치 않았다. 이것은 지하드를 통해 천국의 약속을 받았다고 믿는 이슬람의 전사들에게도 동일하게 나타나는 모습이다. 이슬람의 성전(聖傳)을 뜻하는 지하드(Jihad)라는 단어의 원래 뜻은 노력, 시도, 애

---

18 미국의 부시(George W. Bush) 대통령은 "이번 전쟁은 새로운 종류의 악(Evil)에 대항하는 투쟁이며, 테러를 응징하는 십자군 전쟁(This crusade, this war on terrorism)"이라는 표현을 사용하였다. "This is a new kind of — a new kind of evil. And we understand. And the American people are beginning to understand. This crusade, this war on terrorism is going to take a while, and the American people must be patient."

씀 등의 뜻을 가지고 있는데, 이것은 이슬람 국가의 모든 구성원들에게 집단적으로 부과된 정치적인 의무로 지상에 이슬람을 보편화시키고, 알라의 통치권을 확립하기 위한 목적으로 시행되며, 무조건적으로 정당한 전쟁이다.[19] 극단적인 입장을 취하는 사람들은 심지어 폭탄테러에 어린 아이들을 참여시키기도 한다. 이처럼 성전은 자신이 신의 편에 서 있다고 확신하는 순간, 자신을 신과 동일시함으로써 자신과 다른 견해를 가진 사람들을 악으로 규정하고, 신의 목적을 위해 어떠한 수단도 정당화된다는 점에서 윤리적인 관점에서 보았을 때, 매우 위험한 사상이며 오늘날 받아들여지기 어려운 관점이다.

성전(聖戰)과 중세의 십자군 전쟁

중세의 구약 전쟁에 대한 잘못된 이해가 낳은 비극을 제대로 보여주는 것은 바로 십자군 원정이다. 당시 중세 유럽에서 십자군 전쟁은 매우 설득력 있는 전쟁처럼 보였다. 이교도들에게 빼앗긴 성지를 탈환하여 신에게 영광을 돌리는 전쟁, 흡사 구약성경에 등장하는 가나안 땅에서 이방인들을 몰아내고, 축복의 땅, 약속의 땅을 차지해야 하는 이스라엘의 사명과 자신들을 동일시할 만큼 설득력이 있어 보이는 전쟁이었다. 이런 점에서 엄청난 호응을 얻어내기도 했지만, 그 시작부터 많은 것이 어긋나 있었다.

19 그리스도교 철학연구소, 『현대사회와 평화』, pp. 112-114.

20 제159대 교황(1088. 3. 12~1099. 7. 29)으로, 1차 십자군 원정(1096~1099)을 계획했으며, 오늘날 로마 교황청 조직의 기틀을 마련한 사람으로 알려져 있다.

실제로 전쟁 참여를 독려하기 위해, 교황 우르바누스 2세[20]는 클레르몽에서 열린 회의에서 기독교에 대한 이슬람교의 승리는 기독교 세계의 수치라고 말하면서, 귀족들 상호 간의 끊임없는 아귀다툼을 그만두고, 동방교회를 돕고 성지를 회복하기 위해 칼끝을 기독교의 적들에게 돌려야 한다고 역설했다. 그는 심지어 "이는 성전이 될 것이며, 이 전쟁에서 죽는 자는 모두 천국에서 보상을 받을 것이다"라고 말했다. 회의가 끝난 후에 교황은 프랑스를 순회하면서 설교했고, 그에게 영향을 받은 더 열정적인 설교가들은 다른 나라를 다니면서 설교했다. 유감스럽게도 교황의 정열은 농촌 지역 곳곳에 십자군을 선전하고 돌아다니던 설교가들에게 옮아 붙었지만, 교황의 건전한 상식은 그들에게 옮아가지 못하였다. 교황은 휘하의 병사들을 먹이고 입힐 수 있는 제후만을 참가시키려고 하였으나, 설교가들은 가난한 기사와 모험적인 농민들에게 십자가를 마구 뿌렸다. 그들은 아무런 준비 없이 성지를 향해 나아갔고, 약탈자로 돌변했고, 이것은 십자군 전쟁의 하나의 관례가 되어 버렸다. 성직자들의 설교에 감동하여 자신들의 전쟁 참여에 정당성을 부여받은 제후와 민중들은 자신들이 성전을 수행하고 있다는 생각에 자신들의 잘못을 정당화했다.[21]

2. 평화주의(Pacifism)

사실 평화주의는 다양한 입장을 가지고 있기 때문에 간단하게 정의 내리기는 어렵다. 우선 절대적인 평화와 상대적인 평화를 말하는 입

21 브라이언 타이어니, 『서양 중세사』, 서울: 집문당, 1998, pp. 254-255.

장이 있다. 모두 정의로운 전쟁에 대해서는 반대하지만, 후자의 경우에는 어쩔 수 없는 대안으로 전쟁을 선택해야 한다면 대량살상무기의 사용을 제한하고, 적에 대한 최소한의 공격만을 허용하는 엄격한 조건하에 수행되어야 한다고 주장한다. 각자가 가진 입장의 강조점과 성격에 따라, 폭력과 관련하여 인간의 존엄성의 문제를 강조한 인문주의적 평화주의(humanistic pacifism), 종교적인 교리나 경전의 가르침에 따라 폭력을 반대하는 종교적 평화주의(religious pacifism), 그리고 비폭력이 폭력을 사용하는 것보다 정치적이나 사회적으로 더욱 실효성이 있다고 생각하는 실용적 평화주의(pragmatic pacifism) 등의 다양한 전통이 있다. 전쟁에 대해 혐오하는 극단적인 평화주의와 전쟁과 윤리를 분리하려는 현실주의를 극복하려고 하는 실용적 평화주의의 관점에서는 전쟁 또한 하나의 사회적인 활동이기 때문에, 도덕적 평가로부터 자유로울 수가 없다고 보고, 경우에 따라 적극적으로 전쟁을 지지하기도 한다. 이러한 실용적 평화주의는 모든 폭력을 배제하지 않는다. 물론 호전성과는 거리가 멀지만 경우에 따라서는 전쟁을 수용하거나 옹호하기도 한다.[22]

절대적인 평화를 외치는 사람들은 전쟁은 가치 없으며, 사람을 죽이는 것은 어떠한 경우에도 정당화될 수 없다고 주장한다. 그들은 폭력을 사용하는 것보다 비폭력을 통해 더 좋은 결과를 얻어낼 수 있다고 생각한다. 그래서 어떤 경우에도 폭력을 사용하거나 전쟁에 참여하는 것을 거부한다. 제1차 세계대전 당시 영국의 평화주의자들은 직접적인 전투요원뿐만 아니라, 군수품을 생산하거나 수송하는 것과 같은 간접적인 작업 또한 전쟁을 지원하는 일이라고 생각하여 거부했다. 제2차 세계대전 당시 미국에서는 극단적인 평화주의적 입장의 기독교 교단인 메노나이트(Mennonites) 교인들이 자신들의 농산물이 군인들의 보급품으로 사용될 수 있다는 것과 관련하여 우려를 표하기도 했다. 평화주의

22 국방부, 『간부용 군대윤리』, p. 178.

의 입장에서는 전쟁은 반도덕적인 폭력행위를 포함할 수밖에 없기 때문에, 결코 일어나서는 안 될 일이었으므로, 정의로운 전쟁에 대한 논의 자체를 거부한다.

하지만 모두의 바람인 평화는 소극적으로 이룰 수 있는 것이 아니라 적극적으로 지켜나가야 하는 것이라는 점에서 평화주의는 이상적인 최선을 추구하지만, 결국 최악의 결과를 맞이할 위험이 있다. 평화는 생각보다 더 복잡한 구조를 가진다고 할 수 있다. 노르웨이의 평화학자 요한 갈퉁(Johan Galtung)[23]은 소극적 평화(negative peace)와 적극적 평화(positive peace)를 구분하여 설명했는데, 소극적 평화란 집단 혹은 국가 사이에 직접적이고 조직적인 폭력이 없는 상태이고, 적극적 평화란 집단 혹은 국가 간의 협력 및 분쟁의 근원적 원인이 제거되어 지속 가능한 평화가 성취되는 것을 의미한다. 갈퉁은 평화를 위해서는 소극적 평화를 목표로 하는 치료적 처방과 적극적 평화를 지향하는 예방적 처방이 필요하다는 점을 강조했다.[24]

3. 현실주의(Realism)

영어 속담 "사랑과 전쟁에는 모든 것이 정당하다(All is fair in love and war)"라는 말처럼, 전쟁에 대한 윤리적인 평가에 대해 회의적이거나, 중립적인 태도를 취하는 사람들이 많았다. 현실주의는 전쟁이 부도덕

23 요한 갈퉁(Johan Galtung, 1930-)은 노르웨이의 평화학자로 노르웨이 국제평화연구소 창설자이며 오슬로대학교에서 평화와 분쟁 연구 교수로 재직하였다. 1964년 세계 평화학회를 발족하였다.

24 요한 갈퉁, 『평화적 수단에 의한 평화』, 들녘, 2000, pp. 19-21.

(immoral)하다고 말하는 평화주의와는 대조적으로 전쟁과 관련해서 윤리를 이야기하는 것은 무의미(nomoral)하다고 말한다. 왜냐하면 현실주의는 전쟁이 인간의 본성과 무관하지 않다는 사실을 전제하고 있고, 이러한 전쟁은 정치적 목적을 달성하기 위한 정책적인 수단에 불과하다는 클라우제비츠의 인식을 그대로 수용하고 있으며, 한 사회의 구성원들 사이에 지켜야 할 도덕적 관계가 국가 간에 그대로 적용될 수 없다고 생각하기 때문이다.[25] 이처럼 현실주의자들은 전쟁에 도적적인 고려를 하는 것을 거부한다. 사실 현실적인 고려가 도덕적인 고려보다 전쟁 상황에 더 절실하며, 도덕적인 결정이 만들어 낼 비극적인 결과를 두려워하기 때문이다. 현실주의는 전쟁 상황에서 윤리를 운운하는 것은 유토피아적인 것으로 간주한다. 국가적으로 현실주의는 자국의 이익을 최우선으로 하며, 만약 국가에 이익을 가져다준다면 전쟁을 수행할 수 있고, 그렇게 해야 한다는 것이다. 고대 그리스에서 이러한 현실주의는 전쟁을 할 것인지, 아닌지를 결정해야 하는 갈림길에서, 정의란 전쟁에서 이길 수 있을 만큼의 우세한 조건을 가지는 것이고, 약자는 양보하는 것이 자연스럽고 필연적인 것으로 보았다. 현실주의에서 자연의 필연성 논변은 어떠한 전쟁에도 정당한 변명의 여지를 제공해 줄 수밖에 없다.[26] 클라우제비츠의 『전쟁론』에서도 전쟁은 힘의 작용과 반작용의 결과로 일어나는 것인데, 힘의 긴장관계(균형)가 깨어질 때 전쟁이 일어나며, 적대자가 힘을 되찾아 도전과 보복을 할 수 없도록 해야 하기 때문에, 적을 무장해제하기 위해서는 무제한적인 힘을 사용할 필요가 있다고 말했다.[27]

이러한 현실주의는 국가의 이익과 전쟁의 승리에만 집중한 나머지

---

25 국방부, 『간부용 군대윤리』, pp. 170-171.

26 이혜정, "전쟁의 도덕성에 대한 철학적 고찰", 『철학연구』 65, 2004, p. 285.

27 클라우제비츠, 김홍철 역, 『전쟁론』, 서울: 민음사, 1004, p. 79.

전쟁을 통해 국가의 이익에 도움을 줄 수만 있다면 모든 것을 정당화할 수 있다는 맹점을 가진다. 승리를 위해서는 어떠한 수단(무기)도 사용할 수 있으며, 전쟁 가운데 벌어지는 참혹한 폭력과 성범죄를 비롯한 갖가지 불법적인 일들에 면죄부를 주게 된다.[28] 현실주의는 전장을 도덕과 무관한 곳으로 규정하기 때문에, 어떠한 전쟁에 대해서도 정당화할 수 있는 위험성 가운데 무력에 기초한 무법적인 국제질서가 형성될 위험이 있다. 이러한 상호불신의 국제질서에서 상대국가는 항상 위험하고, 잠재적인 위협국가일 수밖에 없다. 현실주의자들에게 전쟁을 억제할 수 있는 방법이란 무기 억지력, 힘의 균형, 맞대응전략(tit for tat), 상호협상을 통한 충돌완화 등이 전부이다. 하지만 이러한 힘의 균형은 언제든지 깨질 수 있기 때문에 현실주의는 치명적인 한계를 가지고 있다.

4. 정의전쟁론(Just War Theory)

정의전쟁론은 현실주의의 '자연의 필연성'이 아니라, 정의(justice)에 입각하여 전쟁의 문제를 다루려는 입장이다. 물론 이러한 접근방식이 항상 완벽하고 언제나 성공했던 것은 아니다. 인류의 역사가 증명하듯이 정의전쟁론이 전쟁을 억제하기보다는 승자의 전쟁에 면죄부를 주거나, 전쟁개시의 윤리적 부담을 덜어주는 도구로 사용된 경우도 많았다. 정의전쟁론은 그리스와 로마의 정부와 정치인의 책임에 대한 정치원

28 제2차 세계대전 당시, 자유프랑스군(Free French)과 함께 참전했던, 모로코 용병들의 계약조건에는 적지에서의 강간과 약탈을 허용하는 부분이 포함되어 있었다. 부대의 사기진작과 작전수행에 필요하다면 도시를 약탈하는 행위가 합법적으로 허용되었던 것이다. Michael Walzer, Just and Unjust Wars, Basic Books, 1977, pp. 133-134.

리와 법체계에서 시작되었으며, 정치인들을 위한 윤리적인 교리로 받아들여졌다. 이후 본격적으로 정의전쟁론을 체계화시킨 사람은 기독교 사상가인 어거스틴(Augustine of Hippo)이다. 그는 이민족의 로마 침략에 대하여 국가가 과연 폭력을 사용할 수 있는가와 관련하여 입장을 정리할 필요가 있었다. 그는 로마의 스토아 철학자 세네카의 사상을 발전시켰다는 평가를 받는데, 세네카는 평화를 위한 수단으로 방어와 보복을 위한 전쟁만이 정당한 전쟁의 기준이라 주장했다. 로마인들은 형식적이고 법적인 차원에서 정당한 전쟁의 기준을 마련하려 했다.[29] 하지만 어거스틴은 공공선(public good)을 보호하고, 국민들의 안전을 지키기 위해 폭력과 전쟁의 정당성과 관련하여 이론을 전개했다. 어거스틴은 이기적인 욕망이 아니라 이웃을 향한 사랑의 목적에서 전쟁을 수행해야 한다고 주장했다. 전쟁과 무력사용을 정당화하는 것은 기독교 윤리의 부패가 아니라 전략상의 변화라고 주장했다. 전쟁에 참가하는 것은 이웃을 사랑하기 위해 마지막으로 선택하는 방편이 될 수 있다는 것이다. 국가와 국민을 보호하기 위해서는 무력사용이 정당화될 수 있었다.

전쟁이 정당성을 지닐 수 있다는 입장에 서게 되면 다음과 같은 고민을 할 수밖에 없다. 첫째, 어떤 상황과 환경에서 무력을 사용하고, 전쟁에 참여할 수 있는가? 둘째, 전쟁에 참여하게 되었을 때, 어떤 형태로 무력을 사용할 수 있는가? 이러한 고민과 관련하여 원칙을 제공해 주는 것이 바로 정의전쟁론의 전쟁개시의 정당성과 전쟁수행의 정당성이다. 첫 번째인 전쟁개시의 정당성(jus ad bellum)은 전쟁의 시작과 관련된 정당한 조건에 대한 기준을 제시하며, 두 번째인 전쟁수행(수단/과정)의 정당성(jus in bello)은 전쟁과정에서 어떤 무기를 사용하고, 어떤 행위가 가능한지에 대한 기준을 다룬다. 하지만 전쟁양상의 변화와 새로운 국제정세로 인해, 전통적인 전쟁윤리만으로는 감당할 수 없는 요소들이 많

29 이민수, 『전쟁과 윤리』, 서울: 철학과 현실사, 1998, pp. 20-29 참조.

다는 것이 부각되면서, 마지막으로 새롭게 대두되고 있는 부분이 전쟁종식 '전후'의 정당성(jus post bellum)의 문제이다. 이는 전쟁종식의 정당한 절차에 대해 다룬다. 전통적인 정의전쟁론에서 직접적으로 다루지는 않았지만, 전통적인 정의전쟁론의 입장의 약점을 보완하고, 변화하는 시대적 요구에 따라 핵심적으로 다뤄야 할 부분들, 전쟁양상과 국제정세의 변화와 관련하여 더욱더 중요하고 복잡한 영역을 포함하고 있다. 특히 최근에 중요시되는 안정화 작전 등과 관련하여 주의 깊게 봐야 할 부분이기도 하다.

제3장
정의로운 전쟁의 과제

개요

본 장에서는 정의전쟁론의 3가지 과제를 다룬다. 정당한 전쟁과 관련하여 가장 중요한 어떤 상황에서 전쟁이 가능한지를 다루는 전쟁개시의 정당성 문제와 과학기술의 발달로 인해 더욱더 심각한 문제를 가져올 수 있는 전쟁수행의 정당성 문제, 그리고 전통적인 전쟁윤리에서는 부각되지 않았지만, 그 중요성이 더욱더 강화되고 있는 전쟁종식의 정당성과 관련된 정의로운 전쟁의 과제를 살펴보았다.

학습내용

1. 전쟁개시의 정당성(Jus ad bellum)
2. 전쟁수행의 정당성(Jus in bello)
3. 전쟁종식의 정당성(Jus post bellum)

1. 전쟁개시의 정당성(Jus ad bellum)

사실 정의전쟁[30]이론과 관련하여 가장 중요한 요소는 개시의 정당성 문제이다.[31] 하지만 과거 전쟁개시의 정당성이 침략전쟁을 옹호하거나 승자의 편에서 정당화를 위한 도구로 전락할 위험성을 보여주는 사례들이 많기도 했다. 그만큼 이 부분이 중요성을 보여주는 것이기도 하다. 개시의 문제에서는 전쟁을 시작할 수 있는 조건에 대해 설명한다. 물론 이러한 것들이 충족되면 무조건 전쟁을 수행해야 한다는 것은 아니고, 이런 조건에서 전쟁이 고려될 수 있음을 말하는 것이다. 사실 어떤 의미에서는 이러한 조건들이 다소 제한적이긴 하지만 전쟁을 억제하는 기능을 가지기도 한다. 물론 그 반대로 전쟁을 정당화하는 도구로 사용될 수도 있다. 전쟁개시의 정당성과 관련해서는 일반적으로 5가지 원칙을 다룬다.[32]

첫째, 정당한 원인(just cause)이다. 이 원인 중에 대표적인 것이 공격당한 나라를 침략으로부터 보호하는 것이다. 역사적으로 형성된 정의로운 전쟁이론에서 정당한 원인이란 공격에 대해 자신을 방어(defense against attack)하는 것, 불의하게 점령당한 것을 회복하려는 것, 그리고 악행을 응징하는 것이었다.

하지만 자기 방어적 전쟁만을 정당한 원인으로 보게 될 경우, 정의로운 전쟁의 본래 정신을 제대로 반영하지 못한다는 비판이 있다. 합법적인 무력사용의 정당한 원인을 국가의 주권과 주권 안에 있는 국민을

---

30 정당전쟁 또는 정당한 전쟁을 의미한다.

31 Mark J. Allman, Tobias L. Winright, After the Smoke Clears: The Just War Tradition and Post-War Justice (New York: Orbis Books, 2010), 68. 브라이언 오렌드는 전쟁개시의 정당성이 확보되지 못할 때, 그러한 침략자에 의한 평화는 정의로울 수 없기 때문에, 전쟁개시의 정당한 원인은 전쟁의 결과에도 영향을 끼칠 수밖에 없는 것이다.

32 신원하, 『전쟁과 정치』, 서울: CLC, 2003, pp. 197-203.

방어하는 것으로 축소해 버릴 경우, 국제사회에서 독재자들의 비인도적인 만행에 대해 다른 나라의 개입 가능성을 어렵게 만든다는 비판이 있었다. 특히 20세기 후반에 국제사회가 적극적으로 분쟁에 개입하는 전쟁이 많아지면서 정당한 원인에 대한 현실적이고 본질적인 재검토의 필요성이 대두되었다. 프린스턴의 정치학자인 마이클 왈저(Michael Walzer)[33]는 침공을 받지 않은 상태라고 하더라도 "임박한 위협에 대한 정당한 공포"(a just fear of an imminent danger)를 원인으로 전쟁을 수행할 수 있다고 주장했다.[34] 그리고 자국 영토 밖에서 일어나는 문제는 물론이고, 인권을 보호하기 위한 인도주의적 차원에서 개입하는 전쟁, 즉 "인도적 개입"(humanitarian intervention)도 전쟁의 정당한 원인으로 인정해야 한다고 주장했다.

둘째, 정당한 의도(just intention)이다. 전쟁을 일으키는 동기와 전쟁의 목표가 정의로워야 한다. 궁극적인 목적은 상대방의 파멸이 아니라 파괴된 평화를 회복하는 것이다. 자신의 영토를 확대하거나 상대를 위협하기 위한 목적으로 전쟁을 수행하는 것은 적절하지 못하다는 것이다. 전쟁은 잘못된 것을 교정하고 정의를 확립하며 잃어버린 평화를 되찾는 수단이어야 한다.

따라서 평화가 회복될 가능성을 파괴할 수준으로 전쟁이 수행되어서는 안 된다. 인류의 안전을 위협하고 생명의 가치를 경시하게 만들어서는 안 된다. 진정한 평화란 단순히 분쟁이 없는 상태가 아니라, 정의롭고 조화롭게 관계가 형성되는 것을 목적으로 해야 한다.

---

33 마이클 왈저(1935~)는 1961년 하버드 대학에서 박사 학위를 받은 후 1962년부터 프린스턴대 조교수, 1966년부터 1980년까지 하버드대 교수로 일했다. 프린스턴 고등연구소(Institute for Advanced Study) 사회과학부 교수로 재직하다 2007년 명예교수로 위촉되었다. 시사 평론지 『뉴 리퍼블릭』(The New Republic)의 편집인이며, 2014년까지 정치평론지 『디센트』(Dissent)의 공동 편집자로 30년 이상 활동했다.

34 Michael Walzer, *Just and Unjust Wars: Moral Argument With Historical Illustrations*, New York: Basic Books Inc., 1977, p. 77.

셋째, 최후의 수단(the last resort)이어야 한다. 전쟁은 어떤 방법으로도 결코 평화를 회복할 수 없을 때에 사용되는 마지막 수단이어야만 한다. 무력을 사용하기 전에 가능한 모든 평화로운 수단과 방법을 동원하여 분쟁 해결을 위해 노력해야 하고, 불가능할 때 마지막으로 선택하는 수단이어야 한다.

국가의 책임자는 전쟁에 앞서, 가능한 모든 평화적인 수단과 방법을 사용해야 한다는 것이다. 예를 들어, 외교적인 협상, 압력은 물론이고 국제적인 제재를 비롯한 다각도의 방법을 동원해야 한다. 또한 단기간의 협상 시한을 두고 문제를 해결하려 하거나, 국민 여론 형성을 통해 전쟁을 수행하려 해서는 안 된다는 것이다.

넷째, 합법적인 권위(lawful authority)를 지닌 정부에 의해 공적으로 선포(official declaration)되어야 한다. 전쟁은 결코 어떤 개인이나 사적인 그룹에 의해 수행되어서는 안 된다.

현재 국제법은 정치적인 주권을 합법적인 권위로 인정하여, 침공당한 주권 국가만이 자기 방어를 위한 전쟁을 수행할 수 있는 합법적인 권위를 행사할 수 있도록 명시하고 있다. 그런데 현대의 정의전쟁론에서는 정당한 권위를 개별적 주권국가로만 한정하는 것에 문제를 제기한다. 그렇게 되면, 독재자와 관련된 국제사회의 개입이 불가능하기 때문이다. 따라서 전쟁의 정당한 원인을 자국의 방어만이 아니라 지구촌의 방어로 확장할 수 있다고 말한다. 그렇게 되면 전쟁수행의 합당한 권위도 국제적 대행자로 확대할 수 있는데, 현재로서는 국제연합(United Nation)이 가장 합법적인 기관이라는 것이다.

다섯째, 전쟁을 수행할 때는 승리의 가능성(feasibility of victory)이 있어야 한다. 전쟁을 유발하게 한 재난을 극복하고 그 이전의 평화로운 상태 또는 더 나은 상태로 만들 수 있는 가능성이 있어야만 그 전쟁은 정당한 전쟁으로 평가될 수 있다.

전쟁을 통해서, 정의로운 의도가 실현되지 않는다면 그 전쟁은 결코 정당한 전쟁이 될 수 없다는 것이다. 전쟁이란 그 특성상 수행과정에서 희생과 피해가 발생하기 마련이다. 그렇기 때문에 의도하는 목적이 성취될 수 있다는 분명한 전망과 가능성이 있어야만 한다. 물론 이와 관련하여 공리주의적이라고 비판할 수도 있지만, 정의로운 의도와 목적을 가지고 있다고 하더라도, 전쟁을 통해 그것이 이뤄질 가능성이 현저히 낮다면 시작하지 않는 것이 더 유익하다는 것이다. 만약 의사가 실패할 것이 명확한 수술을 그저 환자를 살리고 싶다는 좋은 의도에서 시행해서는 안 되는 것과 같은 원리이다.

이와 같은 조건들을 엄격하게 고려하여 전쟁을 시작한다는 것은 말처럼 쉽지 않다. 사실 전쟁개시 정당성의 기준을 엄격하게 적용할 때, 역사적으로 정의로운 전쟁으로 평가될 수 있는 전쟁은 그리 많지 않다. 일반적으로 정의로운 전쟁이라 평가되는 현대의 전쟁들 가운데도 학자들마다 이견(異見)을 보이기도 한다.[35] 이처럼 정의로운 전쟁이론의 기준에 맞춰 정의로운 전쟁을 시작하는 것은 간단하지 않기 때문에, 어떤 면에서는 전쟁 시작을 어렵게 만드는 이론이고, 정의로운 전쟁에 대한 이론인 동시에 전쟁을 억제하는 역할 또한 기대할 수 있다. 하지만 다른 관점에서 본다면 매우 관념적이고 실효성이 없으며, 오용될 위험성 또한 상존한다. 실제로 엄격하게 적용하면 어떤 전쟁에도 적용될 수 없을 정도로 관념적이고 이상적이며 실효성이 없다. 반대로 느슨하게 적용될 경우에 전쟁을 쉽게 시작할 수 있는 조건을 조성하고, 승자의 전쟁을 정당화하며, 면죄부를 주는 방향으로 오용될 위험성을 동시에 가진다.

---

35 David P. Gushee, "Just war divide: one tradition, two views," *The Christian Century*, 17, 2002, pp. 26-28. 심지어 대부분의 학자들이 불의한 전쟁이라 규정한 베트남전에 대해서도 무조건 비판할 수 없다는 취지의 평가를 내리는 학자도 있다. Paul Ramsey, "Is Vietnam a just War?" *The Just war: force and political responsibility*, Lanham, MD: University Press of America, 2002, pp. 497-522.

전쟁개시의 정당성의 관점에서 본 이라크 전쟁

2001년 9월 11일 오전, 미국 뉴욕의 세계무역센터와 워싱턴 D.C.의 국방부 건물에 대한 테러로 인해 미국은 순식간에 공포와 혼란에 빠졌다. 2,977명의 사망자와 400억 달러에 이르는 경제손실을 입었으며, 이로 인해 미국인의 분노는 극에 달했다. 부시(George W. Bush) 대통령은 이슬람 근본주의 단체인 알 카에다를 테러의 배후로 지목하고, 그 지도자인 오사마 빈 라덴 체포를 위해, 그들의 활동 거점인 아프카니스탄의 탈레반 정권에게 신병인도를 요구했다. 그러나 이를 거절당하자, 2001년 10월 7일 특수부대와 미국 CIA를 중심으로 구성된 군사력을 동원하여 아프카니스탄을 침공했다. 미의 작전은 성공적이었다. 대규모 지상군의 파병 없이, 특수부대와 공군력만으로 승리를 거두었고, 유엔의 승인 없는 전쟁수행이었지만 사후 승인을 확보했으며, 아프카니스탄의 상황은 빠르게 안정화에 접어들었다. 하지만 테러대응전쟁의 불길은 이라크로 확대·고조되어 갔다. 미국 내에서는 9·11 테러로 인해 이라크와 관련된 여론이 계속 악화되었으며, 부시 대통령은 2002년 1월 국정연설에서 북한·이라크·이란을 '악의 축'으로 규정하였다. 미국은 이라크의 대량살상무기(WMD:Weapon of Mass Destruction)를 제거함으로써 자국민 보호와 세계평화에 이바지한다는 대외명분을 내세워, 동맹국인 영국·호주와 함께 2003년 3월 20일 오전 5시 30분 바그다드 남동부 등에 미사일 폭격을 가함으로써, 이라크 전쟁 또는 제2차 걸프전쟁, 이라크 자유 작전(Operation Iraq Freedom)이라 불리는 전쟁이 시작되었다.

부시 대통령은 이라크 전쟁에 앞서, 국제사회의 지지를 얻기 위해 다양한 노력을 기울였다. 2002년 9월 12일 부시 대통령은 9·11 테러 1주년 유엔총회에서 연설하면서, 이라크가 테러조직을 지원하여 유엔 안보리 결의안(1373호)을 무시했고, 알 카에다 조직의 생존자들이 이라크에

피신해 있다며 비판했다. 2002년 11월에는 만장일치로 통과된 '유엔 안보리 결의한 1441호'는 이라크가 이전의 유엔 결의안을 무시하고, 대량살상무기와 탄도미사일을 개발하고 있다고 지적하면서, 유엔사찰에 협력하지 않으며, 거짓 보고를 한다는 내용을 포함하고 있었다. 미국정부는 이러한 배경 속에서 유엔이 이라크와의 전쟁을 승인할 수 있도록 안전보장이사회를 설득하기 위해 노력했다. 국무장관인 파월(Colin Luther Powell)은 이라크와의 전쟁 승인을 위해 2003년 2월 5일 유엔 안보리 전체 회의에 참석하여 이라크가 알 카에다를 보호하고 있고, 여전히 생화학 무기를 생산하고 있다고 주장했다. 하지만 프랑스, 러시아, 중국 등의 상임이사국은 미국의 이라크 공격에 동의하지 않았다. 미국의 입장에서는 유엔의 승인을 받아야 전쟁의 명분 확보는 물론이고, 다른 국가들의 군사적, 경제적 지원을 받을 수 있었지만, 결의안은 결국 채택되지 못했고, 전쟁을 위한 연합군의 구성은 유엔의 승인 없는 의지의 연합군(Coalition of the willing)으로 구성되었다.[36]

전쟁개시의 정당성이라는 관점에서 미국의 대(新)이라크 전쟁을 바라본다면 어떤 평가를 내릴 수 있을까? 앞에서 다룬 5가지 원칙의 관점에서 평가해 보도록 하자.[37]

첫째, 정당한 원인(just cause)이라는 기준에서 살펴보았을 때, 미국의 대이라크 전쟁은 침공에 대한 자기방어적 성격의 전쟁이라 평가하기 어렵다. 이라크는 미국이나 미국의 우방 국가를 먼저 침공하지 않았고, 미국에 대한 이라크의 미래적인 위협을 사전에 제거한다는 명분으로 선제공격을 한 것이기 때문에, 타국의 침공에 따른 자기방어를 위한 전쟁만을 정당화하고 있는 국제법의 기준에 부합하지 않는다. 물론 미국정부는

36 손석현, 『이라크 전쟁과 안정화작전』, 서울: 국방부 군사편찬연구소, 2014, pp. 44-47.

37 신원하, 앞의 책, pp. 197-203.

미래의 적의 공격에서 자국을 보호하기 위해서 수행한 자기방어적이고 예방적인 전쟁이기 때문에, 정당한 원인에서 축발된 전쟁이라 주장한다. 물론 예방적 전쟁의 정의와 범위와 관련해, 좀 더 자세한 논의가 필요한 상황이긴 하지만, 과연 이라크 전쟁을 진정한 예방적 전쟁으로 볼 수 있는가라는 의문이 남을 수밖에 없다.

둘째, 정당한 의도(just intention)의 기준에서 살펴봐야하는 것은 과연 이 전쟁이 이라크 지역에서 인권과 정의를 확립하고, 지구촌을 테러와 대량살상무기의 위협에서 보호하며, 평화를 도모하려는 의도에서 수행되었는가 하는 것이다. 물론 표면적인 대의명분은 그럴 수 있지만, 미국의 의도가 순수하지 못했을 것이라는 시각이 많다. 독재정권에 의해 희생되고 있는 이라크 국민들의 자유라는 전쟁의 명분은 다분히 수사학적 표현일 뿐이고, 중동에서의 미국의 패권유지와 원유확보라는 정치적이고, 경제적인 이익과 관련되었다는 것이 일반적인 분석이다.

셋째, 최후의 수단(the last resort)이라는 기준에서도 부정적인 평가를 피하기 어렵다. 전쟁수행 전에도 미국은 나름대로 협상 시안을 두고, 외교적인 방법을 통해 이라크의 무장해제와 대량살상무기 폐기를 요구했다. 비록 미국의 기대에 미치지는 못했지만, 상당한 진전도 있었다. 유엔의 무기 사찰단이 2002년 가을부터 강도 높은 사찰을 진행하기도 했었고, 보다 확대된 사찰이 진행된다면 무력이 아니라 외교력이나 국제적 제재를 통해, 이라크의 무장해제에 대한 해법을 발견할 수도 있었을 것이다. 그러나 미국은 인내하기보다는 전쟁을 선택했다. 사실 미국은 처음부터 사담 후세인을 제거하기 위한 계획을 가지고 있었고, 이를 위해 가장 효율적인 방법인 무력사용을 실행에 옮기게 된다. 최후의 수단이라기보다는 효율적인 방식을 선택한 것이라 보는 것이 적절한 것 같다.

넷째, 합법적 권위(lawful authority)라는 측면에서는 어떤가? 사실 미국은 이라크인의 자유와 해방이라는 인도적 개입 전쟁을 수행할 합법적인 권위를 가지고 있다고 보기 어렵다. 정의전쟁론에서는 전쟁을 수행할 수 있는 합법적인 권위는 주권 국가와 최고의 통치자에게만 있다고 말한다. 하지만 이라크에게 침공당했던 쿠웨이트처럼 정당한 권위를 침공당하고, 이미 주권을 빼앗긴 경우에는 아무도 그러한 권리를 행사할 수 없다는 문제가 생기고, 이는 이웃 국가의 고통을 무시하는 것이 되기 때문에 정의전쟁론에서는 자국의 방어뿐만 아니라, 지구촌으로 그 범위를 확장하고, 정당한 권위도 국제적 대행자로 확대할 수 있다고 주장한다. 현실적으로 국제연합(United Nation)이 가장 합법적인 국제적 정치구조이자 기관이라 할 수 있다. 물론 국제연합의 결정이 모든 나라에서 법적인 권위와 강제력을 가진 것은 아니지만 그 결정은 존중되어야 한다. 국제연합의 인준이 없고, 대다수의 국가들이 지지하지 않는 상태에서 전쟁을 수행하는 것은 적법성과 도덕적 정당성을 인정받을 수 없는 것이다.

다섯째, 승리의 가능성(feasibility of victory)이라는 관점에서는 어떤가? 전쟁을 통해 야기되는 피해를 최소화하기 위해 꼭 고려해야 하는 요소가 바로 승리의 가능성이다. 승리를 해야만이 목적과 의도가 관철될 수 있기 때문이다. 미국과 영국 동맹군은 전쟁의 승리를 낙관했고 실질적으로 승리했다. 그러나 과연 이 전쟁은 동맹군이 승리한 전쟁이라 평가할 수 있겠는가? 사담 후세인을 몰아내는 데는 성공했지만, 이라크 국민들에게 자유와 민주주의를 가져왔는지는 의문이다. 그리고 세계의 평화의 관점에서도 이바지했다고 말할 수 있을까 하는 의문이 생길 수밖에 없는 것이다.

2. 전쟁수행의 정당성(Jus in bello)

전쟁개시의 정당성에 이어 살펴볼 개념은 전쟁수행의 정당성 분야이다. 사실 이 부분은 매우 중요하면서도 준수되기 쉽지 않은 상황들을 포함하고 있다. 전쟁 중에 어떤 무기를 사용하고 적군과 포로를 어떻게 대할 것인가의 문제는 간단치 않다. 역사 속의 전범재판을 통해 확인할 수 있는 것처럼, 이는 복잡한 상황을 전제하고 있을 뿐 아니라, 일반적으로 승자에 대해서는 면죄부를 주고, 패자에 대해서는 더욱더 가혹하다는 평가를 받았다. 또한 승전국보다는 패전국의 범죄를 들추어내는 것에 관심이 집중되어 있다는 형평성과 관련된 의심을 받아 온 것이 사실이기에, 불완전성, 비일관성, 불명확성과 관련된 비판을 받아왔다.[38]

전쟁 중 무기 사용과 관련해서 과학기술의 발전으로 과거에 크게 문제가 되었던 것들이 해결되기도 하고, 새로운 문제들이 부각되기도 한다. 제2차 세계대전 당시 큰 논쟁을 일으켰던 문제 중에 하나는 민간인이 포함된 지역에 대량의 폭탄을 투하하는 작전의 정당성 문제였다. 심지어 왈저(Walzer)와 같은 학자들도 극도의 비상상황(Supreme Emergency) 이론을 통해 민간인에 대한 폭격 또한 정의로운 전쟁의 기준하에서 가능하다고 설명하기도 했다.[39] 하지만 첨단 무기체계의 발전과 함께, 이러한 논의들은 정의전쟁론의 주제에서 사라지고 있다. 첨단 무기체계의 발달은, 과거 무차별적 공중폭격으로 인한 민간인의 희생과 같은 윤리적 문제들을 사라지게 만들었지만, 반면에 새롭게 개발

---

38 이민수, 『전쟁과 리더』, p. 80.

39 Michael Walzer, *Just and unjust wars: a moral argument with historical illustrations*, New York: Basic Books, 2007, pp. 239, 252-253.

되는 대량살상무기와 드론, 로봇의 전쟁수행[40]과 같은 새로운 문제들이 계속 발생하고 있다. 이와 관련된 윤리적 고민들이 사후약방문(死後藥方文)이 되지 않기 위해서는 과학의 발전만으로 모든 것을 할 수 있다는 생각에서 벗어나야 할 필요가 있다. 일반적으로 전쟁수행의 정당성의 원리는 다음과 같은 3가지를 적용해 왔다.[41]

첫째, 공격은 제한된 목표(limited objectives)로 한정되어야 한다. 전쟁의 의도가 궁극적으로 평화를 회복하는 것이라면, 결코 그 나라가 일어설 수 없을 정도로 사회간접자산을 마비시키고 파괴하는 수준이 되어서는 안 된다. 여기에는 일반 시설, 건물, 그리고 자연까지도 포함된다.

20세기 코소보 전쟁에서 나토(NATO)군은 군사시설이라 볼 수 없는 방송시설을 폭격했다. 현대전에서 방송과 정보는 매우 중요한 요소이기 때문에 전쟁승리를 위해 필요한 조치였다. 하지만 기본적으로 방송시설은 공격의 대상이 될 수 없고, 폭격대상에서 제외되어야 하는 곳이다. 이와 같은 맥락에서 발전시설이 공격의 목표가 되기도 한다. 적의 동력을 끊어 놓는다는 측면에서는 전략적으로 필요하지만, 동시에 무고한 시민들의 생활을 공격하는 것이 되고, 병원을 비롯한 기초시설들의 마비는 생명의 위험과 직결될 수밖에 없는 것이다. 그리고 간과하기 쉬운 것 중에 하나가 자연 생태계에 대한 무차별적인 공격이다. 특히 강력한 화력의 무기를 통한 대대적인 공격은 생태계를 파괴하여 회복하기 어려운 상태로 만들기도 한다.

---

40 Thomas W. Simpson, Vincent C. Muller, "Just War And Robots' Killings," *Philosophical Quarterly* 66, 2016, pp. 302-322; Kenneth R. Himes, *Drones and the Ethics of Targeted Killing* (Lanham: Rowman & Littlefield Publishers), 2016. 인간 대신 전쟁을 수행하는 살인로봇(Killer Robot)과 드론을 이용한 살인과 관련된 윤리적 고민을 다루고 있다.

41 신원하, 앞의 책, pp. 207-210.

둘째, 민간인은 철저히 공격에서 배제되어야 한다(noncombatants immunity). 무고한 사람들이 결코 공격의 목표가 되어서는 안 된다. 이는 민간인뿐만 아니라 부상병이나 포로들도 포함된다.

전쟁의 목표가 불의를 응징하고, 평화를 회복하는 것이라면, 침략행위와 무관한 사람들은 결코 공격의 목표가 되어서는 안 된다. 하지만 민간인이 공격을 받았다고 해서 무조건 비판의 대상이 되는 것은 아니다. 이중효과의 원리(principle of double effect)처럼, 예외로 받아들여지는 경우도 있다. 어떤 공격행위가 두 가지의 효과를 가지고 있고, 그중에 하나가 민간인의 피해를 유발할 수 있는 상황에서 그것을 직접적으로 의도하지 않았다면 정당화될 수 있다는 것이다. 하지만 그렇다고 해서 민간인의 현저한 피해가 예상되는 상황에서 의도하지 않았으니 괜찮다는 식의 접근은 매우 위험하다.

셋째, 공격은 당한 피해를 능가하지 않는 범위에서 비례적 수단으로 행해져야 한다(proportionate means). 상대방의 무기 사용을 고려하지 않고, 공격무기를 무제한적으로 사용하면 안 된다는 것이다.

이 원칙의 핵심은 공격을 무한정으로 해서는 안 된다는 것이다. 한 도시가 공격당했는데, 상대 나라 전체를 파괴시킬 정도의 반격을 퍼부어서는 안 된다는 것이다. 하지만 국가의 힘과 군사력의 불균형이 뚜렷한 현대사회에서는 두 가지 양상이 뚜렷하게 나타나는데, 하나는 상대적으로 힘이 약한 나라들이 자신들의 목표를 달성하기 위해, 테러와 같은 비대칭적 공격 방식을 사용하는 것이고, 강대국의 경우에는 아군의 피해를 최소화하고, 전쟁을 조기에 종식시키기 위해 상대국에 과도한 무기를 사용하는 것이다. 하지만 이러한 방식은 윤리적인 문제를 일으킬 수밖에 없다. 21세기의 첫 전쟁이라 할 수 있는 미국의 아프가니스탄 대테러 전쟁은 이러한 특징을 잘 보여주었다. 미국 등 다국적군의 최첨단 전력으로 무차별적인 총공격에 나섰고, 탈레반 및 알 카에다는 테러에 기반한 비대칭전략을 통한 게릴라전으로 대응했고, 양측 모두에게 큰 피해와 후유증을 남길 수밖에 없었다.

전쟁개시의 정당성(Jus ad Bellum)의 원칙에 근거하여 시작된 전쟁이라고 하더라도, 전쟁 수행 과정에서 정당하지 못하면 불의한 전쟁일 수밖에 없다. 목적이 수단을 정당화할 때, 수단은 목적까지도 상대화하고 파괴할 수 있다. 아무리 정당한 이유로 시작한 전쟁이라고 하더라도 그 수행과정에서 불의한 일들이 계속된다면 그것은 불의한 전쟁일 수밖에 없고, 전투에서 승리한다고 하더라도 결국 전쟁에서는 실패했다고 평가받을 수밖에 없는 것이다.

과학기술의 발전으로 현대전에서 전쟁 수단의 문제는 근본적인 변화의 국면을 맞이했다. 20세기에는 파괴적인 핵무기의 등장으로 이전의 시대와는 전혀 다른 핵평화주의[42]와 같은 구상이 등장하기도 했고, 비대칭 대량살상무기 등 전통적인 방식으로 규정하고 평가하기 어려운 무기체계와 환경이 등장하게 되면서, 기존의 원리가 가진 방식에 대한 한계를 느낄 수밖에 없는 상황이 도래하고 있다. 그리고 이러한 무기 사용은 전후처리 문제에도 깊은 영향을 끼치고 있다.

---

42 핵평화주의는 어떤 면에서 핵무기 사용만은 막아야 한다는 생각에서 나온 '상대적 평화주의' 또는 '변형된 정의전쟁론'이라고 말할 수 있다. 이 입장은 핵무기 보유를 통해서 전쟁을 억제하는 것을 동의하면서도, 핵무기의 사용은 정당화하지 않는다는 점에서 전통적 평화주의와는 입장이 다르다. 하지만 결국 핵무기의 상호 폐기로 나아가기 위한 과정적 수단으로 핵의 보유를 인정하고 있기 때문에, 비록 잠정적으로 핵무기를 묵인하지만 사용은 결코 정당화하지 않는다. 왜냐하면 핵은 결국 인류의 공멸의 원인이 될 수 있기 때문이기도 하지만, 핵무기는 태생적으로 무제한적이고 무차별적이기 때문에 민간인과 군인 그리고 군사시설과 비군사 시설을 구별하여 공격할 수 없어, 정의전쟁의 조건을 만족할 수 없다는 것이다. [신원하, 앞의 책, pp. 151-154.]

3. 전쟁종식의 정당성(Jus post bellum)

전쟁종식의 정당성은 기존의 전통적인 정의전쟁이론의 부족함을 보충하기 위해 등장했다. 앞서 언급한 정당성과 관련된 비판은 2가지로 정리할 수 있는데, 첫 번째는 정의전쟁론이 인간에 대한 낙관론(이상주의)에 기초하고 있다는 것이다. 인간의 판단력과 도덕적 능력에 대한 낙관론에 기초해야만 이러한 원칙들이 정당한 전쟁을 가져 올 것이라 결론 내릴 수 있기 때문이다. 하지만 인간은 도덕적으로 옳다고 하더라도 이기심 또는 개인이나 국가의 이익을 위해서라면 무엇이든 정당화할 수 있는 존재라는 사실을 역사는 증언해 주고 있다.

두 번째 비판은 정의전쟁론이 전쟁의 개시를 억제하고, 전쟁 중 무력의 사용을 최소화하기 위해 만들어진 이론이지만, 반대로 전쟁을 일으키는 이데올로기로 악용될 가능성이 얼마든지 있고, 또 그렇게 사용되어왔다는 것이다. 강대국의 경우 무력을 사용하여 분쟁과 갈등을 해결하고 싶은 유혹에 빠지기가 쉽다. 왜냐하면 그것이 가장 쉽고 빠른 방법이고, 그럴 능력을 가지고 있기 때문이다. 그런 상황에서 정당전쟁론은 얼마든지 일종의 계기와 면죄부를 마련해 줄 수 있는 것이다.

이를 보강하기 위한, 전쟁종식의 정당성의 주제는 완전히 새로운 개념이라기보다는 과거에는 그리 부각되지 않거나 외면되었던 부분이라고 평가하는 것이 옳다.[43] 전쟁의 역사에서 존재했지만 주목받지 못했던 요소였던 전쟁종식의 정당성에 대한 관심은 정의로운 전쟁이론에

---

43 김형구, "국제법상 전후법(Jus Post Bellum)에 관한 현대적 논의: 개념과 원칙을 중심으로", 『국제법학회논총』 54, 2009, pp. 134-136. 저자는 자연법에 근거해서 휴고 그로티우스(Hugo Grotius, 1583-1645)와 바텔(Emmerich de Vattel, 1714-1767)도 전후법에 대한 논의를 포함하고 있었지만, 삼분법적인 접근방식을 이론적으로 확립한 사람은 임마누엘 칸트(Immanuel Kant, 1724-1804)라고 평가한다. 칸트는 전쟁과 관련하여 국가의 권리를 전쟁을 할 권리, 전쟁 중의 권리 그리고 전쟁 이후의 권리로 전쟁을 중심으로 해서 시간적 기준으로 구분하여 이론을 전개하고 있다.

새로운 전환점을 가져왔다고 평가할 수 있다. 사실 전쟁종식의 정당성은 전후 처리의 문제는 물론이고 전쟁개시와 전쟁 과정의 문제에까지 영향을 끼칠 수 있다는 점에서, 더욱더 포괄적인 정의로운 전쟁의 이론이라 말할 수 있다. 기존의 전쟁윤리는 사실 전쟁 예방의 차원은 물론이고, 전후의 문제를 해결하는 부분에서도 실질적인 도움을 주기에는 한계가 있었다. 하지만 전쟁종식의 정당성과 관련된 논의를 통해, 보다 포괄적인 접근이 가능해졌다고 평가할 수 있다. 이것과 관련해서 캐나다의 정치학자이자, '전쟁종식의 정당성'의 대표적인 학자 브라이언 오렌드(Brian Orend)[44]는 다음의 5가지 원칙을 제안한다.[45]

첫째, 전쟁종식의 정당한 근거(Just cause for termination)이다. 전쟁의 시작을 결정할 때처럼, 전쟁을 종식할 때에도 정당한 근거가 있어야 한다. 오렌드는 전쟁종식의 정당한 근거로 ① 침략국이 적대적 행위를 중지하거나 혹은 항복할 의사를 표현하고, ② 침략국이 전쟁을 통해 얻은 불의한 이익을 모두 제거하고, 침략적 행위와 관련된 피해 보상 및 범죄에 대하여 처벌받을 의사를 나타내는 가운데 평화체제로 전환하겠다는 등의 자세를 제시한다.

둘째, 올바른 의도(Right intention)이다. 오렌드는 승전국이 패전국에 복수하겠다는 태도와 관련해 경고한다. 전쟁종식의 정당성(Jus post Bellum)의 준칙에 근거해서 전쟁종식 과정을 밟아야지, 복수 행위를 통해서는 정의롭게 전쟁이 마무리될 수 없다. 하지만 전쟁은 복수를 부를 때가 있다. 특히 정의로운 전쟁을 수행하고 있다고 생각하는 승전국의 경우, 복수와 그 수단을 정당화할 위험성이 얼마든지 있는 것이다.

셋째, 합법적인 권위에 따른 전쟁종식(Public declaration, legitimate

---

44 캐나다 온타리오주 워털루(Waterloo) 대학의 철학 교수로, 전쟁종식의 정당성 분야의 세계적인 권위자이다.

45 Brian Orend, *War and Internatioanal Justice: a Kantian Perspective*, Waterloo: Wilfrid Laurier University Press, 2000, pp. 232-233.

authority and domestic rights-protection)이다. 전쟁종식 선언은 합법적인 권위를 가진 조직이나 기관에 의해 이루어져야 한다. 전쟁의 비극 속에서 혼란을 겪은 사람들에게 평화의 도래를 공적으로 알리는 것은 합법적인 권위를 지닌 정부가 맡아야 할 의무라는 것이다.

넷째, 구별(Discrimination)의 원칙이다. 전통적인 전쟁윤리의 두 번째 원리인 전쟁과정의 정당성(Jus in Bello)에서는 전투원과 비전투원을 구분해야 한다는 의미에서 이 원칙을 사용해 왔다. 오렌드는 이 개념을 빌려, 전쟁종식의 정당성에서도 구별이 필요하다고 말한다. 승전국은 전후처리 과정에서 패전국(침략국)의 일반 국민들과 전쟁 당사자인 군인, 정치지도자를 다른 기준으로 다루어야 한다는 점에서 구별의 원칙이 적용되어야 한다.

다섯째, 비례(Proportionality)의 원칙이다. 비례의 원칙 또한 전쟁과정의 정당성에서도 언급되는 부분인데 지나치게 과도한 공격을 통해 사상자를 늘이거나, 적국의 희생을 강요해서는 안 된다는 것이다. 오렌드는 십자군, 1차 세계대전을 예로 들면서, 적국의 국민들에게 지나치게 가혹한 징벌이나 고통을 주어서는 안 된다고 경고한다.

이처럼 전쟁종식 정당성의 원칙은 기존의 전쟁윤리와는 차별되는 분명한 특징을 가지고 있다. 무엇보다 승자 위주(勝者獨食)의 전쟁윤리가 아니다. 물론 그렇다고 해서 패자 위주라 할 수도 없다. 대신 평화중심의 전쟁윤리라고 평가하는 것이 적절하다. 사실 원론적으로 말해서 전쟁의 진정한 목표는 파괴 자체에 있는 것이 아니라, 더욱더 안정적인 평화를 지향하는 것이다. 더 나은 평화를 얻기 위해 전쟁도 불사하는 것이 전쟁을 수행하고, 준비(대비)하는 목적이다. 미군은 아프가니스탄과 이라크에서 전쟁을 수행하면서 군사적 승리만으로는 성공할 수 없다는 뼈저린 교훈을 얻었다. 주둔국이 안정화된 국가로 자립하고 안정화되어야만 성공한 전쟁으로 마무리될 수 있는 것이다. 제2차 세계대전 직후만 해도 단순히 점령국으로 종전 이후 패전국을 관리하는 목적으로 군정(MIlitary Goverment)이 실시되었다. 하지만 시대의 변화에 따라 주둔 국가 주민들과의 우호적인 관계 형성이 중요해지면서, 군정의 목적도 점령에서 지원과 협력으로 전환되었으며, 민사작전 혹은 안정화 작전이라는 용어를 사용하게 되었다. 단순히 전투를 잘하는 것으로는 전쟁의 본질적인 목적인 정치적인 승리를 거두기 어려워졌다는 것이다.[46] 그런 의미에서 전쟁종식과 관련된 정의로운 전쟁이론은 전통적인 것들에 비해 평화를 위해 가장 실효성이 있는 이론이라 평가할 수 있을 것이다. 특히 최근 들어, 정치학(Political Science)이나 전쟁과학(Military Science) 분야에서는 전쟁종식의 문제(Jus post Bellum)와 관련하여 많은 연구가 진행되고 있다.

전쟁종식의 정당성과 안정화작전

미국의 이라크 전쟁이 실패한 전쟁으로 평가받는 이유는 아무래도 전쟁종식의 정당성 문제와 관련이 깊다. 압도적인 군사력을 앞세운 미군과 연합군은 42일간의 주요한 전투를 통해 성공적으로 전쟁을 마무리하는 것처럼 보였지만, 이는 단지 전쟁의 시작에 불과했고, 새로운 형태의 전쟁이 8년 가까이 지속되었다. 미군은 42일간의 주요 전투 간 139명이 전사했으나, 이후 8년간 4,347명으로 30배가 증가하였다. 후세인 정권의 몰락과 함께 이라크의 국가제도가 함께 무너지면서 걷잡을 수 없는 혼란에 빠졌지만, 미군은 이런 상황에 대비해 훈련받지 못했고, 주요전투 상황과 비교했을 때 철저하게 준비하지 못했다. 미국이 주요 전투에서는

46 남성욱 외, "북한의 급변사태 이후 효율적인 안정화와 통합전략: 미군의 안정화 작전을 중심으로", 『국방연구』 제59권, 2016, pp. 4-9.

승리한 것이 분명했지만, 이것이 승리한 전쟁인가에 대해서는 많은 이견들이 있다. 미국은 이라크 재건을 위해 2003년 4월에 '재건 및 인도주의적 지원국'을 창설하여 이라크에 전개했다. 이들은 도착한 지 17일 만에 '임시 행정청'을 창설하여 재건활동을 진행하지만, 기존의 방침과 많은 부분에서 달랐다. 예를 들면, 재건 및 인도주의 지원국은 기존 이라크 정부조직과 군을 활용한다는 방침을 가지고 있었던 것에 반해, 행정청은 새롭게 조직을 재건하기로 하고, 기존의 바트당(Ba'ath Party)[47]과 이라크 군대를 해산했다. 특히 이라크 국민들에게 존경의 대상이었던 이라크군이 해체되자 국민들의 실망도 컸고, 군대 해산 시 무기 등을 제대로 회수하지 않았으며, 50여만 명의 군인들에 대한 보상도 주어지지 않아, 하루아침에 일자리를 잃은 사람들은 적대세력으로 쉽게 전환되었다. 이는 향후 반란세력을 형성하는 주요한 원인이 되었다. 이처럼 임시 행정청의 지휘체계도 일원화되지 못했고, 이라크의 정국을 조기 안정화시키지 못하여 혼란 상태는 계속되었다.

미군은 당장 눈앞의 승리에만 관심을 가졌을 뿐, 전후 안정과 재건에 대해서는 구체적인 계획이 부족했던 것이 사실이다. 결론적으로 미군은 이라크에서 행정력, 치안유지, 혼란 수습에 필요한 공무원, 군·경을 해산시켜 버렸고, 이는 전후 이라크의 안정화, 재건사업을 추진하는 데 있어서 중대한 과오와 손실을 남겼다. 토미 프랭크스 전 미 중부사령관은 그의 회고록(American soldier)에서 "미군이 바그다드를 점령한 다음에도 이라크군을 해산하지 않았다면, 그들은 수니 삼각지대에서 미군을 상대로 무장 게릴라 활동을 벌이지 않고, 새로운 이라크 건설에 몸을 바

47 공식명칭은 아랍사회주의 부흥당으로, 1940년 다마스쿠스에서 시리아의 지식인 미셸 아플라크가 창설한 정당이다. 모든 아랍 국가를 하나의 나라로 통일하고, 아랍 지역의 서구 식민 지배에 투쟁하기 위한 아랍 민족주의 및 세속주의 운동이다. '바트(بعث)'는 '부흥' 또는 '재건'을 뜻하는 아랍어이다.

쳤을 것이라는 아쉬움이 남는다"라고 말하기도 했다.[48]

현대전에서 더욱더 중요성이 강조되고 있는 안정화 작전과 관련해서 전쟁종식의 정당성은 고려될 필요가 있다. 안정화 작전이란 이라크 전쟁이 발발한 2003년도에는 2가지의 의미를 가지고 있었다.[49]

첫째, 전쟁 이외의 군사작전의 범주를 포함하는 것으로 인도주의적 지원, 군부대 훈련, 평화작전, 대반란작전 등이 여기에 속하는데, 이는 전면전보다 강도가 약한 적대 행위 또는 분쟁을 의미하는 것이다. 둘째, 적군에 대한 직접적인 공격 및 방어 작전이 아닌 특수한 군사적 과업을 의미하며, 주요시설방어, 주민들에 대한 원조제공, 주둔국 정부에 대한 지원 등이 여기에 속한다. 2008년 이후 미군에서는 안정화 작전을 "안전하고 안정된 환경을 유지 혹은 복구하고, 필수 공공서비스 및 긴급 기반시설 재건, 인도주의적 지원을 제공하기 위해 국력의 기타 요소들과 협조하여 미국 이외의 지역에서 실시되는 다양한 군사적 임무 및 활동으로 정의하고 있다.

사실 2003년 당시 미군은 안정화작전에 대한 인식과 준비가 부족했던 것이 사실이다. 미군은 이라크 전쟁을 4개의 국면으로 나누었다. ① 억제 및 개입, ② 주도권 장악, ③ 결정적 작전, ④ 작전의 전환. 특히 4단계는 법과 질서의 확립, 경제재건, 민간자치정부의 수립 및 병력 철수에 중점을 두었다. 하지만 당시 미군은 안정 및 지원작전, 전후작전, 제4단계 작전 등의 용어를 혼용하여 사용하였고, 3단계인 전투과정에 비해 소홀하고 안일하게 대처했으며, 대부분 사실이 아니라 가정에 입각하여 정책을 추진해 나갔기 때문에, 많은 반대와 난관을 만날 수밖에 없었다. 이라

48 신재현, "이라크전 분석을 통한 미래전 수행 발전방향", 『군사연구』, 2005, p. 100 (88-115)

49 손석현, 『이라크 전쟁과 안정화작전』, pp. 20-21.

크의 상황과 관련된 많은 가정과 예상들은 빗나갔고, 전력망과 같은 사회기반 시설에 대해 조사 또한 미흡했다.

과거처럼, 전투에서의 승리가 전쟁의 승리로 자연스럽게 연결되고, 승자가 모든 것을 독식하는 방식의 전쟁이 아니기 때문에, 전투가 종식된 후에 진행되는 안정화 작전이야말로 전쟁의 의도와 목적을 제대로 실현하기 위해 꼭 필요한 요소로 강조되고 있다.

제4장
전쟁윤리의 사례

사례학습 진행방법

사례연구는 토의법과 문제법을 혼합한 교육방법의 한 형태이다. 사례나 예시로 제시되는 문제 상황을 토의 또는 토론을 통해서 해결해 나가는 과정 속에서 그와 관련된 지식이나 사고능력, 정서적 태도 등을 얻을 수 있게 하는 학습방법이다(권영창 외, 2008).

또한 사례연구는 학습자들 스스로 연구하고 토의하며 문제를 해결해 나가는 과정에서 창의적이고 발전 지향적으로 지식을 확장해 나갈 수 있으며, 협동학습을 통해 동료들과 유대관계를 강화하고 협업능력을 향상시킬 수 있다.

사례연구 방식의 수업 진행을 위해 제4부에서는 6개의 사례를 선정하였으며, 토의주제를 함께 제시하여 보다 쉽고 효율적으로 토의식 수업을 진행토록 하였다.

사례를 적용한 수업방식은 다양하게 할 수 있으나, 본 교재에서는 다음과 같은 방법을 제안한다.

1단계 : 선행학습 – 토의용 사례와 주제에 대해 개인연구안 작성

2단계 : 핵심강의 – 교수에 의한 핵심 이론강의

3단계 : 조별학습 – 개인안 토의 및 발표, 조 발표안 작성

4단계 : 학급토의 – 각 조별 발표 및 토의(다양한 토의방법 적용)

5단계 : 교수 강평 및 보충강의

사례

1. 전쟁범죄와 도덕적 손상
2. 포로학대와 전쟁윤리
3. 걸프전의 무차별적 무기사용
4. 아프가니스탄 전쟁과 안정화작전
5. 독일의 전후배상 문제와 전쟁윤리
6. 6·25전쟁 시 중공군의 안정화작전

1. 전쟁범죄와 도덕적 손상

도덕적 손상(Moral injury)이란 개인의 도덕적 신념이나 기대가 위배될 때 발생하는 것으로, 우리가 흔히 알고 있는 외상 후 스트레스 장애(PTSD: Posttraumatic Stress Disorder)와 관련이 있으면서도 PTSD로 분류될 수 없는 갈등과 혼란을 동반하기도 한다. 다음은 도덕적 손상과 관련된 베트남전 참전 미 해병의 증언이다.

> "동료들이 마을의 오두막에 불을 놓기 시작했습니다. 나는 건너편으로 나의 전우인 좋은 녀석과 겁에 질려… 파괴되는 그녀의 집을 바라보았습니다. 무언가 내 안에서 깨어났어요. 그것은 선과 악이었습니다. 명예와 불명예였습니다. 옳음과 그름이었습니다. 이것들은 자동적인 개념이지요…. 그런데 그 순간에 그것들은 진짜였습니다. 생명체 같았어요. (중략) 나의 전우들이 또 다른 오두막집을 불태우는 모습을 보았습니다…. 그들은 단지 무력한 어머니요 그녀의 겁에 질린 아이들이었어요! (중략) 그들은 적이 아니었어요. 그들은 악당이 아니었습니다. 우리가 악당이었어요! 모든 것이 뒤바뀌었습니다. 나는 M-16 소총을 들어 올리고 무력하기만 한 이 마을을 파괴해 버리는 그 미친 미국인들을 날려버리고 싶었어요. (중략) 내 오두막이고 내 식구들이 그 안에 있는 것 같았어요. 거기에서 내 영혼을 찾았고 진실을 알아냈습니다. (중략) 내 영혼을 발견한 바로 그 순간, 생애 처음으로 내가 깨어나 진실을 볼 수 있었던 그 순간, 우리가 악이라는 것을 알았던 그 순간 영혼이 흩어졌어요. 나는 영혼을 상실했습니다."

월남은 당시 베트남 게릴라(베트콩)는 주민의 지원을 얻었고 베트콩과 일반 양민의 구분이 모호했다. 이에 따라 '전선 없는 전장'이 형성되어 미군 중심의 연합군이 지속적으로 고전했던 특수성을 고려할 때,

이 사례에서 드러나는 미군의 과잉행동과 민간인 피해가 일면 이해될 수도 있을 것이다. 그곳 주민들이 최소한 베트공의 협력자들이라면 아군에 불리한 상황이 들이닥칠 가능성이 높기 때문이다. 아군의 안전을 위해(내 전우를 살리기 위해) 최악의 시나리오를 가정하고 선제적인 행동을 취하는 것이 합리적이고 정당할지도 모른다. 그러나 그저 양민들일 가능성이 분명히 존재한다. 이처럼 전장의 군인들은 본질적으로 도덕적 도전 앞에 노출된다. 결국 그 해병은 도덕적 손상을 입었으며, 그것은 '영혼의 상실'이라고 할 만큼 깊은 정체성의 손상을 의미했다.[50]

토의주제

1. 이 사례를 통해 얻을 수 있는 교훈은 무엇인가?
2. 전쟁은 윤리의 대상이 아니라는 현실주의자의 입장에 대해 전쟁을 직접 수행해야 하는 군인의 입장에서 비판해 보자.
3. 도덕적 손상의 문제는 군의 사기와 전투의지는 물론이고, 제대 군인의 일상의 삶에도 치명적인 영향을 끼친다는 점에서 우리에게 주는 교훈이 무엇인지 토의해 보자.

2. 포로학대와 전쟁윤리

범아랍권 위성TV인 알자지라 방송의 카메라 기자인 수하이브 바드라딘 바즈는 '철저한 반미주의자'이다. 그러나 한때 그는 '친미 아랍

---

50 권창모, "전투원의 도덕적 손상(moral injury)과 한국군의 과제", 『군사연구』 제145호, 2018, pp. 457-460.

인'이었다. 그의 생각을 송두리째 바꿔놓은 것은 이라크 내 미군 수용소에서 보낸 2개월간의 포로생활이었다. 바즈는 바그다드 북부 사마라의 미군 수용시설로 끌려갔던 체포 첫날을 이렇게 회상했다. "오후 10시였다. 미군 장교가 들어와 '언론을 존중하는 사람들도 있겠지만 나는 달라'라고 말했다. 나는 3시간 동안 두건을 쓴 채 서 있다가 심문을 받기 시작했다. 교도관들은 알자지라가 어떻게 무장세력들의 공격사실을 미리 알게 됐는지를 집요하게 캐물었다. 교도관들은 끊임없이 나를 때렸다. 내가 죽기를 바라는 것 같았다." 바즈는 곧이어 악명 높은 아부 그라이브 교도소[51]로 이감됐다. "그곳에선 모두 옷을 벗어야 했다. 거부하면 사정없는 매질이 돌아왔다. 모든 감방에서는 신음소리가 들렸다. 감방 안에는 전기도 침대도 없었다. 찢어진 담요 한 장뿐이었다"고 바즈는 회고했다. 바즈는 "전쟁 전에는 미국인들이 민주주의와 자유를 존중한다고 믿었지만 이제 나는 그들이 그것과는 너무 동떨어진 사람이라고 생각한다"고 말했다.

토의주제

1. 미군의 포로학대 사례에서 얻을 수 있는 교훈은 무엇인가?
2. 포로에 대한 전쟁범죄는 자유와 민주의 가치를 신봉하는 인권국가로서의 미국의 위상에 어떤 영향을 끼쳤다고 생각하는가?
3. 포로학대의 경우, 전쟁범죄 위반으로 관련자가 실형을 선고받는 것은 물론이고 보복적 범죄행위를 야기할 수 있다. 이것이 전쟁수행에 끼치는 부정적인 영향에 대해 토의해 보자.

---

51 이라크의 수도 바그다드에서 서쪽으로 32km 떨어진 아부그라이브시에 위치한 이라크 최대의 정치범 수용소로, 후세인 시절부터 악명이 높았으며, 미군의 바그다드 점령 이후에는 처참한 인권 유린의 현장으로 이슈가 되었다. 2014년 4월 15일 폐쇄되었다.

3. 걸프전의 무차별적 무기사용

사막의 폭풍 작전이라 불리는 걸프전은 1991년에 끝이 났지만, 전쟁이 가져온 파괴는 오랜 시간 계속되고 있다. 방사선과 전자기파 피폭이 낳은 전례 없는 규모의 재앙은, 전쟁 후에도 오랫동안 이라크 사람들의 건강과 환경에 상당한 악영향을 끼치고 있다. 국제법에서는 "불필요하고 돌이킬 수 없는 파괴, 고통이나 비전투원에 대한 무차별적인 손상, 광범위하고 장기적이며 심각한 환경 파괴 등을 초래하는 무기나 전략의 사용"을 금지하고 있지만, 걸프전에는 무려 100만 발이 넘는 열화우라늄탄이 사용되었다. 열화우라늄은 방사능 폐기물로서 철갑이나 방어 시설을 무력화시킬 수 있는 강력한 무기다. 미국은 전쟁을 속히 종결하기 위한 목적으로 일종의 핵무기인 비인도적인 파괴적 무기를 사용했다. 열화우라늄탄에는 인간과 다른 생명체에 해로운 방사선과 독성이 있다. 2차 걸프전 당시, 1만 4,000발의 대구경(105mm와 120mm) 포탄과 320~350톤 정도의 열화우라늄탄이 발사되었다. 이라크와 쿠웨이트 전역에는 300톤이나 되는 열화우라늄탄이 묻혀있을 것으로 추정된다.[52]

이러한 무기는 폭발할 때 엄청난 파괴력을 발휘하는 것만으로 끝나지 않고, 먼지를 통하여 엄청난 우라늄 성분과 방사능이 대기에 표출되어, 인체와 생태계에 엄청난 피해를 야기한다. 우라늄 성분이 체내에 흡수되면 호흡기 곤란, 간경변, 그리고 혈액암의 원인으로 작용할 수밖에 없는 것이다. 전쟁 후에도 이 폭탄에 간접으로 노출된 군인들이 계속적으로 고통을 당할 수밖에 없고, 그들의 2세들도 고통을 받을 것이다. 이는 마치 1960년대 1970년대 초에 월남전에 참전한 한국군의 약

---

52 노엄 촘스키, 하워드 진 외, 『미국의 이라크 전쟁』, 서울: 도서출판 북막스, 2002, pp. 310.

5만 명이 고엽제(枯葉製) 환자로서 고통을 받고 있는 것과 같은 것이다. 그리고 민간인 지역에 떨어져 있는 불발탄들은 지속적으로 이라크 국민들에게 위험의 씨로 남아 있어, 미국과 다국적군은 이라크의 미래에 대해서도 비인간적인 공격을 가한 셈이다. 또 하나 기억해야 할 것은 이것이 이라크 생태계에 미칠 영향은 결코 무시할 수 없을 정도로 크다는 것이다. 독성 물질들은 땅과 지하의 물을 오염시킬 것이고 이것을 섭생할 동물과 식물도 오염될 것이고 이것은 결국 동식물을 먹게 될 이라크 국민들의 건강을 크게 위협할 것이다. 생명을 유지시켜주는 생태계의 내부구조를 파괴하는 이러한 무차별적인 공격은 즉각적인 국민건강의 위기를 초래할 수밖에 없는 일이었다.

토의주제

1. 걸프전에서 미군의 무차별적 무기 사용은 어떤 문제를 야기했는가?
2. 미군이 걸프전에서 열화우라늄탄과 같은 무기를 사용한 것은 정의전쟁론의 원칙인 전쟁수행의 정당성(jus in bello) 중에서 어떤 기준을 위반한 것인가?
3. 전쟁과정에서 생태계와 사회간접자본이 파괴되지 않도록 주의해야 하는 이유를 전쟁의 궁극적 목적과 관련하여 토의해 보자.

4. 아프가니스탄 전쟁과 안정화작전

2010년 10월 아프가니스탄과의 전쟁을 개시한 미국 등의 다국적군은 단지 2개월 만에 탈레반 정권을 붕괴시키고, 알 카에다의 테러리즘을 격멸한다는 군사적인 목표를 조기에 달성하게 된다. 아프가니스탄의 탈레반 정권을 붕괴시킨 후에 미국은 이라크를 공격하는 것이 더 중요한 목표가 되었고, 아프가니스탄의 국가건설과 관련하여 미국은 제대로 준비하지 못했다. 2003년이 되어서야 안정화작전 체계로 전환했지만, 더 이상 안정화작전은 미국의 핵심적인 전략목표가 아니었고, 일종의 짐이 되어 버리고 말았다. 그래서 미국은 아프가니스탄의 안정화작전 임무를 유엔과 나토 동맹국이 공동으로 담당하도록 추진했다. 유엔의 지원하에 나토(NATO)의 국제안보지원군이 안정화작전 및 아프가니스탄 국가건설을 지원했다. 재건 활동은 총 5개 분야로 실시되었는데, 군대 창설은 미군이 주도했고, 경찰의 창설은 독일과 미국, 사법체계 구축은 이탈리아, 마약재배 및 유통 억제는 영국, 무장해제(Disarmament) 및 동원해제(Demobilization), 사회재통합(Restriction), DDR은 일본이 담당해 추진했으며, 국제사회지원으로 사회기반시설 복구 및 아프가니스탄의 국가건설을 지원했다.

하지만 재건활동과 관련하여 미국과 유엔의 주도력 및 능력의 제한으로 국가건설 노력을 통일하는 역할을 제대로 수행하지 못했다. 특히 유엔은 직접적 · 군사적인 개입을 하지 않고, 유엔임무지원단과 나토를 활용한 아프가니스탄의 재건활동에만 제한적으로 참가하여 명목상의 역할에 그쳤을 뿐, 주도적으로 역할을 수행하지 못했고, 개전 초기 미국의 인식은 아프가니스탄의 국가건설에 부정적이었다. 안정화작전으로 전환한 2003년 이후에도 이라크와의 전쟁에 관심을 두면서 적극적인 재건 활동을 하지 않았고, 아프가니스탄 전쟁이 장기화되는 단초가 낳고 말았다.[53] 미국은 2001년 군사적인 목표를 조기에 달성했지만 2021년이 되어서야 완전철수를 하게 되었는데, 아프가니스탄과의 전쟁은 미국 역사상 가장 긴 전쟁이라는 오명을 남겼다. 미군의 철수가 시작된 지 얼마되지 않아 탈레반 세력은 수도 카불에 입성했고 다시금

53 국방부 군사편찬연구소, 『미국의 아프가니스탄 전쟁과 안정화 작전』, 충남: 국군인쇄창, 2015, pp. 221-223.

권력을 장악했다. 안정화 작전에 실패한 미국은 초기 전투의 신속한 승리에도 불구하고, 결국 제국의 무덤이라 불리는 아프가니스탄과의 전쟁에서 패배하고 말았다.

토의주제

1. 미국의 아프가니스탄 전쟁의 사례를 통해서 얻을 수 있는 교훈은 무엇인가?
2. 안정화작전의 관점에서 미군의 잘못은 무엇인가?
3. 현대전에서 안정화작전이 왜 중요하다고 생각하는가?

5. 독일의 전후배상 문제와 전쟁윤리

제1차 세계대전 종전 후, 영국과 프랑스는 전쟁의 피해에 대한 보상과 함께 미국에서 빌린 전쟁 채무를 독일로부터 배상을 받아 상환할 생각이었다. 영국은 독일의 해외 식민지를 점령했고, 프랑스는 라인강을 프랑스의 안전을 위해 독일과의 완충지대로 삼아야 한다고 주장했다. 1871년 프랑스-프로이센 전쟁의 결과로 독일에 내어주었던 알자스와 로렌을 비롯하여, 자르 탄광지대를 요구하기에 이른다. 프랑스의 요구는 영국과 미국의 개입으로 ① 라인강 서쪽을 15년 동안 프랑스가 점령, ② 라인강 동쪽 50km 이내의 무장(독일군의 주둔을 의미함)을 금지, ③ 자르 탄광지대의 소유권 및 채굴권, ④ 자르 지방은 이후 15년 동안 국제연맹이 정한 특별한 제도의 적용을 받은 후 국민투표로 귀속 결정하도록 조정되었다. 그런데 전후 독일의 배상 문제는 1921년 5월 1일, 배상위원회가 독일에 1,320억 마르크의 배상금을 금으로 갚을 것을 결정했을 때 절정에 달했다.

애초에 미국의 우드로 윌슨 대통령[54]은 몇 가지 부분에만 독일의 배상 책임을 한정 짓고자 했다. 국제법 위반과 관련된 손해, 벨기에의 중립 유린, 민간인에 대한 피해 같은 것이었다. 그러나 영국과 프랑스는 근본적인 배상을 요구했다. 그 배경에는 미국에 진 부채를 갚으려는 의도가 있었다. 당시 유럽 국가들이 미국에 진 부채는 당시 화폐 기준으로 100억 달러에 달했다. 1923년 6월 19일에 체결된 영국-미국 채무협정으로 확정된 영국의 전쟁 부채는 46억 달러, 1926년 4월 26일 체결된 미국-프랑스 채무협정에 의해 확정된 전쟁 채무는 40억 달러였다. 두 나라의 채무만 해도 벌써 86억 달러였고, 나머지 국가들까지 합하면 100억 달러였다.

당연히 독일은 이 돈을 갚을 능력이 없었다. 이러한 조치는 독일에 전쟁의 모든 책임을 전가한 베르사유 조약 231조에 근거한 것이었다. 게다가 무역은 봉쇄되어 연합국의 상품은 독일에 최혜국 대우를 받으며 수출되었지만, 독일의 상품 수출은 봉쇄되었다. 이러한 상태에서 1,320억 달러 배상금이 결정된 것이다. 독일 국민은 베르사유 조약의 내용은 물론이고, 배상금 요구에 분노했다. 국민의 분노는 조약을 수락한 신생 바이마르 공화국 정부에도 분노했다. 도저히 감당할 수 없는 전후 배상의 문제 때문에 사회는 혼란스러울 수밖에 없었고, 이런 어수선한 분위기에서 정치적 중도파였던 사람들도 점차 우경화하게 되어[55] 새로운 전쟁의 원인을 만들어 내고 있었다. 이처럼 1차 세계대전 후 배상 문제는 독일 국민들의 자존심에 상처를 입히고, 히틀러의 등장과 나치의 집권 및 제2차 세계대전의 원인을 제공했다고 평가할 수 있다.

---

54 토머스 우드로 윌슨(Thomas Woodrow Wilson, 1856.12.28~1924.2.3): 미국의 28대 대통령(1913~1921)으로 저명한 역사가이자 정치학자였다. 개혁적인 민주당원으로 1910년 뉴저지주 주지사를 지냈고, 1912년 대통령에 선출되었다.

55 오인석, 『바이마르 공화국의 역사』, 서울: 한울아카데미, 1997, pp. 136-144.

토의주제

1. 1차 세계대전 이후, 영국과 프랑스의 독일에 대한 과도한 전쟁배상과 관련하여 얻을 수 있는 교훈은 무엇인가?
2. 패전국에 과도한 보상을 요구하는 것은 정의전쟁론의 원칙인 전쟁종식의 정당성(jus post bellum) 중에서 어떤 기준을 위반한 것인가?
3. 전후처리의 과정에서 패전국의 안정과 평화를 확보하는 것이 왜 중요한지 토의해 보자.

6. 6·25전쟁 시 중공군의 안정화작전

6·25전쟁 당시, 한국군과 미군은 북한지역에 대한 시각의 차이와 일관되지 못한 정책으로 인해 혼란이 가중되고, 효율적으로 군정(안정화작전)을 진행할 수 없었다. 북한지역에 대한 명확한 통치 방안이 정립되지 않아 미국과 한국정부 간에 갈등도 발생했고, 유엔 단체도 뚜렷한 역할을 할 수가 없었다. 결국 군정 초기에는 북한 주민들에게 환영을 받았지만, 시간이 지나면서 해방군에서 점령군으로 인식이 바뀌고, 여러 민심이반 사례가 발생하면서 점점 북한 지역의 주민들이 등을 돌리게 되었다.

반면에 중공군은 38선 이북지역에서 3가지 측면에서 ① 북한 주민을 중공군 쪽으로 끌어들여 지지기반 확보, ② 물자운반, 부상자 간호 등에 주민들의 지원을 이끌어 내는 것, ③ 정전협정체결 후 북한 주민에 대한 지원활동에 중점을 두고 점령 작전을 실시했다.

먼저, 중공군은 마오쩌둥의 지시에 따라 대민피해를 엄격하게 통제했다. "조선의 산천초목 하나라도 사랑하고 아껴야 하며, 조선의 비늘 하나 실오라기 하나도 가져가지 않아야 한다"고 교육했다. 1951년 3월 중공군은 입고 있던 옷 안의 솜을 꺼내어 대가 없이 이재민에게 주었고, 모내기, 추수, 교량 수리와 방역구제활동에도 적극 나섰으며, 자신들의 식량을 절약하여 구제에 나서기도 했다. 이로 인해 북한 주민들도 군사작전 지원활동에 적극적으로 나섰다. 정전협정 이후에는 사회기반시설 복구 지원과 민생물자 및 생필품을 확보하여 지원했다. 3개월 내에 북한지역의 철로 상당 부분을 복구했고, 교량 1,300개를 새로 세우고 복구했으며, 공병부대는 평양, 함흥, 원산 등 주요 도시의 재건 과정에 투입되기도 했다. 내각종합청사와 병원, 대학은 물론 1957년까지 현룡, 태천 등 8개의 대형 저수지를 축조하고, 1,300여 곳의 둑을 쌓는 등의 다양한 활동을 전개해 나갔다.

토의주제

1. 정전협정 체결 후, 중공군이 관심을 가졌던 분야는 무엇인가?
2. 6 · 25전쟁 당시 중공군의 점령작전(안정화작전)과 관련하여 얻을 수 있는 교훈은 무엇인가?
3. 왜 중공군은 북한주민의 민심을 얻기 위해 노력했는지 토의해 보자.

제5부

군대와 성윤리

제1장

군인과 양성평등

개요

본 장에서는 군인과 양성평등의 문제에 대해서 다루었다. 군대는 기본적으로 남성 중심의 문화를 형성해 온 관계로 여성들이 근무하기에 환경적 제약이 많았다. 하지만 사회 전반에 걸쳐 여성에 대한 차별을 시정하고 남녀 상호 간에 다름을 인정한 가운데 동등한 권리와 의무를 수행하는 양성평등의식이 확산됨에 따라 군에서도 양성평등이 중요한 이슈가 되고 있다. 특히 최근 사회적으로 문제를 낳은 성폭력 사건을 통해 성인지감수성 향상의 필요성에 대해서도 살펴보았다.
먼저 양성평등의 개념과 필요성을 살펴보았고, 이어서 군인과 양성평의 관계를 고찰하고 이를 통해서 군내 올바른 양성평등문화를 구현하는 방법을 살펴보았다.

학습내용

1. 양성평등의 개념과 필요성
2. 군인과 양성평등의 관계

1. 양성평등의 개념과 필요성

1) 양성평등의 개념

일반적으로 양성평등이란 남녀평등의 다른 말이라 할 수 있다. 사람이 살아가는 모든 영역에서 남자와 여자가 서로를 차별하지 않고 동등하게 대우하며 똑같은 참여 기회를 주고, 똑같은 권리와 의무, 자격을 누릴 수 있도록 하는 것을 의미한다. 이러한 양성평등에 대해서 국방부도 양성평등 지원에 관한 훈령에 "양성평등(성평등)이란 성별에 따른 차별, 비하 및 폭력 없이 인권을 동등하게 보장받고, 모든 영역에 동등하게 참여하고 대우받는 것을 말한다"라고 정의하고 있다.[1] 따라서 양성평등은 남녀가 성별에 의해서 차별대우를 받지 않아야 한다는 것을 의미한다. 이 양성평등의 개념은 헌법에서 보장하고 있는 법 앞에서의 평등에서 오는 당연한 귀결이라 할 수 있다. 법률의 적용에서 차별이 없다는 것은 적용 · 집행 · 입법상에서 차별대우가 없다는 의미로 해석된다. 아울러 개인은 개인의 존엄성과 양성의 평등에 입각해 평등권 보호를 국가에 요구할 수 있으며, 국가는 개인의 존엄과 양성의 평등에 입각하여 법을 제정하고 적용할 의무가 있는 것이다.[2]

하지만, 우리나라는 역사 속에서 남자는 귀하고 여자는 천하다는 남존여비 사상을 통해 남녀를 차별해 온 과거가 있다. 지금은 많이 개선되었으나 아직도 사회 곳곳에 남녀차별이 존재하고 있으며, 이것은 비단 여성만이 아니라, 집단과 상황에 따라 남성 또는 장애인과 같은 사회적 약자에 대한 차별로도 나타나고 있다. 정부도 이러한 차별을 시

1 국방부(2020), 국방 양성평등 지원에 관한 훈령[국방부훈령 제2441호, 2020. 7. 1.]

2 이병태(2016), 법률용어사전

정하고자 많은 입법과 행정적 노력을 기울여 왔으며, 교육기관 및 시민단체 등과 연계한 다양한 교육활동과 캠페인을 통해 이를 시정해 왔다. 양성평등 구현을 위한 정부의 활동은 보건복지부로부터 여성과 양성평등문제를 전담하는 정부기관으로서 여성가족부가 탄생한 것이 대표적이며, 아울러 그 산하 기관인 한국양성평등교육진흥원 등과 같은 공적 기구의 설립 및 운영, 전(全) 정부 차원에서 참여하여 추진하고 있는 양성평등위원회와 양성평등정책 기본계획[3]의 추진 등이 대표적인 사례라 할 수 있으며, 나름 성과가 있는 것으로 평가되고 있다.

그리고 양성평등을 위한 정부의 활동이 성과를 낼 수 있었던 배경에는 정치 · 경제 · 사회 · 문화의 모든 영역에서 양성평등 이념을 실현하기 위한 법률로서 제정된 양성평등기본법[4]이 법률적 근거로서 뒷받침했기 때문이다.

양성평등기본법은 1995년 제정된 여성발전기본법이 2014년 전부 개정되면서 변경된 법률로서, 당시 여성가족부에서 밝힌 개정 배경은 다음과 같다.[5]

> "여성발전기본법"은 헌법의 양성평등 이념을 구현하기 위한 국가와 지방자치단체의 책무 등에 관한 기본적인 사항을 규정함으로써, 1995년 제정 이후 중앙과 지방정부의 여성정책 및 예산 수립의 근거로 작용하며 양성평등과 여성의 사회 참여 확대 및 권익 증진에 큰 영향을 미쳐 왔다. 그러나 제정된 지 20여 년이 지나, 여성정책을 둘러싼 사회 환경과 관련 법제도가 크게 변화하고 여성정책의 패러다임이 '여성발전'에서 '실

---

3 현재는 제2차 양성평등정책 기본계획 적용기간으로서 제2차 기본계획은 2018~2022년 기간 동안 적용된다. 2021년 적용안은 인터넷을 통해 확인할 수 있다.

4 양성평등기본법, 법률 제12844호(2014. 11. 19), 법률 제18099호(2021. 4. 20)

5 최금숙(2014), 여성발전기본법을 양성평등기본법으로 전부 개정, 잰더와 입법, 2014-3호, 한국여성정책연구원, pp. 12~28.

질적 양성평등 실현'으로 전환되고 있음에도, 현행법은 제정 당시의 기본적인 내용과 구성이 유지되고 있어 기본법으로서의 그 기능을 다하지 못하고 있었다.

특히 세계적으로 여성정책의 패러다임이 '성 주류화'로 바뀌어 가고 있는 상황에서, 그러한 관점을 반영하여 성별영향분석평가, 성인지 예산, 성인지 통계 등 양성평등 촉진을 위한 제도들을 실시하기 시작하였다. 그럼에도 불구하고 현행「여성발전기본법」은 이러한 변화를 포함하지 못하고 있어 양성평등 정책의 기본법 성격에 맞게 법체계를 재정비할 필요성이 대두되었다. 이미 여성정책 패러다임 전환의 필요성을 인지한 국회, 정부, 학계 등에서도 헌법상 남녀평등 이념을 보다 강력하게 실현하기 위해 현행법의 전면 개정이 불가피하다는 점을 지속적으로 제기하여 왔다.

이에 따라 현행「여성발전기본법」을 전부개정하고 법제 명을 입법취지에 맞게「양성평등기본법」으로 변경하여 양성평등과 관련된 권리 보장과 정부의 책임성을 강화하고, 양성평등 정책 추진체계의 내실화, 양성평등 촉진을 위한 시책 강화, 정책의 양성평등 효과를 강화하기 위한 성 주류화 조치의 체계화 등을 통하여 여성과 남성이 동등한 참여와 대우를 받고 모든 영역에서 평등한 책임과 권리를 공유하는 실질적 양성평등 사회를 실현하려는 취지에서 법명을 포함하여 개정하였다.

이와 함께 개정된 법의 주요내용을 살펴보면 다음과 같다.[6]

첫째, 법률 제명을「여성발전기본법」에서「양성평등기본법」으로 변경하였다.

둘째, 이 법은「대한민국헌법」의 양성평등 이념을 실현하기 위한 국가와 지방자치단체의 책무 등에 관한 기본적인 사항을 규정함으로써, 정

6 본 내용은 네이버 두산지식백과에 기록된 내용을 참조하여 작성하였다.
[출처: https://terms.naver.com/entry.naver?docId=1226786&cid=40942&categoryId]

치·경제·사회·문화의 모든 영역에서 양성평등을 실현하는 것을 목적으로 한다(제1조).

셋째, "양성평등"의 정의 규정을 신설하고, 현행의 "성희롱" 개념에서 "고용상 불이익"을 "불이익"으로 변경, "이익공여의 의사표시", "성적 요구"를 추가하여 그 범위를 확대하였다(제3조).

넷째, 여성가족부장관은 5년마다 '양성평등정책기본계획'을 수립하도록 하고, 기본계획 수립 등을 위한 양성평등 실태조사의 근거를 마련하였다(제7조 및 제10조).

다섯째, 양성평등정책에 관한 중요사항을 심의·조정하기 위하여 국무총리 소속으로 양성평등위원회를 두고, 양성평등위원회에 양성평등실무위원회와 분과위원회를 둘 수 있도록 하며, 중앙행정기관 및 시·도에 양성평등정책책임관과 필요한 전담전문인력을 지정하도록 하는 등 양성평등정책의 정부 책임성을 강화하고 양성평등정책의 조정, 협력, 실행을 촉진하도록 하였다(제11~13조).

여섯째, 양성평등정책 촉진을 위하여 국가와 지방자치단체가 직무수행 과정에서 성 주류화 조치를 취하여야 함을 규정하고, 성별영향분석평가, 성인지 예산, 성인지 통계, 성인지 교육, 국가성평등지수 작성·공표 등에 관한 근거를 마련하였다(제14~19조).

일곱째, 국가와 지방자치단체는 차별로 인하여 특정 성별의 참여가 현저히 부진한 분야에 대하여 적극적 조치를 취하도록 노력하여야 하고, 여성가족부장관은 국가기관 등에게 적극적 조치를 권고할 수 있도록 하였다(제20조).

여덟째, 국가와 지방자치단체는 관리직 목표제를 비롯하여 정책결정과정·공직·정치·경제활동 등 사회 전 분야에서 여성과 남성의 평등한 참여를 도모하기 위한 다양한 시책을 마련하도록 하였다(제21~24조 및 제26~28조).

아홉째, 모성보호의 개념을 권리보장의 개념으로 전환하고 모성뿐 아니라 부성으로까지 확대하여 모·부성권을 보장함으로써 실질적인 양성평등을 도모하고자 하였다(제25조).

열째, 국가와 지방자치단체의 성차별 금지를 위한 시책 마련 노력 조항을 신설하여 '성차별 금지'를 기본법 차원에서 강조하고, 성폭력·가정폭력·성매매 범죄의 예방 및 성희롱 방지를 위하여 필요한 시책을 마련하도록 하였다(제29~32조).

열하나째, 현행의 여성주간을 양성평등주간으로 전환하여 기념함으로써 양성평등 정책을 전파하고 양성평등 문화가 확산되도록 하였다(제38조).

열두째, 여성친화도시 조성의 법적 근거 마련을 통해 여성친화도시 조성 사업의 체계적·공식적 추진을 도모하고 여성친화적 지역정책이 활성화되도록 하며 궁극적으로 실질적 양성평등 실현을 도모하고자 하였다(제39조).

열셋째, 국제개발협력(ODA) 시 양성평등 실현을 위한 시책 마련 및 국내외 평화 문화 확산과 통일추진과정에서 여성과 남성의 평등한 참여를 위한 노력 조항을 신설하였다(제40조 및 제41조).

하지만 정부의 이러한 적극적인 노력과 사회적 변화는 기존 가부장적 사회제도에 익숙해 있던 세대들에게서 거부반응이 나타나기도 했다. 양성평등정책을 여성우대정책으로 오해함은 물론, 신체적 차이를 인정하지 않고 병역과 같은 의무를 여성에게도 부여해야 한다고 주장하는 것이 그 예라 할 수 있다. 또한 젊은 세대의 남성들도 양성평등정책에 대해 비판적 인식이 강하여 조금이라도 남성비하와 역차별이 느껴지면 이를 참지 못하고 바로 젠더갈등으로 비화시켜 사회적 이슈화하고 있는 실정이다.

특히, 양성평등정책을 추진하는 정부의 의도와 달리 젊은 세대에서는 남혐 · 여혐으로 불리는 이성에 대한 혐오의 정서가 커지고 있는 것도 사실이다. 일베 · 메갈[7] 같은 이성혐오 인터넷 사이트가 생겨나고, 온라인을 넘어서 오프라인에서도 남녀 간의 갈등이 확산되고 있다. 지난 2016년 5월 강남역 화장실에서 발생한 여성 살해사건을 계기로 폭발한 MZ세대[8]의 남녀갈등은 정점을 치닫고 있으며, 급기야 지난 2021년 5월 유명 대기업 계열인 G사 편의점의 캠핑포스터 사태를 낳았는데, 지금까지 우리나라에서 알려진 가장 대표적인 남녀갈등 사례 중 하나로 꼽히고 있다.[9]

---

7 일베: 일베는 디시인사이드에서 파생하여 출발한 독립적 커뮤니티 사이트이다. 유래는 디시인사이드의 인기 글인 '일간 베스트 게시물'을 따로 모아서 볼 수 있는 사이트로 출발하였기에 일간베스트 저장소가 공식명칭이며, 따라서 '일베'라는 용어는 일베저장소를 뜻한다. 그런데 이 일베가 사회적으로 문제가 되는 것은 반사회적인 게시물, 특히 여성비하, 인격모독, 혐오표현, 도촬, 음란물, 기타 사회적으로 용인되기 어려운 내용들을 게시하는 등 심각한 수준의 문제행동을 저지르기 때문이다. 이로 인해 공식적인 곳에서는 일베라는 용어를 사용하는 것조차 금기시되고 있다.
메갈: 메갈은 메갈리아(Megalia)의 줄임말이다. 메갈리아는 인터넷 커뮤니티 사이트로, 여성혐오를 그대로 남성에게 돌려준다는 '미러링'을 사회운동 전략으로 삼아 주목을 받았다. 하지만 메갈리아가 여러 방면에서 지나치게 남성혐오적이고, 페미니즘 운동이라는 명목으로 성폭력 범죄에 가까운 행위를 저질렀으며, 혐오를 혐오로 대처한다는 비판의 목소리가 적지 않았다. '메갈리아'라는 이름은 디시인사이드 소속의 '메르스 갤러리'의 이용자들을 노르웨이의 여성주의 소설인 『이갈리아의 딸들』에 빗대 표현한 것에서 비롯되었다. 메갈리아는 2015년 11월 남성 동성애자 문제를 둘러싼 논쟁을 기점으로 사실상 와해되었고, 2016년 말 워마드, 래디즘 등의 카페와 페이스북, 트위터 계정으로 분화된 뒤 사라졌다.

8 1980년대 초 ~ 2000년대 초 출생한 밀레니얼 세대와 1990년대 중반 ~ 2000년대 초반 출생한 Z세대를 통칭하는 말이다. 디지털 환경에 익숙하고, 최신 트렌드와 남과 다른 이색적인 경험을 추구하는 특징을 보인다.

9 유명 대기업 계열사 G 편의점 본사는 2021년 여름 캠핑 철을 맞아 캠핑용품 판매를 알리는 홍보포스터를 제작하여 전국의 자사 편의점에 게시하였다. 그런데 포스터에 삽입된 엄지와 검지 손가락을 이용해 소시지를 집는 모습이 남성을 비하할 때 사용되는 표현이라면서 '남성혐오' 논란이 불거졌다. 결국, 불매운동과 사회적 파장이 확산되자 홍보 포스터를 디자인한 디자이너를 징계하고 담당 마케팅 팀장은 보직해임 하였다. 아울러 본사 사장의 교체와 더불어 공개사과를 통해 상황을 마무리하였다. 이번 사태가 사회적 파장을 낳은 것은 그만큼 남녀 간의 갈등의 골이 깊어지고 있으며, 사소한 문양과 표현까지도 과잉 · 억지 해석하여 파장을 일으키는 사례가 많아졌다는 것이다. 이 사태 이후, 매스미디어상에서 광고가 내려간 건이 무려 40여 건이 넘는 것으로 알려질 정도로 그 파급효과가 매우 컸다. 특히, 엄지와 검지를 이용하여 물건을 집거나 행동하는 사진은 모두 지워지고 있다.
이러한 사태에서 국방부도 자유롭지 못하였다. 지난 2021년 2월 22일과 26일 페이스북에 올린 '군대생활백과' 카드뉴스 속 캐릭터가 일반적인 거수경례와 달리 남성 혐오표현인 '집게손가락' 모양을 하고 있다는 의혹이 제기되었다. 이에 국방부는 의도적이지 않았다라 결국 양성평등을 위한 정부의 노력에도 불구하고 남녀갈등이 계속 고조되는 것은 양성평등을 위한 정책이나 제도가 미비하거나 다른 특정성의 희생을 수반하는 것은 아닌지 돌아볼 필요가 있음을 의미한다. 아울러, 진정한 양성평등은 남녀모두 차별 없이 서로의 다름을 인정하고 그에 맞는 역할 수행이 이루어지도록 여건을 조성하는 것부터 시작해야 하며, 그러한 토대 아래 남녀가 각자 자기의 능력과 재능에 따라 활동할 때만이 가능하다는 것을 인식해야 할 것이다.

2) 남녀차별의 역사에서 본 양성평등의 필요성[10]

지금은 평등한 것이 당연시되지만, 인류가 문명시대에 들어온 이래 특권지배계급과 피지배계급의 차별은 계속되어 왔다. 고대 그리스와 로마시대에는 부귀를 누리는 자유민과 몰락한 자유민 및 노예계급으로 나누어졌으며, 중세에서는 봉건영주와 농노라는 형태로 나타났다. 이러한 차별적 사회에서 평등사상이 생기기 어렵지만, 평등사상은 고대 노예제 시대에는 아테네의 자유민 사이에서 '정치적 평등'의 실현이라는 형태로 나타났고, 중세에 들어와서는 기독교가 유럽에 정착함에 따라 '신(神) 앞에 만민은 평등하다'는 사상이 생겨났다. 그리고 농노제와 함께 공장제 수공업을 기초로 하는 도시가 발전하여 시민계급이 형성됨에 따라 '법 아래서의 평등'이라는 사상으로 계승되었다. 프랑스 혁명의 사상적 지도자 루소는 『인간불평등기원론』을 통해 자연법 아래에서 인간에게 불평등이 있는 것은 정의에 어긋난다고 함으로써 평등을 강조하였다.

고 해명하고 해당 내용을 삭제하였다.

10 본 절의 내용은 네이버 지식백과에 나오는 내용과 김찬환 외 5인(2010. 5. 14), 시사논술 개념사전(파주: Book 21 아울북) 내용을 정리한 것이다.

평등사상은 신분제적 불평등을 바탕으로 한 봉건사회에서 자본주의적 생산이 성장 · 발전함에 따라 일반화되었다. 그러나 이러한 평등사상에서 일관된 특징은 그 범위 속에 여성을 포함하지 않고 있다는 점이다. 민주주의의 원류라고 할 수 있는 고대 그리스에서 여성에게 참정권이 없음은 기본이었고, 여성을 남성에게 귀속된 존재로 보아 인원수에도 포함하지 않았으며, 아내는 집안일을 돌보는 존재로서 중성(中性) 명사로 표현되었다는 것만 보아도 잘 알 수 있다.

양성평등의 요구가 본격적으로 나타나기 시작한 것은 근대 이후라고 할 수 있다. 프랑스혁명 직전 재산상속에 있어서 동등권의 요구인 '법 앞에서의 평등'이 나타났으며, '정치적인 평등(동등권)'은 미국의 독립운동과 프랑스혁명 중에 식민지 지배와 봉건적 전제에 대항하여 남자와 함께 여성이 투쟁하였다는 사실에서 생겨났다. 또한 자본주의사회가 성립하여 기계제 생산이 주류를 이루고 여성도 그 노동에 참여할 수 있게 됨에 따라 양성평등사상의 현실적인 근거도 마련되었다. 양성평등 운동은 이를 바탕으로 정치적 동등권의 요구, 자본주의의 발전에 의하여 몰락하는 귀족이나 빈곤한 중산계급의 부인들이 의사 · 변호사 · 교사 · 기타의 직업에 종사할 수 있도록 요구한 기회균등의 요구, 그리고 그것을 위한 교육에 있어서 양성평등의 요구, 노동에 있어서 양성 동일임금의 요구 등으로 발전하였다.

사실 남녀평등에 있어서 가장 중요한 것은 여성의 참정권이라고 할 수 있다. 참정권이 있어야 정치적으로 소리를 내게 되고 정치지도자들에게 영향력을 행사하여 실질적인 평등권을 얻을 수 있기 때문이다. 대체적으로 유럽과 미주국가에서 여성의 참정권은 제1 · 2차 세계대전을 계기로 인정되었다. 우리나라의 경우는 해방 이후 대한민국 정부수립에 앞서 만들어진 제헌헌법에서 양성평등을 규정 · 보장함으로써 참정권에서 양성평등이 실현되었다.

이러한 여성의 참정권 획득과정을 좀 더 살펴보면, 민주주의 선진국이라고 할 수 있는 미국, 영국, 프랑스에서도 여성이 참정권을 갖게 된 것은 불과 백 년도 되지 않는다. 미국에서는 1830년대 노예제 폐지운동이 일어나면서 여성해방 요구가 일어났고, 그 후 1920년에 이르러서야 21세 이상의 여성들이 남성과 동등한 참정권을 획득하게 되었다. 영국에서는 1867년 의회에 여성참정권을 요구하는 법안이 제출됐으나 부결되자 이를 계기로 여성참정권위원회가 결성되었다. 지식인과 중산층 구성원들의 지속적인 노력의 결과 1918년 30세 이상의 여성에게 선거권과 피선거권이 인정되었고, 1928년에는 모든 여성에게 남성과 똑같은 참정권이 주어졌다. 프랑스에서는 1789년 프랑스혁명이 일어나면서 정치적으로 남자와 여자는 같은 권리를 가져야 한다는 주장이 나타나기 시작했고, 그 후 1946년에야 비로소 여성의 참정권이 보장되었다.

그렇다면 왜 남녀평등에 있어서 여성의 참정권이 중요한가를 생각해 볼 필요가 있다. 여성들이 참정권을 획득했다는 것은 비로소 그들이 정치사회적으로 권리를 보장받을 수 있게 되었다는 것이며, 이는 남존여비 사상 즉 남자는 귀하고 여자는 천하다는 사상을 극복하고 얻어낸 결과이기 때문이다.

이러한 측면에서 과거 동서양에서 여성의 사회적 지위를 살펴보면 그동안 여성들이 사회적으로 차별받고 낮은 존재로 인식되어 왔는지를 알 수 있으며, 이를 통해 여성들의 참정권 획득이 권리 보장이라는 측면에서 얼마나 중요한지를 확인할 수 있다.

14~15세기 중세유럽에서 여자는 미성년자로 취급받아 언제나 남자의 보호 아래 있었다. 즉, 결혼하기 전에는 아버지의 보호를 받았고 결혼해서는 남편이 보호자가 되었으며 남편이 죽으면 아들의 보호를 받았다. 동양과 이슬람권의 여성도 유사하게 대우받았으며, 일부 이슬람 원리주의를 표방한 국가에서는 아직도 여성에 대한 후견인 제도를 통해 여성의 사회활동을 제약하고 있다.

반면 우리나라는 시대에 따라 여성의 사회적 지위가 높았던 경우도 있고 그 반대의 경우도 있었다. 조선시대 이전에 우리나라 여성들의 지위는 생각보다 높았던 것으로 알려져 있다. 삼국시대를 통일했던 신라에서는 세 명의 여왕이 나라를 다스렸다. 비록 골품제라는 특유의 신분제도로 인해 성골 출신만을 왕으로 삼다 보니 나타난 현상일 수도 있겠지만 여성이 나라를 다스릴 정도로 권위가 높았던 것이다. 고려도 여왕은 없었지만 여성의 권위가 상당히 높았다. 『고려사』에는 딸도 아들과 마찬가지로 부모의 재산을 상속받을 수 있다고 기록되어 있다. 이는 집안에서부터 여성의 권위가 남성과 동등하였음을 의미하는 증거이며, 이러한 딸의 상속권은 14세기 이후 조선의 법에도 그대로 계승되었다. 조선 초기 신사임당이 자신의 친정집에서 아들 이율곡을 낳고 교육을 하여 명재상으로 키운 것만 보아도 조선 초기까지는 여성의 사회적 지위가 어느 정도 인정되었던 것으로 보인다.

하지만 조선 중기 이후 여성에 대한 재산 상속권은 사라지고, 남존여비의 사상만 강화되었다. 이 시기에 우리가 알고 있는 칠거지악, 삼종지도, 여필종부같이 사회적으로 여성을 낮추는 각종 제약들이 생겨났다.[11] 또한 집안일에 대해서도 "암탉이 울면 집안이 망한다"면서 여성이 주장을 내세우지 못하도록 하였을 뿐 아니라, 집 밖의 일에 대해서는 일체의 간섭을 허용하지 않는 것이 옳다고 여겨졌다. 이후 조선의 남존여비 사상은 전통적인 한국 사회에서 여성의 생애를 지배해 왔고, 더불어 남아선호 사상도 한층 강화되었다.

결론적으로 전통적 사회에서 남녀차별은 동서양을 가리지 않고 나타났으며, 오늘날 여성들이 누리는 참정권을 비롯한 동등한 제반 권

---

11 조선시대 여성들의 생활상은 당시 속담에도 잘 드러나 있다. '암탉이 울면 집안이 망한다', '여자와 북어는 팰수록 부드러워진다', '여자와 접시는 내돌리면 깨진다' 등과 같은 속담이 그 예라 할 수 있다. 특히, 칠거지악은 조선시대 남편이 아내를 내쫓을 수 있는 7가지의 조건을 말하는 것으로, ① 시부모에게 순종하지 않는 것, ② 자식을 낳지 못하는 것, ③ 음탕한 것, ④ 질투하는 것, ⑤ 나쁜 질병이 있는 것, ⑥ 수다스러운 것, ⑦ 도둑질하는 것 등을 말한다.

리들은 근대화 과정에서 수많은 여성과 운동가들의 노력을 통해서 얻은 결과라고 할 수 있다.

그러나 아직도 완전한 양성평등의 시대가 되었다고 하기에는 사회 곳곳에 차별적 요소들이 존재하고 있음은 부인할 수 없는 사실이다. 비록 그것이 여성에 대한 것이든 남성에 대한 것이든 이성에 대한 차별이 존재하므로 이를 극복해야 함은 당연지사라 할 수 있다. 그렇다면 오늘날 양성평등을 이루기 위해서는 무엇을 해야 하는가?

우선 상대적 평등을 이루어야 한다. 평등은 상대적 평등과 절대적 평등이 있다. 절대적 평등이란 누구나 무조건 똑같이 대하는 것을 말한다. 예를 들어 수영 국가대표선수와 이제 막 수영을 배우고 있는 아동이 200미터 수영경기를 한다면 누가 이기겠는가? 그럼에도 불구하고 평등이라는 말로 국가대표선수가 이겼으니 그에게 상을 주는 것은 오히려 불평등한 것 아닐까? 따라서 성인과 아동의 차이를 인정하여 차등대우하듯이 남녀 상호 간에도 차이와 다름을 인정하여 기준을 달리하는 상대적 평등이 필요한 것이다.

다음으로 우리의 고정된 인식과 생각을 바꿔야 한다. 우리는 무의식적으로 여자니까 또는 남자니까 하는 생각을 한다. 이러한 생각이 바뀌어야 비로소 진정한 양성평등이 이루어진다고 볼 수 있다. 예를 들어 남자는 쉽게 울면 안 된다, 여자는 남자를 잘 만나야 한다 등의 고정관념을 버려야 한다. 이러한 남성과 여성을 구분 짓는 편견을 없애는 것이 양성평등을 이룰 수 있는 가장 근본적인 해결 방안이므로 남녀 모두 남성과 여성에 대한 편견을 없애도록 노력해야 할 것이다.

2. 군인과 양성평등의 관계

1) 군에서 양성평등의 의미

대한민국 헌법 제39조 1항에 "모든 국민은 법률이 정하는 바에 의하여 국방의 의무를 진다"라고 명시[12]되어 있으며, 병역법 제3조 1항에 의하면 "대한민국 국민인 남성은 대한민국 헌법과 이 법에서 정하는 바에 따라 병역의무를 성실히 수행하여야 한다. 여성은 지원에 의하여 현역 및 예비역으로만 복무할 수 있다"라고 규정하고 있다.[13] 이에 따라 우리나라 성인 남성들은 헌법과 법률에 의한 징병이라는 병역제도를 통해 병역의무를 수행하고 있으며, 여성들은 지원에 의해 간부[14]로 근무하고 있다.

법률에서도 보듯이 군대는 남성들만이 가는 남성들만의 세계였다고 해도 과언이 아닐 정도로 남성만의 전유물이었다. 하지만, 여성들의 사회진출이 활발해지고 군에서도 여성에게 문호를 넓혀야 한다는 각계의 요구가 지속되어 여성들의 군내 진출이 점차 늘어나고 있고 있는 실정이다. 특히 최근에 수립되어 시행되고 있는 1, 2차 '양성평등정책 기본계획'에 의하면 2023년까지 군 간부의 8.5%를 여성인력으로 확대할 예정이다. 또한 장교를 양성하는 각 군 사관학교와 학군단에서는 정원의 10%를 여 생도와 여 후보생으로 채우고 있으며, 초임간부의 경우 여

---

12 대한민국 헌법 제00010호(1987)

13 법률 제16928호(2009), 『병역법』

14 한국군에서 여군은 장교와 부사관 등 간부로만 근무하고 있다. 여군 장교는 사관학교에서 정원의 10% 범주에서 선발하고, ROTC와 학사사관, 간부사관에서도 비슷한 비율로 선발하고 있다. 아울러, 교수, 군의, 법무, 군종 등 특수직 분야에서도 일정 수를 선발하고 있다. 부사관은 주로 여군 부사관 과정과 특수직 분야에서 일부 인원을 선발하여 임용시키고 있다. [출처 : 김진표 의원실(2019. 10. 7), 2018~2022 여군인력 확대 계획]

성군인이 2020년에는 1,965명으로 전체 정원의 11.6%였으나, 2021년에는 2,134명으로 12.6%에 달하는 인원을 선발하여 임관시킬 예정이다.[15]

이처럼 군내에 여성인력의 급격한 증가는 우수인력의 획득과 남성보다 여성이 훨씬 잘할 수 있는 업무분야의 질적 수준 향상이라는 긍정적인 면도 있지만, 필연적으로 양성평등이나 성인지감수성과 관련된 부정적인 면도 공존하고 있다.

군에서 양성평등의 문제는 단순히 여성인력의 증가와 근무여건 개선, 진급에서의 비중 확대만이 전부가 아니다. 남녀 군인이 동등하게 대우받고 서로 간의 다름과 차이를 인정하는 가운데 맡은 바 역할을 잘 담당하도록 여건을 만드는 것이 더욱 중요하며, 양성평등의 문제를 해결하는 길이기도 하다.

국방부에서는 군인의 지위 및 복무에 관한 기본법을 필두로 국방부 훈령 및 각 군의 행정예규 등을 통해 양성평등 및 성폭력 등을 법제도하에서 다루고 있다. 특히, 정부의 양성평등 정책에 따라 기존에 시행되었던 양성평등담당관 운영 규정 등 제반 규정을 포괄하여 양성평등 지원에 관한 훈령을 2020년 7월 1일부로 제정하여 양성평등정책을 실질적으로 구현할 수 있는 법적 토대를 갖추었다. 이 훈령은 '군내 양성평등 이념을 실현하기 위하여 양성평등위원회, 성별영향평가, 일 · 가정 양립, 성고충전문상담관 및 양성평등담당관에 대한 운영에 관한 사항을 규정함을 목적으로 한다'라고 명시하여 군에서 양성평등을 위한 법적, 제도적 체계가 제대로 갖추어졌음을 알게 하고 있다.

하지만, 이러한 법적 체계가 갖추어졌음에도 불구하고 군내에서는 여전히 성폭력 사건이 끊이지 않고 있다. 지난 2013년 강원도에서 근무하던 육군 ○○사단의 A 대위가 상관의 성폭력을 견디다 못해 극단적

15 「제2차 양성평등정책 기본계획(2018~2022)」, 2021년도 시행계획, 여성가족부

선택을 했던 사례[16]에 이어, 최근에도 상급자에 의한 성폭력으로 해 · 공군에 근무 중이던 여군들이 극단적 선택을 하는 안타까운 일이 발생하였다.[17] 이러한 사건은 군에서 양성평등을 위한 노력이 단순히 법적, 제도적 절차와 여건 조성에만 머물러서는 안 된다는 것을 지적하고 있다. 군내에 있는 모든 장병들이 올바른 양성평등의식을 가지고, 성인지력을 향상시킬 수 있도록 충분한 교육을 시행하고 양성평등의 병영 환경을 조성하는 데 더욱 노력해야 함을 의미하는 것이다. 그리고 무엇보다 군에서 양성평등이 중요한 것은 남녀 군인 모두가 하나의 목적, 즉 유사시 적과 싸워 이겨야 한다는 목적으로 군에 들어왔으며, 함께 적과 싸우고 생사를 나누어야 할 동료이자 전우이기 때문이다.

2) 군인과 성인지감수성

성인지감수성이란 양성평등의 관점에서 일상생활 중 성별 차이로 인한 차별과 불균형을 감지해내는 민감성을 의미한다. 1995년 중국 베이징에서 열린 제4차 UN여성대회에서 사용된 후 국제적으로 사용되기 시작했다. 우리나라에서는 2000년대 초반부터 정책입안이나 공공예산 편성 기준 등으로 활용되고 있으며, 양성평등정책 기본계획서에는 성

---

16 A 대위 성폭력 사망사건: 2013년 10월 16일, 육군의 ○○사단에 근무하던 A 대위가 직속 상관으로부터의 지속적인 강제추행, 모욕적이고 폭력적인 성희롱, 성관계 요구 등의 성폭력과 가혹행위를 견디지 못하고 극단적인 선택을 한 사건. 당시 가해자인 B소령은 군사법원에서 징역 2년에 집행유예 4년의 형을 선고받았다.

17 2021년 5월 21일 상관의 성추행과 2차 가해로 극단적 선택을 한 공군 여 중사 사망사건과 8월 12일 상관의 성추행 이후 지속적인 가해로 극단적 선택을 한 해군 여 중사 사망사건으로 대통령과 국민들로부터 많은 지탄을 받았다. 특히 공군 여 중사 사망사건 이후 군은 대대적인 성인지력 향상을 위한 교육과 캠페인을 벌였고, 병영 내 성폭력 사례를 발굴하고 자진신고기간을 운영하는 등 많은 노력을 하였음에도 불구하고 연이어서 터진 해군 여 중사 사망사건은 군의 자체노력에 한계가 있음을 보여주었다. 따라서 제도적 노력도 중요하지만 구성원들의 근본적인 인식전환이 우선되어야 함을 알게 해주고 있다.

인지감수성 예산을 반영토록 되어 있다. 그러나 법조계 등 사회 일각에서는 아직도 '성인지감수성'이란 기준이 모호하고 추상적이라는 소리가 있으며, 법원에서는 성폭력 범죄 관련 재판 결과가 판사에 따라 달라지고 있다는 비판이 적지 않은 것도 사실이다.[18] 그러나 양성평등 사회 구현이란 측면에서 볼 때, 성인지감수성은 분명 향상되어야 하고 사회 전반에 걸쳐 반영되어야 함은 거부할 수 없는 현실이며 군도 예외는 아니다.

현재 군에서는 장병들의 성인지감수성 향상을 위해 주기적인 교육과 평가를 실시하고 있다. 연단위로 성인지감수성과 관련한 소집교육(토론 및 강의)과 온라인 원격강의 수강을 의무화하고, 주기적인 온라인 평가를 시행하고 있다. 최근에는 성인지감수성과 관련한 영화나 연극을 감상하거나 인쇄물을 읽고서 소감문을 작성하는 활동도 이루어지고 있다. 특히 의무적으로 시행한 성인지감수성과 관련한 교육 및 평가결과는 반드시 인사기록에 반영하여 미이수자는 보직이나 진급 등에 불이익을 주는 등 간부들부터 성인지감수성을 내면화하도록 강제하고 있다.

그렇다면 군에서 이토록 강하게 성인지감수성 교육을 시행하는 이유는 무엇인가? 우선 군내 성 관련 범죄를 줄이고 예방하는 데 그 목적이 있다고 할 수 있으며, 다음으로는 군내 양성평등 관련 환경이 아직도 불비하고 성 관련 범죄의 발생 빈도가 결코 소수가 아니기 때문일 것이다.[19] 특히 군이 남성 중심의 문화를 형성하고 있으므로 이의 개선

---

18 한국경제용어사전(2018.12.16.), https://terms.naver.com/entry.naver?docId=5683801&cid=43667&categoryId

19 성폭력 범죄에는 성매매, 성폭력, 아동성폭력, 청소년 성매수유인 등이 있다. 이 중 성폭력은 성희롱이나 성추행, 성폭행 등을 모두 포괄하는 개념으로 '성을 매개로 상대방의 의사에 반해 이뤄지는 모든 가해행위'를 뜻한다. 아울러 성폭력 범죄의 처벌 등에 관한 특례법(2021.1. 21, 법률 제17507호)에 의하면 성폭력 범죄에는 통신이나 영상물, 촬영 등을 통한 음란행위와 반포, 성 관련 협박 및 강요 등도 처벌대상으로 하고 있다.

이 시급하기 때문이다.

과거 군에서는 여성이 소수이고 남성 중심의 문화로 인해 성희롱이나 성추행을 당해도 대외에 고충을 상담할 통로도 마땅치 않았기 때문에 성폭력이 주위의 압박에 의해 무마되거나 “남녀 간에 좋아하면 그럴 수도 있지”라는 말로 조용히 묻히는 경우도 있었다. 다행히 최근에는 군내에도 성 관련 고충을 토로할 수 있는 수단과 통로가 많아졌다.[20] 지휘관 및 주요직위자들에게는 성 관련 고충사항이나 성폭력과 관련된 내용을 인지하는 대로 상급부대와 수사부서 등에 즉시 보고하고 피해자를 보호해야 하는 의무가 주어지는 등 상황이 많이 개선되었다. 특히 군인의 지위 및 복무에 관한 기본법 제43조에는 ‘군인은 병영생활에서 다른 군인이 구타, 폭언, 가혹행위 및 집단 따돌림 등 사적 제재를 하거나 성추행 및 성폭력 행위를 한 사실을 알게 된 경우에는 즉시 상관에게 보고하거나 군인권보호관 또는 군 수사기관 등에 신고하여야 한다’라고 명시되어 있다. 국방부 부대관리 훈령 제244조에는 “성폭력 발생 시 각 부대장은 가해자와 피해자를 공간적으로 우선 분리한다. 이 경우 피해자의 의사를 최우선으로 고려하되 가해자 분리를 원칙으로 한다”라고 하면서 동시에 “성폭력을 처리하는 자는 피해자와 그 대리인의 보호를 최우선으로 고려하여야 하며, 피해자 또는 대리인의 동의 없이 그들의 신원이 노출될 우려가 있는 어떠한 자료도 공개하거나 누설해서는 아니 된다”라고 규정하고 있다. 이러한 규정들로 인해 성 관련 범죄 피해자들은 보다 적극적으로 법의 보호를 받을 수 있게 되었으며, 신고 시 본인의 신분이 노출되는 2차 가해 등 피해를 예방할 수 있게 되었다.

그럼에도 불구하고 군내에서 여성 군인을 대상으로 하는 성폭력

20 성 관련 고충을 상담할 수 있는 통로에는 양성평등상담관, 병영생활전문상담관, 감찰 및 수사부서, 육군 및 국방부 신고전화, 시민단체 등 매우 다양해져 피해자 구제에 도움이 되고 있다.

이 끊이지 않고 있으며,[21] 2021년 7월에 발생한 국방부 근무 육군 장군의 부하 여직원 성추행 사건과 같은 해 5월과 8월에 발생한 공군과 해군의 여군 간부에 대한 성폭력과 이로 인한 피해자의 극단적 선택은 장병 성인지감수성 향상을 위해 군이 더욱 노력해야 함을 보여주고 있다. 아직도 자신의 발언이 2차 가해에 해당하는지를 모르고, 피해자보다 가해자를 더 두둔함은 물론, 가해자의 인생과 가족의 생계를 걱정하여 피해자에게 사건의 무마를 강요하는 일도 있으며, 때로는 피해자에게 피해자다움을 요구하는 일마저 벌어지고 있다. 그뿐만 아니라, 여군을 동등한 전우라기보다는 도와줘야 할 대상, 이성으로 바라보는 경향도 일부지만 부인할 수 없는 사실이며, 이러한 현상들은 군대가 여전히 남성 중심의 문화를 형성하고 있다는 반증이기도 하다.

여기서 우리가 기억해야 할 것은 성폭력은 피해자의 인생과 영혼을 파괴하는 범죄행위이며, 그로 인해 피해자가 평생 안고 살아야 하는 정신적 스트레스와 고통은 절대 쉽게 치유될 수 있는 아픔이 아니라는 점이다. 따라서 군에서는 성인지감수성 향상을 위한 교육을 더욱 체계적으로 강화하고 양성평등이 실현되도록 제도적 측면은 물론 장병 인식강화 측면에서 더욱 노력해야 한다. 무엇보다 성폭력 가해자 뿐 아니라 주위 사람들이 무심코 던진 한마디, 궁금해서 SNS에 올린 말 한마디, 사진 한 장이 피해자를 더욱 고통스럽게 하는 2차 가해임을 분명히 인식하고 이에 대한 경각심을 키울 수 있도록 철저한 교육이 필요하다. 아울러 성폭력 범죄 관련 가해자는 철저한 조사와 수사를 통해 법과 원칙에 따라 처벌하여 유사 사례가 발생하지 않도록 해야 한다.

특히 장교와 부사관이 되고자 하는 사관생도와 후보생들은 일반인보다 성인지감수성을 강화할 수 있도록 관련 내용에 대한 학습과 경험을 강화해 나가야 한다. 성인지감수성이 부족하여 성폭력을 저질렀

21 문화일보(2020. 7. 10) 보도, "군 성범죄 적발 최근 5년간 연 1232건"

을 때 받게 될 처벌규정도 명확히 숙지토록 하여 임관 후 제규정을 철저히 준수하고 성인지감수성이 풍부한 군인이 되고, 병영 내 양성평등 실현의 주체가 되도록 훈육해야 할 것이다.

현재 국방부 군인 징계령 시행규칙에 나와 있는 성 관련 사건 징계기준은 다음과 같다.[22]

성 관련 사건 징계기준

1. **일반기준**

징계위원회는 다음 각 목의 가중 및 감경 사유가 있는지 여부를 확인하여 제2호의 개별기준에 따라 징계의결에 반영하여야 한다.

가. 가중사유

1) 피해자가 하급자인 경우로서 상급자의 지위를 이용한 경우
2) 피해자가 미성년자 또는 장애인인 경우
3) 피해자에게 극도의 성적 수치심을 느끼도록 한 경우
4) 다수의 피해자가 있는 경우
5) 동종의 전력이 있는 경우
6) 그 밖에 비행 사실의 정도 및 동기와 그 결과 등을 고려하여 가중할 필요가 있다고 판단하는 경우

나. 감경사유

1) 미수에 그친 경우
2) 피해자가 처벌을 원하지 아니하는 의사표시를 한 경우
3) 그 밖에 비행 사실의 정도 및 동기와 그 결과 등을 고려하여 감경할 필요가 있다고 판단하는 경우

---

22 군인 징계령 시행규칙 [시행 2020. 8. 5.] [국방부령 제1029호, 2020. 7. 28, 일부개정]

2. 개별기준

<table>
<tr><th colspan="2" rowspan="2">징계사유</th><th colspan="3">징계기준</th></tr>
<tr><th>가중</th><th>기본</th><th>감경</th></tr>
<tr><td rowspan="3">성폭력</td><td>강간</td><td>파면</td><td>해임</td><td>강등–정직</td></tr>
<tr><td>강제추행</td><td>파면–해임</td><td>강등</td><td>정직–감봉</td></tr>
<tr><td>카메라 등
이용촬영 등
그 밖의 성폭력</td><td>파면–해임</td><td>강등–정직</td><td>감봉</td></tr>
<tr><td colspan="2">성희롱</td><td>파면–강등</td><td>정직</td><td>감봉</td></tr>
<tr><td colspan="2">성매매</td><td>파면–강등</td><td>정직</td><td>감봉</td></tr>
<tr><td rowspan="2">성폭력 묵인·
방조행위</td><td>지휘관</td><td>파면–해임</td><td>강등–정직</td><td>감봉</td></tr>
<tr><td>그 밖의 사람</td><td>해임–강등</td><td>정직</td><td>감봉–근신</td></tr>
<tr><td colspan="5">1. 강간, 강제추행 및 그 밖의 성폭력을 구분하는 세부기준은 국방부장관이 정한다.
2. “카메라등이용촬영”이란 「성폭력범죄의 처벌 등에 관한 특례법」 제14조에 따른 카메라 등을 이용한 촬영(미수를 포함한다)을 말한다.
3. “지휘관”이란 「군인의 지위 및 복무에 관한 기본법」 제2조제2호에 따른 지휘관을 말한다.</td></tr>
</table>

※ 참고: 성폭력 관련 용어

1. 성희롱

성에 관계된 말과 행동으로 상대방에게 불쾌감, 굴욕감 등을 주거나 고용상에서 불이익을 주는 등의 피해를 입히는 행위를 말한다. 음란한 농담이나 언행, 외모에 대한 성적인 비유나 평가, 원하지 않는 신체접촉, 회식이나 야유회 자리에서 술을 따르도록 강요하는 행위 등이 성희롱에 포함된다.

성희롱은 피해자가 사업주에게 가해자에 대한 부서전환과 징계 등의 조치를 요구할 수 있고 성희롱 가해자를 대상으로 손해배상을 청구할 수 있으나 형사 처벌 대상은 아니다.

2. 성추행

성추행은 강제추행을 뜻하는 것으로, 성희롱과 다른 것은 폭행이나 협박을 수단으로 추행한다는 것이다. 즉, 성희롱이 성적인 수치, 혐오의 감정을 느끼게 하는 일체의 행위라면 성추행은 이러한 추행 행위에 폭행, 협박 등 강제력이 가해지는 경우이다. 형법 제298조에 따라 강제추행한 자는 10년 이하의 징역 또는 1,500만 원 이하의 벌금에 처한다.

3. 성폭행

성폭행은 강간과 강간 미수를 의미한다. 강간은 ‘폭행 또는 협박을 가해 사람과 교접행위를 하는 것’을 말한다. 형법 제297조에 따라 강간한 자는 3년 이상의 유기징역에 처한다.

한편, 성폭력 범죄로 구속 기소된 군인의 처벌을 위한 대법원 양형 기준에는 강제추행은 징역 4년, 강간은 징역 9년으로 되어 있어, 일반인에 비해 매우 엄격하게 처벌하고 있다. 따라서 군 간부가 되고자 하는 사관생도 및 후보생들은 다른 누구보다 모범적이고 철저한 성인지 감수성을 가질 수 있도록 노력해야 할 것이다.

제2장

전쟁과 성윤리

개요

본 장에서는 전쟁과 성윤리의 문제를 다루었다. 흔히 전시의 성폭력 범죄를 개인적인 차원의 일탈이라 생각하기 쉽지만, 이러한 폭력은 전쟁의 도구와 수단으로 사용되어 왔고, 국제사회는 이를 방지하고 처벌하기 위한 노력을 기울여 왔다.
이와 관련하여 전쟁과 성폭력 범죄의 관계, 전쟁의 도구로서의 성폭력 범죄, 전쟁 성폭력 범죄와 윤리적 책임에 대해 간략하게 살펴보고, 이를 통해 전쟁 성폭력 범죄의 윤리적 책임과 과제를 살펴보았다.

학습내용

1. 전쟁과 성폭력 범죄
2. 전쟁의 도구로서의 성폭력 범죄
3. 전쟁 성폭력 범죄와 윤리적 책임

1. 전쟁과 성폭력 범죄

인류 역사에 등장하는 전쟁의 혼란 속에는 늘 예외 없이 여성과 노약자, 소수집단에 대한 폭력과 일탈 행위들이 있어 왔다. 특히 여성들은 병사들의 사기 진작의 수단이나 전리품으로 여겨지며, 조직적으로 성폭력 범죄의 대상이 되곤 했다. 1943년 이탈리아에서는 망명 프랑스 정부(Free French)의 용병으로 참여하고 있던, 모로코 군인들에게 계약 조건으로 적지(敵地)에서의 강간과 약탈을 허용하기도 했다. 이들은 실제로 많은 이탈리아 여성들을 강간했다. 군인들에게 이러한 권리를 부여해야 한다는 주장은 공리주의(功利主義)에 근거하고 있는데, 부대의 사기 진작이나 전쟁 수행에 필요하다면, 또는 그것이 효과적이라면 약탈과 성폭력 범죄가 합법화될 수 있다는 입장이다. 하지만 설령 강간이 남성의 용기를 자극시키는 요소가 있고, 전쟁 승리에 기여한다고 해서 그것은 절대 정당화될 수는 없다. 평화 시에나 전시에나 강간은 한 사람의 인격과 인생을 파괴하는 범죄 행위일 뿐이다. 이러한 범죄를 조장하고, 군인들에게 승리를 위한 미끼로 여성을 제공한다면 여성을 인격체가 아닌 단순한 전리품 혹은 전쟁의 도구로 취급하는 것에 불과하기 때문이다.[23]

전쟁 성폭력 범죄는 때론 조직적으로 일어나기도 했다. 일본에 의해 2차 세계대전 기간에 운영된 '위안부' 제도는, 군대 내에 합법화된 '강간제도'라고 해도 과언이 아닐 것이다. 난징학살의 대규모 살인과 강간에 대한 국제사회의 비난에 직면하여, 일본군은 위안소를 설치하여 강간 사건의 발생률을 낮추고 성병도 예방하면서 동시에 병사들의 사기를 높일 목적으로 국가가 나서 제도적 차원에서 성노예제도를 발전

23 Michael Walzer, *Just and Unjust Wars* (Basic Books, 1977), 133-137.

시켰다.[24] 20만 명에 달하는 일본군 위안부들이 성노예로 학대받았지만, 정작 일본정부는 지금까지도 자신들의 책임을 인정하려 들지 않고 있다.

전쟁 중에 조직적인 집단강간이 일어나는 경우도 있었다. 2차 세계대전 당시 독일을 점령했던 소련군은 독일 여성들을 집단으로 성폭행했다. 독일 여성들의 피해가 잘 알려지지 않았던 이유는, 자칫 나치의 범죄가 상대화되고, 전범국가인 가해자 독일이 피해자처럼 보여질 우려 때문이었을 것이다. 독일의 역사학자인 미리암 게브하르트(Miriam Gebhardt)에 따르면,[25] 1945년을 전후해 점령지 독일에서 연합국 군인에게 성폭행당한 독일 여성의 수는 최소한 86만 명에 달했다고 한다. 그들은 길거리에서 납치되어 성폭행을 당하는 경우가 대부분이었지만, 종종 군인들은 집 안에 침입하기도 했고, 심지어 가족이 있는 가운데 성폭행하는 경우도 적지 않았다. 연합국 군인들은 독일 여성을 일종의 전리품으로 간주하였고, 이러한 행위를 전범국가에 대한 적절한 조치라며 정당화하였다. 반면에 피해 여성들은 자신과 가족들의 생존과 안전을 위해 피해를 숨기고 감내해야만 했다.[26]

점령지역의 여성들을 고문하고 성노예로 만드는 경우도 있었다. 시리아 일대와 북이라크를 점령한 IS(Islamic State)는 수니파가 아닌 무슬림과 소수민족의 여성들을 납치하여 이슬람으로 개종할 것을 강요하고, IS 대원들과 지지자들에게 강제로 결혼을 시키거나 판매하고 포상으로 주기도 하였다. 대부분이 10~20대였던 여성들은 고문과 강간, 성폭행의 피해를 입었으며, 고통과 공포 속에서 스스로 목숨을 끊은 경우도 많았다. 탈출에 성공한 경우라 하더라도 신체적 정신적 상처는 물론

---

24 김희진, "전쟁과 여성", 『기독교사상』 (2016.3), pp. 62-64.

25 Miriam Gebhardt, *Crimes Unspoken: The Rape of German Women at the End of the Second World War*, Nick Somers trans (Cambridge: Polity Press, 2020).

26 이동기, "2차 대전 종전 뒤안, 강간과 학살의 기억", 한겨레21(2015. 5).

이고, 자신들로 인해 가족의 명예가 더럽혀졌다는 낙인 속에 살아가고 있어 가해자들에게서 벗어나긴 했지만, 그로 인한 고통은 계속되고 있다.[27]

이처럼 전쟁 성폭력 범죄는 피해자들에게 오랜 상처를 남긴다. 성폭력 피해 경험은 폭력 그 자체보다 훨씬 큰 여파를 남기고, 개인은 물론, 사회적으로 많은 문제를 가져올 수밖에 없다. 전쟁 성폭력 범죄는 인간성을 파괴하는 반인륜적인 범죄이기에 중대한 국제범죄로 인식되고 있으며, 국제사회가 관심을 가지고 처벌을 위해 노력하고 있다.[28] 전쟁 성폭력 범죄에 관련하여 올바른 윤리적 입장을 견지하고, 책임 있는 자세를 취하는 것은 군의 명예는 물론이고, 정의로운 전쟁 수행과 최종적인 승리를 위해 꼭 필요한 것이지만 전쟁의 역사는 그 반대의 길을 걸어왔다.

2. 전쟁의 도구로서의 성폭력 범죄

안타깝게도 강간을 포함한 전쟁 성폭력 범죄는 전쟁의 도구로서 사용되어 왔다. 공포의 법칙(Rule of Fear)은 전쟁의 중요한 전략으로 여

---

27 김희진, 앞의 논문, pp. 63-64.

28 전쟁범죄와 관련하여, 유고국제형사재판소(International Criminal Tribunal for the Former Yugoslavia)와 르완다국제형사재판소(International Criminal Tribunal for Rwanda)가 만들어진 것은, 비로소 전시 성폭력이 전쟁범죄, 인도에 반한 죄, 그리고 집단살해죄를 구성한다는 여러 판결들을 바탕으로 비약적인 법리 발전을 이루었다는 증거이다. 또한 상설 국제형사재판소(International Criminal Court)는 강간 외에도 성적 노예화, 강제매춘, 강제임신, 강제불임, 기타 중대한 성폭력을 전쟁범죄 및 인도에 반한 죄의 행위유형으로 명시하고 있다. 강성영, "국제형사재판소의 전시 성폭력범죄의 처벌과 개인의 형사책임형태에 관한 고찰", 『국제법학회논총』 제65집 4호(2020), p. 32.

겨졌다. 고의적으로 적의 가족과 공동체, 문화를 파괴하고 이를 통해 상대의 전의를 상실시키는 방법으로서 전쟁 성폭력 범죄는 오랜 세월 동안 전쟁의 도구로 사용되었다. 적군으로 하여금 자신의 죽음보다 자신의 가족이 성폭행 피해자가 될 수 있다는 공포감을 증가시켜 전의를 상실하게 만들고, 여성들을 전리품으로서 자국의 병사들에게 유흥의 연료로 제공하여 승리를 위한 도구로 활용하였던 것이다.[29] 이처럼 전쟁 성폭력 범죄는 전쟁 상황에서 벌어지는 개인의 일탈이 아니라, 조직적으로 전쟁을 위한 수단으로 사용되고 있는 것이다.

따라서 유엔 안전보장이사회는 2008년에 전시 성폭력이 전쟁 수단으로 이용되고 있음을 인정하기도 하였는데,[30] 실제로 전시 상황에서 성폭력은 고위 지도자나 지휘관의 노골적이고 직접적인 계획과 지휘에 의해 자행되기도 하고, 묵인, 방조, 은폐 등을 통해 전쟁의 수단으로 양산되기도 했다. 암묵적인 지시나 동료의 부추김으로 인해 전투원 개인은 자신의 잘못을 인식하기보다는 합리화하고, 오히려 강간과 같은 성폭력 범죄가 승리의 과시수단으로 이해되기도 하였다.

1990년대 초반, 유고슬라비아 연방이 붕괴되면서 인종과 종교세력 간에 '인종청소(ethnic cleansing)'라는 이름으로 집단학살, 강간, 폭력적 감금 등의 잔혹행위가 일어나기 시작했다. 1992년부터 1995년까지 전개된 보스니아 전쟁 당시, 세르비아군은 보스니아계 무슬림 여성과 여아를 소위 '강간 공장(Rape Camp)'에 수용하고, 세르비아계 자녀 출산을 통해 민족 구성을 변경시킬 목적으로 2만여 명의 부녀자들을 집단 성폭행하고 강제로 임신시켰다. 이는 여성에 대한 고문행위이고, 반인도적인 전쟁 범죄일 뿐만 아니라, 한 집단을 말살하려는 의도로 성폭행

---

29 권정희, "전시 여성 성범죄 예방을 위한 방안"(대진대학교 통일대학원 석사학위연구보고서, 2017), 3.

30 유엔 안전보장이사회 결의 제1820호(2008.6.19.)

이 자행되었기 때문에 국제법상 학살(genocide)로 보고 있다.[31]

비슷한 시기 아프리카 르완다에서는 종족 갈등으로 인한 내전 끝에 최소 50만 명의 투치족이 다수 민족인 후투족에 의해 학살되고 집단 성폭행당하는 사건이 발생하였다. 후투족은 정치적이고 군사적인 목적으로 언론을 동원하여 성폭력 범죄를 부추겼다. 그들은 투치족 여성들은 스파이라며 이들에 대한 성폭력 범죄를 선동했다. 후투족 군인들은 투치족 여성들을 성폭행하는 것에 그치지 않고, 그 과정에서 가족을 살해하여 개인뿐만 아니라 투치족 공동체 전체를 공포로 몰아넣었다.

국제사회는 전쟁 성폭력 범죄가 민족, 인종에 대한 말살정책의 수단으로 이용되었다는 사실에 분개했고, 유엔 안전보장이사회는 1993년에 유고슬라비아와 르완다의 성폭력 범죄 문제를 다루기 위한 국제재판소 창설을 결정[32]하면서 여성에 대한 대규모의 조직적이고 체계적으로 시행된 구금과 강간 등 전시 성폭력을 강력히 규탄하고 이러한 범죄에 대해 엄중한 책임을 물을 것을 강조하였다.[33]

3. 전쟁 성폭력 범죄와 윤리적 책임

전쟁을 수행하는 과정에서 어떤 것이 정의인지 말하기는 쉽지 않다. 하지만 최소한 자신이 정의로운 전쟁에 참여하고 있다는 확신 없이 전쟁에 임하는 것은 위험하다. 왜냐하면 정의로운 전쟁에 대한 윤리적

31 김희진, 앞의 논문, p. 61.

32 유엔 안전보장이사회 결의 제808호(1993.2.22.) & 제827호(1993.5.3.).

33 강성영, 앞의 논문, pp. 36-37.

인 고민 없이 전투에 참여하는 것은 결국 한계와 모순에 빠지고, 이러한 모순은 효과적인 전쟁수행에 걸림돌이 될 수밖에 없기 때문이다. 그런 의미에서 전쟁 성폭력 범죄에 대한 윤리적 책임의 문제와 책임에 대한 고민은 군인에게 있어 매우 중요한 일이다.

역사적으로 강간과 같은 성폭력 범죄는 전쟁터에서 여성에 대한 고문의 수단으로 빈번하게 사용되어 왔으며, 다른 민족과 집단을 말살하기 위한 도구로까지 사용되었다. 이에 유엔 산하의 국제형사재판소(International Criminal Court)는 전시 성폭력을 평시 성폭력과 달리 특정 국민, 민족, 인종, 종교 집단을 파괴하는 의도적인 군사행위로 규정하고 있다.[34] 과거 강간으로 대표되는 전쟁 성폭력 범죄는 군인을 위한 보상(전리품)이나 사기 진작의 도구로 인식되었고, 범죄로 인식된다 하더라도 개인의 우발적인 일탈행위로 간주하여 처벌하지 않는 것이 일종의 관례였던 시절도 있었다. 전쟁 중 일어나는 다른 범죄들에 비하여 비교적 가벼운 것이라는 인식이 있었기 때문이다. 하지만 이제는 상황이 완전히 달라졌다. 전시 행해지는 성폭력은 심각한 전쟁범죄행위이며, 정의롭지 못한 전쟁의 대표적인 조건이 되어버렸다.

전쟁 성폭력 범죄를 바라보는 관점의 변화로 인해, 이제는 과거와 달리 전쟁 성폭력 범죄에 대해 상급자에게 지휘책임(Command Responsibility, Superior Responsibility)을 물어야 한다는 주장까지 대두되고 있다. 이와 관련하여 일종의 연좌제라는 비판도 있지만, 상급자가 주도한 것은 말할 필요도 없고, 처음부터 조직적인 성폭력 범죄를 계획하거나 지시하지 않았다고 하더라도 부하들에 의한 성폭력범죄의 발생과 확산을 저지하지 않았다면 그에게 형사책임을 추궁해야 한다는 것이다.[35] 따라서 지휘관은 평시부터 부하들에게 전쟁법을 교육해야 하며,

---

34 강성영, 위의 논문, p. 37.

35 국제재판소는 모든 전쟁범죄와 강간을 포함한 반인도적 범죄에 대한 책임자를 정의의 심판대에 올려놓기 위해 세워져야 한다. 강간을 행한 사람뿐 아니라 그것을 지시한 사

범죄 발생 시 책임자를 철저히 조사하고, 처벌하는 등의 후속조치를 수립해야만 형사책임을 면할 수 있다는 것을 명심해야 할 것이다.[36]

람, 그 행위를 막거나 사전에 방지할 수 있는 위치에 있는 사람들까지 책임을 물어야 한다. 유엔인권특별보고관 마조비에츠키(Mazowiecki)의 보고서(1993년 2월). 김희진, 앞의 논문, p. 65.

36 강성영, 앞의 논문, p. 59.

제3장

군대와 성윤리의 사례

사례학습 진행방법

사례연구는 토의법과 문제법을 혼합한 교육방법의 한 형태이다. 사례나 예시로 제시되는 문제 상황을 토의 또는 토론을 통해서 해결해 나가는 과정 속에서 그와 관련된 지식이나 사고능력, 정서적 태도 등을 얻을 수 있게 하는 학습방법이다(권영창 외, 『효과적인 교수-학습을 위한 교육방법론』, 형설출판사, 2008).

또한 사례연구는 학습자들 스스로 연구하고 토의하며 문제를 해결해 나가는 과정에서 창의적이고 발전 지향적으로 지식을 확장해 나갈 수 있으며, 협동학습을 통해 동료들과 유대관계를 강화하고 협업능력을 향상시킬 수 있다.

사례연구 방식의 수업 진행을 위해 제5부에서는 4개의 사례를 선정하였으며, 토의주제를 함께 제시하여 보다 쉽고 효율적으로 토의식 수업을 진행토록 하였다.

사례를 적용한 수업방식은 다양하게 할 수 있으나, 본 교재에서는 다음과 같은 방법을 제안한다.

1단계 : 선행학습 - 토의용 사례와 주제에 대해 개인연구안 작성

2단계 : 핵심강의 - 교수에 의한 핵심 이론강의

3단계 : 조별학습 - 개인안 토의 및 발표, 조 발표안 작성

4단계 : 학급토의 - 각 조별 발표 및 토의(다양한 토의방법 적용)

5단계 : 교수 강평 및 보충강의

사례

1. 성폭력 범죄의 인지와 딜레마
2. 병영 내 성폭력 범죄 사례
3. 전쟁 성폭력 범죄에 맞선 노벨평화상
4. 전쟁 성폭력 범죄에 대한 유죄판결

1. 성폭력 범죄의 인지와 딜레마

부대 주임원사인 A는 참모부 실무자로 근무하고 있는 여군 B 간부로부터 상담요청을 받았다. 상담은 B가 같은 부대에 근무하고 있는 C 간부로부터 부적절한 신체접촉과 더불어 성과 관련한 희롱성 발언을 들었다고 고충을 토로하는 내용이 주를 이루었다.

사건은 B가 부대로 전입 온 지 한 달쯤 되었을 때, 상급부대 검열을 마치고 해당 부서장 주관 회식이 끝난 후, 노래방에서 2차 여흥을 즐기던 중에 발생하였다. B는 현장에서 다른 사람들이 보는 눈이 있어서 애써 참았지만, 생각할수록 수치스럽고 억울하여 매우 고통스럽다고 하였다. 하지만, 부대에서 생활을 계속하고 진급도 하고 싶은 B는 이 사건이 공론화되는 것이 싫고, 자신에 대한 평정권을 가지고 있는 C 간부로부터 혹여나 인사상 불이익을 받을까봐 걱정하였다. 그리고 본인이 정식으로 신고하기까지 주임원사는 보고하지 말고 알고만 있어달라고 부탁하였다.

주임원사는 이런 고충내용을 듣고 즉시 보고하고자 하였으나, 잠시 관련 규정을 찾아보니 즉각 보고해야 한다는 규정도 있지만, 피해자의 의사에 반해 보고하여 피해자의 신분이 노출되어 2차 피해가 예상될 경우 피해자의 의견을 따라야 한다는 규정도 함께 있어 매우 난감한 상황에 빠지게 되었다.

[관련 규정]

○ 군인의 지위 및 복무에 관한 기본법 제43조

군인은 병영생활에서 다른 군인이 구타, 폭언, 가혹행위 및 집단 따돌림 등 사적 제재를 하거나 성추행 및 성폭력 행위를 한 사실을 알게 된 경우에는 즉시 상관에게 보고하거나 군인권보호관 또는 군 수사기관 등에 신고하여야 한다.

○ 국방부 부대관리 훈령 제244조

성폭력을 처리하는 자는 피해자와 그 대리인의 보호를 최우선으로 고려하여야 하며, 피해자 또는 대리인의 동의 없이 그들의 신원이 노출될 우려가 있는 어떠한 자료도 공개하거나 누설해서는 아니 된다.

토의주제

1. 주임원사가 상담 후 빠진 딜레마 상황은 무엇인가?
2. B 간부가 입은 피해는 무엇이며, 가해자인 C 간부의 잘못은 무엇인가?
3. 주임원사는 어떠한 선택과 조치를 취해야 하는지 즉각 보고와 피해자 보호로 입장을 나누어서 토의해 보자.

2. 병영 내 성폭력 범죄 사례

○ 부대 참모부 간부로 근무 중인 A는 같은 사무실에 근무하는 부하 간부들과 용사들의 긴장을 풀어주고 적응을 돕기 위해서라는 이유로 수시로 그들의 어깨를 감싸거나 주무르고, 때로는 귓볼을 만지며 귀에 입김을 불어넣는 행위를 하였다. A의 이러한 행위는 자신의 행위를 참지 못한 B 병사가 부대 내 양성평등상담관에게 고충을 신고하면서 멈춰지게 되었고, A는 성추행 피의자로서 처벌을 받았다.

○ 소대장으로 근무하고 있는 C는 당직근무 간에 생활관 순찰 중 D 상병이 핸드폰을 이용하여 음란 동영상을 시청하고 있는 것을 발견하

였다. 잠시 젊은 남성들이 군대에서 외부와 차단된 가운데 지내니 그럴 수도 있겠다고 생각하였으나 D 상병의 행위가 주위의 다른 병사들에게 성적 수치심을 줄 수 있다는 생각에 D 상병의 행동을 제지하였다.

○ 참모부 책임자로 근무하고 있는 X는 유부남임에도 불구하고 아직 미혼인 부하 여군 F를 수시로 사무실로 불러서 사적인 이야기를 하며 "다시 결혼한다면 너 같은 여자와 하고 싶다. 주말에 같이 영화 보러 가자"라고 하는 등 적절치 못한 대화를 하였다. 또한 수시로 좋아한다고 말하고 하트 표시를 보내는 등 부적절한 행동으로 F에게 스트레스를 주는 등 복무부적응을 유발하였다. 이후 X는 성희롱으로 신고되어 처벌을 받았다.

토의주제

1. 첫 번째 사례에서 A는 성폭력 범죄 위반으로 처벌을 받았다. 그 이유에 대해서 설명하고 예방을 위한 방법에 대해서 토의해 보자.
2. 두 번째 사례에서 D 상병의 행위를 제지한 소대장 C의 행동이 옳은지 아니면 그른지 토의하고, 만일 옳다면 D 상병은 무엇을 잘못했는지에 대해서 토의해 보자.
3. 세 번째 사례에서 X가 처벌받은 이유와 이러한 행위를 예방하기 위해서 무엇을 해야 하는지에 대해서 토의해 보자.

3. 전쟁 성폭력 범죄에 맞선 노벨평화상

2018년 노벨평화상 수상의 영예를 안은 드니 무퀘게(66)와 나디아 무라드(28)는 전쟁 성폭력 범죄와 싸워온 인권운동가들이다. 노벨위원회는 두 수상자에 대해 "전쟁범죄(전쟁 무기로서의 성폭력)와 싸우고 그에 관한 주의를 환기하는 데 결정적인 기여를 했다"며 "각자의 방식으로 전시 성폭력을 더 크게 조명할 수 있도록 도왔고, 이를 통해 가해자들이 자신의 행동에 책임을 질 수 있도록 했다"고 소개했다.

콩고민주공화국의 산부인과 의사인 무퀘게는 내전과정에서 반군에게 성폭행을 당한 여성 피해자 수천 명을 치료하고 재활하는 일에 일생을 바쳤다. 노벨위원회는 그가 "전쟁과 무력분쟁 과정에서 발생한 성폭력을 종식하는 노력을 하는 데 국내외적으로 가장 중요한 상징적 인물"이라 평가했다.

민주 콩고에서는 오랜 내전으로 600만 명 이상이 사망했으며, 여성들은 극심한 성폭력에 시달려왔다. 프랑스에서 유학한 무퀘게는 고향 부카부에 산부인과 병원인 '판지병원'을 설립, 성폭력 피해자 치료에 전념했다. 피해 여성들의 심리치료를 비롯해 사회 · 경제적 자립을 위한 교육, 직업훈련, 소액대출 등의 서비스도 제공했다. 그는 2012년 유엔에서 반군 세력 처벌을 촉구하는 연설을 했다. 성폭력을 막을 수 있는 내전 종식을 위해 국제사회의 도움을 호소해왔다. 무퀘게는 이미 수년간 노벨평화상 후보로 거론돼왔다. 2008년 프랑스 정부 특별인권상과 유엔 인권상, 2009년 올해의 아프리카인상, 2014년 유럽의회가 수여하는 사하로프 인권상 등도 수상했다. 2016년에는 서울평화상 수상자로 선정됐다. 당시 한국 방문 중 연합뉴스와의 인터뷰에서 "성폭력은 한 인간의 인간성을 부정하는 행위"라며 일본의 전시 성폭력인 위안부 문제에 대해 공감을 표하기도 했다.

이라크 소수민족인 야지디족 여성인 나디아 무라드는 전쟁범죄의 피해자이자 증언자이다. 극단주의 무장단체 '이슬람국가'(IS)의 성노예라는 트라우마를 딛고, 국제사회에 IS의 만행을 고발해왔다. IS는 2014년 8월 이라크 북부에 모여 사는 야지디족을 급습해 수천 명을 죽이고 어린이와 여성들을 납치했다. 무라드는 21살 때 IS가 점령한 모술로 끌려갔고, 성폭행을 당하며 여러 차례 노예로 팔려 다녔다. 3개월 만에 가까스로 탈출한 무라드는 2015년 난민으로 인정받아 독일에 살고 있다. 그는 자신이 겪은 참상에 침묵하지 않았다. 2015년 9월 비영리 구호단체 야즈다와 함께 IS를 민족말살 혐의로 국제형사재판소(ICC)에 제소했다.

2016년 9월에는 유엔마약범죄사무소(UNODC)의 첫 '인신매매 생존자 존엄성'을 위한 친선대사로 임명돼 인신매매 피해자, 특히 난민 여성과 소녀들이 처한 참상을 알리는 데 앞장서 왔다. 같은 해 10월에는 유럽평의회로부터 '바츨라프 하벨 인권상'을 받았다. 당시 그는 시상식에서 "'강간'이라는 말이 무슨 뜻인지도 모르는 8살짜리 소녀도 납치돼 성노예가 됐고, 가족 전체가 말살당한 사람도 있었다"고 회고한 뒤 "붙잡혀 있는 여성들이 돌아오고, 범죄자들이 책임지는 모습을 보면 그때 나도 내 삶으로 돌아갈 것"이라고 말했다.[37]

토의주제

1. 무퀘게와 무라드의 노벨평화상 수상은 어떤 의미를 가지는가?
2. 두 사람의 사례를 통해, 전쟁 성폭력 범죄가 전쟁의 도구와 수단이 된다는 말을 설명해 보자.
3. 무퀘게와 무라드의 삶이 우리에게 주는 교훈이 무엇인지 토의해 보자.

---

37 '전쟁 성폭력 범죄'에 맞선 노벨평화상 2인… "정의는 모든 사람의 일", 연합뉴스(2018. 10.05).

4. 전쟁 성폭력 범죄에 대한 유죄판결

2019년 7월 8일 네덜란드 헤이그에 소재한 국제형사재판소(International Criminal Court)에서 역사상 처음으로 성노예로 인한 전쟁범죄에 대한 유죄판결이 선고되었다. 종신형이 전망됐으나 최종 형량은 징역 30년으로 결정됐다. ICC는 유기징역은 최고 30년까지 선고할 수 있고, 종신형을 선고할 수 있는 재량권을 가지고 있다. 30년형을 선고받은 것은 콩고민주공화국의 반군지도자 은타간다가 처음이다. 종군 성노예는 만연하게 존재해 왔으나 국제법에서는 이에 대하여 침묵해 왔으며 가해자에 대한 책임규명은 제대로 이루어지지 않았다. 1998년 국제형사재판소에 관한 로마규정(Rome Statute of the International Criminal Court)이 역사상 처음으로 강간 · 강제매춘 · 강제임신 등과 함께 성노예를 인도주의에 반한 죄뿐만 아니라 전쟁범죄를 구성할 수 있는 범죄로 규정하였고, 이에 따라 책임자에 대한 형사처벌 가능성에 대한 기대가 높아져 갔다. 마침내 2019년 7월 국제형사재판소 1심 재판부는 아프리카 콩고민주공화국의 전 반군 지도자 보스코 은타간다(Bosco Ntaganda)에 대하여 2002~2003년 콩고 이투리 지역에서 발생한 강간 및 성노예 등으로 인한 전쟁범죄와 인도주의에 반한 죄에 대해 유죄를 선고하였다. 여기에 산하 반군단체의 지휘관과 병사들이 같은 부대에 소속된 15세 미만의 아동병사(child soldier, 소년병과 소녀병)를 상대로 저지른 강간과 성노예로 삼은 행위에 대해서도 책임이 있다고 중첩 기소되었다.[38]

38 "국제형사재판소 '성노예'에 관한 첫 유죄판결 선고", 법률신문(2020.9.7).

토의주제

1. 보스코 은타간다는 어떤 전쟁범죄와 관련하여 유죄를 선고받았으며, 왜 그것이 처벌대상인가?
2. 은타간다의 사례와 같이, 전쟁 성폭력 범죄에 대해서는 상급자에게 지휘책임(Command Responsibility, Superior Responsibility)을 물어야 한다는 국제형사재판소의 판결이 주는 의미와 그것이 가진 한계는 무엇이라고 생각하는가?
3. 전쟁 성폭력 범죄를 막기 위한 지휘관의 역할과 책임에 대해서 토의해 보자.

부록

부록 1. 군인의 지위 및 복무에 관한 기본법

부록 2. 국방 양성평등 지원에 관한 훈령

부록 1. 군인의 지위 및 복무에 관한 기본법

(약칭: 군인복무기본법)

[시행 2020. 5. 27.] [법률 제16584호, 2019. 11. 26, 일부개정]

제1장 총칙

제1조(목적) 이 법은 국가방위와 국민의 보호를 사명으로 하는 군인의 기본권을 보장하고, 군인의 의무 및 병영생활에 대한 기본사항을 정함으로써 선진 정예 강군 육성에 이바지하는 것을 목적으로 한다.

제2조(정의) 이 법에서 사용하는 용어의 뜻은 다음과 같다.

1. "군인"이란 현역에 복무하는 장교 · 준사관 · 부사관 및 병(兵)을 말한다.
2. "지휘관"이란 중대급 이상의 단위부대의 장, 함선부대의 장 또는 함정, 항공기를 지휘하는 자를 말한다.
3. "상관"이란 명령복종관계에 있는 사람 사이에서 명령권을 가진 사람으로서 국군통수권자부터 당사자의 바로 위 상급자까지를 말한다.
4. "명령"이란 상관이 직무상 내리는 지시를 말한다.
5. "병영생활"이란 내무생활, 근무, 교육훈련, 그 밖의 병영을 중심으로 이루어지는 모든 활동을 말한다.
6. "내무생활"이란 영내 거주의무가 있는 군인의 생활관을 중심으로 이루어지는 일상활동을 말한다.

제3조(적용범위) 이 법은 군인에게 적용하되, 다음 각 호의 사람에게는 군인에 준하여 이 법을 적용한다.

1. 사관생도 · 사관후보생 · 준사관후보생 및 부사관후보생

2. 소집되어 군에 복무하는 예비역 및 보충역

3. 군무원

제4조(국가의 책무) ① 국가는 군인의 기본권을 보장하기 위하여 필요한 제도를 마련하여야 하며 이를 위한 시책을 적극적으로 추진하여야 한다.

② 국가는 군인이 임무를 충실히 수행하고 군 복무에 대한 자긍심을 높일 수 있도록 복무여건을 개선하고 군인의 삶의 질 향상을 위하여 노력하여야 한다.

제5조(국군의 강령) ① 국군은 국민의 군대로서 국가를 방위하고 자유 민주주의를 수호하며 조국의 통일에 이바지함을 그 이념으로 한다.

② 국군은 대한민국의 자유와 독립을 보전하고 국토를 방위하며 국민의 생명과 재산을 보호하고 나아가 국제평화의 유지에 이바지함을 그 사명으로 한다.

③ 군인은 명예를 존중하고 투철한 충성심, 진정한 용기, 필승의 신념, 임전무퇴의 기상과 죽음을 무릅쓰고 책임을 완수하는 숭고한 애국애족의 정신을 굳게 지녀야 한다.

제6조(다른 법률과의 관계) 군인의 복무에 관한 다른 법률을 제정 또는 개정하는 경우에는 이 법의 목적과 기본이념에 맞도록 하여야 한다.

제2장 군인복무기본정책 등

제7조(군인복무기본정책) ① 국방부장관은 군인복무기본정책(이하 "기본정책"이라 한다)을 5년마다 수립하여야 한다.

② 기본정책에는 다음 각 호의 사항이 포함되어야 한다.

1. 기본목표

2. 연도별 · 과제별 추진계획

3. 재원(財源) 확보에 관한 사항

4. 그 밖에 군인의 복무에 관하여 중요한 사항

③ 기본정책은 제8조에 따른 군인복무정책심의위원회의 심의를 거쳐 확정한다.

④ 국방부장관은 기본정책에 따라 그 시행계획을 수립하고 시행하여야 한다.

⑤ 기본정책과 제4항에 따른 시행계획의 수립에 필요한 사항은 대통령령으로 정한다.

제8조(군인복무정책심의위원회의 설치) 다음 각 호의 사항을 심의하기 위하여 국방부장관 소속으로 군인복무정책심의위원회(이하 "위원회"라 한다)를 둔다.

1. 군인의 기본권 보장에 관한 사항
2. 군인의 의무에 관한 사항
3. 기본정책의 수립에 관한 사항
4. 군인복무와 관련한 법령과 제도의 개선에 관한 사항
5. 그 밖에 군인복무와 관련하여 위원장이 심의에 부치는 사항

제9조(위원회의 구성 등) ① 위원회는 위원장 1명을 포함한 12명 이내의 위원으로 구성한다.

② 위원장은 국방부장관으로 하고, 위원은 다음 각 호의 사람으로 한다.

1. 합참의장, 각 군 참모총장 및 해병대 사령관
2. 국회 소관 상임위원회에서 추천하는 사람 중에서 국방부장관이 위촉하는 사람 3명
3. 군인의 기본권 보장 등에 관하여 전문적 학식과 경험이 풍부한 사람 중에서 국방부장관이 위촉하는 사람 3명

③ 제2항제2호 및 제3호에 따라 위촉된 위원의 임기는 2년으로 하고, 한

차례만 연임할 수 있다.

④ 국방부장관은 제2항제2호 및 제3호에 따라 위촉된 위원이 다음 각 호의 어느 하나에 해당하는 경우에는 해당 위원을 해촉(解囑)할 수 있다. 〈신설 2019. 11. 26.〉

1. 심신장애로 인하여 직무를 수행할 수 없게 된 경우
2. 직무와 관련된 비위 사실이 있는 경우
3. 직무태만, 품위손상, 군의 정치적 중립성 훼손이나 그 밖의 사유로 인하여 위원으로 적합하지 아니하다고 인정되는 경우
4. 위원 스스로 직무를 수행하는 것이 곤란하다고 의사를 밝히는 경우

⑤ 그 밖에 위원회의 운영에 필요한 사항은 대통령령으로 정한다. 〈개정 2019. 11. 26.〉

제3장 군인의 기본권

제10조(군인의 기본권과 제한) ① 군인은 대한민국 국민으로서 일반 국민과 동일하게 헌법상 보장된 권리를 가진다.

② 제1항에 따른 권리는 법률에서 정한 군인의 의무에 따라 군사적 직무의 필요성 범위에서 제한될 수 있다.

제11조(평등대우의 원칙) 군인은 이 법의 적용에 있어 평등하게 대우받아야 하며 차별을 받지 아니한다.

제12조(영내대기의 금지) ① 지휘관은 영내 거주 의무가 없는 군인을 근무시간 외에 영내에 대기하도록 하여서는 아니 된다. 다만, 다음 각 호의 어느 하나에 해당하는 경우에는 그러하지 아니하다.

1. 전시 · 사변 또는 이에 준하는 국가비상사태가 발생한 경우
2. 침투 및 국지도발(局地挑發) 상황 등 작전상황이 발생한 경우

3. 경계태세의 강화가 필요한 경우
4. 천재지변이나 그 밖의 재난이 발생한 경우
5. 소속 부대의 교육훈련 · 평가 · 검열이 실시 중인 경우

② 제1항 단서에 따라 영내대기를 시킬 수 있는 세부기준 등 필요한 사항은 대통령령으로 정한다.

제13조(사생활의 비밀과 자유) 국가는 병영생활에서 군인의 사생활의 비밀과 자유가 최대한 보장되도록 하여야 한다.

제14조(통신의 비밀보장) ① 군인은 서신 및 통신의 비밀을 침해받지 아니한다.

② 군인은 작전 등 주요임무수행과 관련된 부대편성 · 이동 · 배치와 주요직위자에 관한 사항 등 군사보안에 저촉되는 사항을 통신수단 및 우편물 등을 이용하여 누설하여서는 아니 된다.

제15조(종교생활의 보장) ① 지휘관은 부대의 임무 수행에 지장이 없는 범위에서 군인의 종교생활을 보장하여야 한다.

② 영내 거주 의무가 있는 군인은 지휘관이 지정하는 종교시설 및 그 밖의 장소(이하 "종교시설등"이라 한다)에서 행하는 종교의식에 참여할 수 있으며, 종교시설등 외에서 행하는 종교의식에 참여하고자 할 때에는 지휘관의 허가를 받아야 한다.

③ 모든 군인은 자기의 의사에 반하여 종교의식에 참여하도록 강요받거나 참여를 제한받지 아니한다. 〈신설 2018. 12. 24.〉

제16조(대외발표 및 활동) 군인이 국방 및 군사에 관한 사항을 군 외부에 발표하거나, 군을 대표하여 또는 군인의 신분으로 대외활동을 하고자 할 때에는 국방부장관의 허가를 받아야 한다. 다만, 순수한 학술 · 문화 · 체육 등의 분야에서 개인적으로 대외활동을 하는 경우로서 직무수행에 지장이 없는 경우에는 그러하지 아니하다.

제17조(의료권의 보장) 군인은 건강을 유지하고 복무 중에 발생한 질병이나 부상을 치료하기 위하여 적절하고 효과적인 의료처우를 받을 권리가 있다.

제17조의2(미세먼지에 따른 외부활동 제한 등) ① 지휘관은 그 부대가 활동하는 지역의 「미세먼지 저감 및 관리에 관한 특별법」 제2조제1호에 따른 미세먼지 농도가 「대기환경보전법」 제8조에 따른 대기오염경보 발령기준 이상일 경우 작전임무수행을 제외한 외부활동을 제한하고 개인보호장구를 지급하는 등 필요한 조치를 취하도록 노력하여야 한다.

② 국방부장관은 병영생활에 필요한 시설의 실내공기질 실태를 파악하고 이를 관리하기 위하여 대통령령으로 정하는 바에 따라 필요한 조치를 취하도록 노력하여야 한다.

③ 국방부장관은 관계 중앙행정기관의 장에게 제1항에 따른 미세먼지에 관한 정보를 제공하여 줄 것을 요청할 수 있다.

[본조신설 2019. 11. 26.]

제18조(휴가 등의 보장) ① 군인은 대통령령으로 정하는 바에 따라 휴가 · 외출 · 외박을 보장받는다.

② 지휘관은 다음 각 호의 어느 하나에 해당하는 경우에는 군인의 휴가 · 외출 · 외박을 제한하거나 보류할 수 있다.

1. 전시 · 사변 또는 이에 준하는 국가비상사태가 발생한 경우
2. 침투 및 국지도발 상황 등 작전상황이 발생한 경우
3. 천재지변이나 그 밖의 재난이 발생한 경우
4. 소속부대의 교육훈련 · 평가 · 검열이 실시 중이거나 실시되기 직전인 경우
5. 형사피의자 · 피고인 또는 징계심의대상자인 경우
6. 환자로서 휴가를 받기에 적절하지 아니한 경우
7. 전투준비 등 부대임무수행을 위해 부대병력유지가 필요한 경우

제4장 군인의 의무 등

제19조(선서) 군인은 입영하거나 임관할 때에는 대통령령으로 정하는 바에 따라 선서하여야 한다.

제20조(충성의 의무) 군인은 국군의 사명인 국가의 안전보장과 국토방위의 의무를 수행하고, 국민의 생명 · 신체 및 재산을 보호하여 국가와 국민에게 충성을 다하여야 한다.

제21조(성실의 의무) 군인은 직무 수행에 따르는 위험과 책임을 회피하지 아니하고 성실하게 그 직무를 수행하여야 한다.

제22조(정직의 의무) 군인은 명령의 하달이나 전달, 보고 및 통보를 할 때에 정직하여야 한다.

제23조(청렴의 의무) ① 군인은 직무와 관련하여 직접 또는 간접을 불문하고 사례 · 증여 또는 향응을 주거나 받아서는 아니 된다.

② 군인은 직무상의 관계 여하를 불문하고 그 소속 상관에게 증여하거나 소속 부하로부터 증여를 받아서는 아니 된다.

제24조(명령 발령자의 의무) ① 군인은 직무와 관계가 없거나 법규 및 상관의 직무상 명령에 반하는 사항 또는 자신의 권한 밖의 사항에 관하여 명령을 발하여서는 아니 된다.

② 명령은 지휘계통에 따라 하달하여야 한다. 다만, 부득이한 경우에는 지휘계통에 따르지 아니하고 하달할 수 있고, 이 경우 명령자와 수명자는 이를 지체 없이 지휘계통의 중간지휘관에게 알려야 한다.

③ 명령의 하달은 신속 · 정확하게 이루어져야 한다.

④ 군인은 자신이 내린 명령의 이행 결과에 대하여 책임을 진다.

제25조(명령 복종의 의무) 군인은 직무를 수행할 때 상관의 직무상 명령에 복종하여야 한다.

제26조(사적 제재 및 직권남용의 금지) 군인은 어떠한 경우에도 구타, 폭언, 가혹행위 및 집단 따돌림 등 사적 제재를 하거나 직권을 남용하여서는 아니 된다.

제27조(군기문란 행위 등의 금지) ① 군인은 다음 각 호의 행위를 하여서는 아니 된다.

1. 성희롱 · 성추행 및 성폭력 등의 행위
2. 상급자 · 하급자나 동료를 음해(陰害)하거나 유언비어를 유포하는 행위
3. 의견 건의 또는 고충처리 등을 고의로 방해하거나 부당한 영향을 주는 행위
4. 그 밖에 군기를 문란하게 하는 행위

② 제1항에 따른 금지행위에 관한 세부기준은 국방부령으로 정한다.

제28조(비밀 엄수의 의무) ① 군인은 복무 중일 때뿐만 아니라 전역 후에도 복무 중 알게 된 비밀을 엄격히 지켜야 한다.

② 군인은 직무상 알게 된 비밀을 공무 외의 목적으로 사용하여서는 아니 된다.

제29조(직무이탈 금지) 군인은 상관의 허가 또는 정당한 사유 없이 직무를 이탈하여서는 아니 된다.

제30조(영리행위 및 겸직 금지) ① 군인은 군무(軍務) 외에 영리를 목적으로 하는 업무에 종사하지 못하며 국방부장관의 허가를 받지 아니하고는 다른 직무를 겸할 수 없다.

② 제1항에 따른 영리를 목적으로 하는 업무의 범위 등에 관한 사항은

대통령령으로 정한다.

제31조(집단행위의 금지) ① 군인은 다음 각 호에 해당하는 집단행위를 하여서는 아니 된다.

1. 노동단체의 결성, 단체교섭 및 단체행동
2. 군무에 영향을 주기 위한 목적의 결사 및 단체행동
3. 집단으로 상관에게 항의하는 행위
4. 집단으로 정당한 지시를 거부하거나 위반하는 행위
5. 군무와 관련된 고충사항을 집단으로 진정 또는 서명하는 행위

② 군인은 사회단체에 가입하고자 하는 경우에는 국방부장관의 허가를 받아야 한다. 다만, 순수한 학술 · 문화 · 체육 · 친목 · 종교 활동을 목적으로 하는 단체 등 대통령령으로 정하는 단체의 경우에는 그러하지 아니한다.

③ 국방부장관은 제2항 단서에 따른 단체의 목적이나 활동이 군인의 의무에 위반되거나 직무 수행에 지장을 준다고 인정하는 경우에는 그 단체의 가입을 제한하거나 탈퇴를 명할 수 있다.

제32조(불온표현물 소지 · 전파 등의 금지) 군인은 불온 유인물 · 도서 · 도화, 그 밖의 표현물을 제작 · 복사 · 소지 · 운반 · 전파 또는 취득하여서는 아니 되며, 이를 취득한 때에는 즉시 상관 또는 수사기관 등에 신고하여야 한다.

제33조(정치 운동의 금지) ① 군인은 정당이나 그 밖의 정치단체의 결성에 관여하거나 이에 가입할 수 없다.

② 군인은 선거에서 특정 정당 또는 특정인을 지지 또는 반대하기 위한 다음 각 호의 행위를 하여서는 아니 된다.

1. 투표를 하거나 하지 아니하도록 권유 운동을 하는 것
2. 서명 운동을 기도 · 주재하거나 권유하는 것

3. 문서나 도서를 공공시설 등에 게시하거나 게시하게 하는 것
4. 기부금을 모집 또는 모집하게 하거나, 공공자금을 이용 또는 이용하게 하는 것
5. 타인에게 정당이나 그 밖의 정치단체에 가입하게 하거나 가입하지 아니하도록 권유 운동을 하는 것

③ 군인은 다른 군인에게 제1항과 제2항에 위배되는 행위를 하도록 요구하거나, 정치적 행위에 대한 보상 또는 보복으로서 이익 또는 불이익을 약속하여서는 아니 된다.

제34조(전쟁법 준수의 의무) ① 군인은 무력충돌 행위에 관련된 모든 국제법 중에서 대한민국이 당사자로서 가입한 조약과 일반적으로 승인된 국제법규(이하 "전쟁법"이라 한다)를 준수하여야 한다.
② 군인은 전쟁법을 숙지하여야 하며, 국방부장관은 대통령령으로 정하는 바에 따라 군인에게 전쟁법에 대한 교육을 실시하여야 한다.

제5장 병영생활

제35조(군인 상호간의 관계) ① 군인은 동료의 인격과 명예, 권리를 존중하며, 전우애에 기초하여 동료를 곤경과 위험으로부터 보호하여야 한다.
② 군인은 동료의 가치관을 존중하고 배려하여야 한다.
③ 병 상호 간에는 직무에 관한 권한이 부여된 경우 이외에는 명령, 지시 등을 하여서는 아니 된다.

제36조(상관의 책무) ① 상관은 직무수행 시는 물론 직무 외에서도 부하에게 모범을 보여야 한다.
② 상관은 직무에 관하여 부하를 지휘 · 감독하여야 한다.
③ 상관은 부하의 인격을 존중하고 배려하여야 한다.

④ 상관은 직무와 관계가 없거나 법규 및 상관의 직무상 명령에 반하는 사항 또는 자신의 권한 밖의 사항 등을 명령하여서는 아니 된다.

제37조(다문화 존중) ① 군인은 다문화적 가치를 존중하여야 한다.

② 국방부장관은 군인에게 다문화적 가치의 존중과 이해를 위한 교육을 매년 1회 이상 실시하여야 한다. 〈개정 2019. 11. 26.〉

제38조(기본권교육 등) ① 국방부장관은 「대한민국헌법」과 이 법에서 보장하고 있는 군인의 기본권과 의무 및 기본권 침해시 구제절차 등에 관한 교육(이하 "기본권교육"이라 한다)을 매년 4회 이상 실시하여야 한다. 〈개정 2019. 11. 26.〉

② 국방부장관은 다음 각 호에 해당하는 사람에 대하여 대통령령으로 정하는 바에 따라 기본권교육을 실시하여야 한다. 이 경우 제3호 및 제4호에 해당하는 사람에 대하여는 신병기본군사훈련기간 또는 군사교육소집기간 중에 기본권교육을 실시하여야 한다. 〈개정 2019. 11. 26.〉

1. 중대급 이상의 부대 또는 중대급 이상의 부대에 상응하는 조직의 지휘관 또는 책임자로 임명이 예정된 사람
2. 이 법 제3조제1호에 따른 사람
3. 현역병으로 입영한 사람
4. 「병역법」 제55조제1항에 따라 군사교육을 위하여 소집된 사람

③ 각 군 참모총장 및 해병대사령관은 기본권교육을 위한 세부 실시 사항을 수립하여 시행하여야 한다. 〈신설 2019. 11. 26.〉

④ 각 군 참모총장 및 해병대사령관은 매년 2월 말까지 전년도 기본권교육 시행 결과를 국방부장관에게 보고하여야 한다. 〈신설 2019. 11. 26.〉

⑤ 제1항부터 제4항까지의 규정 외에 기본권교육의 실시에 필요한 사항은 대통령령으로 정한다. 〈신설 2019. 11. 26.〉

제38조의2(군기훈련) ① 지휘관은 군기의 확립을 위하여 필요한 경우 다음 각 호에 해당하는 사람을 대상으로 군기훈련을 실시할 수 있다. 이 경우 군기훈련은 공개된 장소에서 훈련대상자의 신체상태를 고려하여 체력을 증진시키거나 정신을 수양하는 등의 방법으로 실시하여야 한다.

1. 현역에 복무하는 군인
2. 사관생도 · 사관후보생 · 준사관후보생 및 부사관후보생
3. 소집되어 군에 복무하는 예비역 및 보충역

② 제1항에 따른 군기훈련은 지휘관의 명령을 받은 장교 · 준사관 및 부사관이 실시할 수 있다.

③ 제1항에 따른 군기훈련을 실시한 지휘관은 매년 2월 말까지 전년도 군기훈련 실시 결과를 장성급 지휘관에게 보고하여야 한다. 이 경우 군기훈련 실시 사유 및 횟수 등 대통령령으로 정하는 사항을 포함하여야 한다.

④ 군기훈련의 종류 및 방법, 군기훈련 실시 결과 보고의 절차, 그 밖에 군기훈련의 실시에 필요한 사항은 대통령령으로 정한다.

[본조신설 2019. 11. 26.]

제6장 군인의 권리구제

제39조(의견 건의) ① 군인은 군과 관련된 제도의 개선 등 군에 유익한 의견이나 복무와 관련된 정당한 의견이 있는 경우에는 지휘계통에 따라 단독으로 상관에게 건의할 수 있다.

② 군인은 제1항에 따른 의견 건의를 이유로 불이익한 처분이나 대우를 받지 아니한다.

③ 제1항에 따른 건의를 접수한 상관은 그 내용을 검토한 후 검토 결과를 14일 이내에 건의한 당사자에게 서면이나 구술 등의 방법으로 통보하여야 한다.

④ 제1항에 따른 건의를 접수한 상관은 건의사항이 제41조제1항에 따른 병영생활 전문상담관 또는 같은 조 제2항에 따른 성고충 전문상담관의 상담사항에 해당한다고 판단하는 경우 지체 없이 건의한 당사자가 해당 전문상담관의 상담을 받을 수 있도록 하여야 한다. 〈신설 2018. 12. 24.〉

제40조(고충 처리) ① 군인은 근무여건 · 인사관리 및 신상문제 등에 관하여 군인고충심사위원회에 고충의 심사를 청구할 수 있다.

② 군인은 제1항에 따른 고충심사 청구를 이유로 불이익한 처분이나 대우를 받지 아니한다.

③ 제1항에 따라 청구된 고충을 심사하기 위하여 국방부, 각 군 본부 및 장성급(將星級) 장교가 지휘하는 부대에 군인고충심사위원회를 둔다. 〈개정 2017. 3. 21.〉

④ 청구인은 심사 결과에 이의가 있는 경우에는 다음 각 호에 따른 위원회에 재심(再審)을 청구할 수 있다. 〈개정 2017. 3. 21.〉

1. 장교 · 준사관 · 부사관: 「군인사법」 제51조에 따른 중앙 군인사소청심사위원회
2. 병: 차상급 장성급 장교 지휘 부대에 설치된 군인고충심사위원회

⑤ 군인고충심사위원회의 구성 · 운영과 심사절차에 필요한 사항은 대통령령으로 정한다.

제41조(전문상담관) ① 군인이 다음 각 호의 사항으로 군 생활의 고충이나 어려움을 호소하는 경우에 이에 대한 상담 등을 하기 위하여 대통령령으로 정하는 규모 이상의 부대 또는 기관에 병영생활 전문상담관을 둔다.

1. 군 생활에 따른 부적응에 관한 사항
2. 가족관계 및 개인 신상에 관한 사항
3. 구타, 폭언, 가혹행위 및 집단 따돌림 등 군 내 기본권 침해에 관한 사항

4. 질병 · 질환 및 건강 악화 등 신체에 관한 사항
5. 장기복무 군인가족의 자녀교육 및 현지생활 부적응 등 사회복지에 관한 사항
6. 그 밖에 군 생활로 인하여 발생하는 고충이나 어려움에 관한 사항

② 성희롱, 성폭력, 성차별 등 성(性) 관련 고충 상담을 전담하기 위하여 대통령령으로 정하는 규모 이상의 부대 또는 기관에 성(性)고충 전문상담관을 둔다.

③ 제1항에 따른 병영생활 전문상담관과 제2항에 따른 성고충 전문상담관(이하 "전문상담관"이라 한다)은 군 생활 또는 개인 신상문제 등으로 인한 어려움을 겪고 있는 군인에 대하여 상담을 실시하고, 전문상담관이 배치되어 있는 부대 또는 기관의 장에게 피해자의 보호 등 필요한 조치를 요청할 수 있다. 〈개정 2018. 12. 24.〉

④ 제3항에 따라 조치를 요청받은 부대 또는 기관의 장은 조치 계획 또는 결과를 3일 이내에 상담을 실시한 당사자에게 통보하여야 한다. 〈신설 2018. 12. 24.〉

⑤ 전문상담관은 다음 각 호의 어느 하나에 해당하는 사람 중에서 국방부장관이 임명한다. 〈개정 2018. 12. 24.〉

1. 대통령령으로 정하는 심리상담 또는 사회복지분야 관련 자격증을 소지하고 일정 기간 이상의 상담경험이 있는 사람
2. 대통령령으로 정하는 자격을 갖추고 일정 기간 이상의 군 복무 경력이 있는 사람

⑥ 전문상담관의 구체적 자격기준, 채용절차, 신분, 업무 및 그 운영 등에 관한 사항은 대통령령으로 정한다. 〈개정 2018. 12. 24.〉

제42조(군인권보호관) ① 군인의 기본권 보장 및 기본권 침해에 대한 권리구제를 위하여 군인권보호관을 두도록 한다.

② 제1항에 따른 군인권보호관의 조직과 업무 및 운영 등에 관하여는 따로 법률로 정한다.

제43조(신고의무 등) ① 군인은 병영생활에서 다른 군인이 구타, 폭언, 가혹행위 및 집단 따돌림 등 사적 제재를 하거나, 성추행 및 성폭력 행위를 한 사실을 알게 된 경우에는 즉시 상관에게 보고하거나 제42조제1항에 따른 군인권보호관 또는 군 수사기관 등에 신고하여야 한다.

② 군인은 제1항과 관련된 사항에 대하여 별도로 「국가인권위원회법」, 「부패방지 및 국민권익위원회의 설치와 운영에 관한 법률」 또는 그 밖에 다른 법령에서 정하는 방법에 따라 국가인권위원회 등에 진정을 할 수 있다.

제44조(신고자에 대한 비밀보장) 누구든지 제43조에 따른 보고, 신고 또는 진정 등(이하 "신고등"이라 한다)을 한 사람(이하 "신고자"라 한다)이라는 사정을 알면서 그의 인적사항이나 그가 신고자임을 미루어 알 수 있는 사실을 다른 사람에게 알려주거나 공개 또는 보도하여서는 아니 된다. 다만, 신고자가 동의한 때에는 그러하지 아니하다.

제45조(신고자 보호) ① 누구든지 신고등을 이유로 신고자에게 징계조치 등 어떠한 신분상 불이익이나 근무조건상의 차별대우(이하 "불이익조치"라 한다)를 하여서는 아니 된다.

② 국방부장관은 신고자와 신고등의 내용에 대한 비밀을 보장하고 신고자가 신고등을 이유로 불이익조치를 받지 않도록 하여야 한다.

③ 국방부장관은 신고자가 신고등을 이유로 불이익조치를 받은 경우에는 원상회복 또는 시정을 위하여 필요한 조치를 취하여야 한다.

제45조의2(군복무 중 사망한 군인의 유족에 대한 변호사 선임의 특례) ① 군복무 중 사망한 군인의 유족(「군인연금법」 제3조제1항제4호에 해당하는 사람을 말한다. 이하 같다)은 사망사고 처리 과정에서 유족의 연금 · 보상 및 국가유공 · 국가보훈의 대상 등에 관한 법률적 조력을 보장받기 위하여 변호사를 선임할 수 있다.

② 제1항에 따른 변호사는 사망한 군인과 관련하여 군검사 또는 군사법경찰관의 검시(檢視) 및 유족에 대한 조사에 참여하여 의견을 진술할 수 있다. 다만, 검시 · 조사 도중에는 군검사 또는 군사법경찰관의 승인을 받아 의견을 진술할 수 있다.
③ 군검사는 유족에게 변호사가 없는 경우 국선변호사를 선정하여 사망사고 처리 과정에서 유족의 권익을 보호할 수 있다.
[본조신설 2019. 11. 26.]

제7장 특별근무 등

제46조(특별근무) ① 부대의 인원과 재산을 보호하고 규율과 보안을 유지하며 각종 사고를 예방하고 비상사태에 대비하기 위하여 부대별로 당직근무 · 영내위병근무 등 특별근무를 실시한다.
② 특별근무는 계급과 직책에 따라 공정하게 배정하여야 한다.
③ 특별근무의 구분 및 실시 등에 필요한 사항은 대통령령으로 정한다.

제47조(비상소집 등) ① 군인은 대통령령으로 정하는 비상소집이 발령된 때에는 지체 없이 소속 부대에 집결하여야 한다.
② 장성급 지휘관은 전시 · 사변 또는 이에 준하는 국가비상사태에 신속히 대응하기 위하여 필요한 경우에는 대통령령으로 정하는 바에 따라 소속 부대원의 휴가 · 외박 · 외출 등에 있어 이동지역을 제한할 수 있다. 〈개정 2017. 3. 21.〉

제48조(초병의 무기사용 등) ① 초병은 다음 각 호의 어느 하나에 해당하는 경우에 한정하여 필요한 최소한의 범위에서 휴대하고 있는 무기(초병이 임무수행을 위해 휴대한 소총, 도검 등 모든 장비를 말한다. 이하 같다)를 사용할 수 있다.

1. 책임구역 내 인원의 생명 · 신체 또는 재산을 보호함에 있어서 그 상황이 급박하여 무기를 사용하지 아니하면 보호할 방법이 없을 때
2. 국방부장관이 정하는 방법에 따라 수하(誰何)하여도 이에 불응하여 대답이 없거나, 도주하거나 또는 초병에게 접근할 때
3. 초병이 폭행을 당하거나 또는 당할 우려가 있는 경우 그 상황이 급박하여 자위상 부득이할 때

② 초병은 지휘계통상의 상관의 명령이나 지시 없이 휴대하고 있는 무기나 탄약을 타인에게 넘겨주어서는 아니 된다.

제8장 보칙 및 벌칙

제49조(권한의 위임) 이 법에 따른 국방부장관의 권한은 대통령령으로 정하는 바에 따라 그 일부를 각 군 참모총장에게 위임할 수 있다.

제50조(복무규정) 군인의 복무에 관하여 이 법에 규정한 것을 제외하고는 따로 대통령령으로 정한다.

제51조(벌칙 적용에서 공무원 의제) 위원회 위원 중 공무원이 아닌 사람은 「형법」 제129조부터 제132조까지를 적용할 때에는 공무원으로 본다.

제52조(벌칙) ① 제44조를 위반하여 신고자의 인적사항이나 신고자임을 미루어 알 수 있는 사실을 다른 사람에게 알려주거나 공개 또는 보도한 자는 3년 이하의 징역 또는 3천만 원 이하의 벌금에 처한다.

② 제39조제2항 또는 제40조제2항을 위반하여 의견 건의 또는 고충심사 청구를 이유로 불이익한 처분이나 대우를 한 자는 1년 이하의 징역 또는 1천만 원 이하의 벌금에 처한다.

부칙 〈법률 제13631호, 2015. 12. 29.〉

제1조(시행일) 이 법은 공포 후 6개월이 경과한 날부터 시행한다.

제2조(휴가에 관한 경과조치) 이 법 시행 당시 종전의 「군인사법」 제46조에 따라 군인이 받은 휴가는 이 법 제18조에 따라 받은 것으로 본다.

제3조(군인고충심사위원회에 관한 경과조치) ① 이 법 시행 당시 종전의 「군인사법」에 따라 설치된 군인고충심사위원회는 이 법에 따른 군인고충심사위원회로 본다.

② 이 법 시행 당시 종전의 「군인사법」 제51조의3에 따라 심사 청구된 고충은 이 법 제40조에 따라 심사 청구된 것으로 본다.

제4조(다른 법률의 개정) 군인사법 일부를 다음과 같이 개정한다.

제46조, 제47조, 제47조의2, 제51조의3 및 제51조의4를 각각 삭제한다.

부칙 〈법률 제14609호, 2017. 3. 21.〉 (군인사법)

제1조(시행일) 이 법은 공포 후 3개월이 경과한 날부터 시행한다. 〈단서 생략〉

제2조(다른 법률의 개정) ①부터 ⑪까지 생략

⑫ 군인의 지위 및 복무에 관한 기본법 일부를 다음과 같이 개정한다.

제40조제3항 중 "장관급"을 "장성급(將星級)"으로 하고, 같은 조 제4항제2호 중 "장관급"을 "장성급"으로 한다.

제47조제2항 중 “장관급”을 “장성급”으로 한다.

⑬부터 ⑲까지 생략

제3조 생략

부칙 〈법률 제16034호, 2018. 12. 24.〉

이 법은 공포한 날부터 시행한다.

부칙 〈법률 제16584호, 2019. 11. 26.〉

제1조(시행일) 이 법은 공포 후 6개월이 경과한 날부터 시행한다. 다만, 제9조제4항의 개정규정은 공포 후 3개월이 경과한 날부터 시행한다.

제2조(기본권교육 이수에 관한 적용례) 제38조제2항 후단의 개정규정은 이 법 시행 이후 최초로 입영하거나 소집된 사람부터 적용한다.

제3조(군복무 중 사망한 군인의 유족에 대한 변호사 선임의 특례에 관한 적용례) 제45조의2의 개정규정은 이 법 시행 이후 군인이 사망한 경우부터 적용한다.

부록 2. 국방 양성평등 지원에 관한 훈령

[시행 2020. 7. 1.] [국방부훈령 제2441호, 2020. 7. 1, 일부개정]
국방부(양성평등정책과 권익증진담당), 02-748-5172
국방부(양성평등정책과 모성보호담당), 02-748-5173
국방부(양성평등정책과 성인지정책담당), 02-748-5176
국방부(양성평등정책과 피해자보호담당), 02-748-5104

제1장 총칙

제1조(목적) 이 훈령은 군 내 양성평등 이념을 실현하기 위하여 양성평등위원회, 성별영향평가, 일-가정 양립, 성고충전문상담관 및 양성평등담당관에 대한 운영에 관한 사항을 규정함을 목적으로 한다.

제2조(정의) 이 훈령에서 사용하는 용어의 뜻은 다음과 같다.

1. "양성평등(성평등)"이란 성별에 따른 차별, 비하 및 폭력 없이 인권을 동등하게 보장받고, 모든 영역에 동등하게 참여하고 대우받는 것을 말한다.
2. "양성평등계선"이란 국방부 양성평등정책과, 각 군 본부 양성평등센터, 각 부대별 성고충전문상담관 및 양성평등담당관 등 양성평등에 관한 업무를 담당하는 부서 및 담당자를 말한다.
3. "운영부대장"이란 성고충전문상담관 운영과 관련한 각 군 참모총장, 국방부 직할부대장(기관장), 합동참모본부장, 한미연합군사령관을 말한다.
4. "직접운영부대장"이란 운영부대장으로부터 성고충전문상담관의 상담활동 책임부대로 지정받은 대령급 이상의 부대지휘관을 말한다.
5. "특수근무지"란 근무환경이 열악하거나 업무 강도 등이 강하여 상담관들이 근무를 기피하는 지역을 말하며, 다음 각 목과 같이 2개 유형으로 분류한다.

가. '가'급: 서북도서(백령도 · 대청도 · 소청도 · 연평도 · 우도)에 대한 상담 활동을 주로 실시하는 상담관의 근무지역

나. '나'급: '가'급 외 기타 특수근무지에서 특수한 직무를 수행하는 상담관의 근무지역

6. "일반근무지"란 제5호의 특수근무지 이외의 지역을 말하며, 근무여건과 업무강도 등을 고려하여 3개 유형('다' · '라' · '마'급)으로 분류한다.
7. "성별영향평가"란 「성별영향평가법」 제2조 제1호에 따라 국방부 장관이 정책을 수립하거나 시행하는 과정에서 그 정책이 성평등에 미칠 영향을 평가하여 정책이 성평등의 실현에 기여할 수 있도록 하는 것을 말한다.
8. "성인지 예산"이란 「국가재정법」에 따라 예산의 편성 · 집행과정에서 여성과 남성에게 미치는 효과를 고려하여 재원이 평등하게 배분될 수 있도록 유도하는 것을 말한다.
9. "심층성별영향평가"란 국방부 소관의 시행 중인 법령, 계획, 사업 등을 심층적으로 성별영향평가를 실시하는 것을 말한다.

제3조(국방양성평등정책 기본계획의 수립) ① 국방부장관(보건복지관)은 국방양성평등정책 기본계획("이하 기본계획"이라 한다)을 5년마다 수립하여야 한다.

② 기본계획에는 다음 각 호의 사항이 포함되어야 한다.

1. 국방 양성평등정책 목표 및 추진방향
2. 국방 양성평등정책 과제별 추진계획
3. 국방 양성평등정책 전문인력 양성 · 지원에 관한 사항
4. 국방 양성평등정책 발전에 필요한 재원 확보에 관한 사항
5. 그 밖의 국방 양성평등정책 추진에 관하여 필요한 사항

③ 기본계획은 제2장에 따른 양성평등위원회 심의를 거쳐 확정한다.

제4조(국방양성평등정책 시행계획의 수립 · 시행) ① 국방부장관(보건복지관)

은 매년 기본계획에 따른 연도별 국방 양성평등정책 시행계획(이하 "국방부 시행계획"이라 한다)을 해당연도의 전년도 12월 31일까지 수립하여 해당연도의 1월 31일까지 합동참모본부, 한미연합군사령부, 직할부대의 장에게 시달하여야 한다.

② 각 군은 매년 기본계획에 따른 연도별 각 군 양성평등정책 시행계획(이하 "각 군 시행계획"이라 한다)을 해당연도의 전년도 12월 31일까지 수립하여 국방부장관에게 보고하여야 하며, 국방부장관(보건복지관)은 각 군 시행계획에 대하여 보완 · 조정을 지시할 수 있다.

③ 합동참모본부, 한미연합군사령부, 직할부대의 장은 국방부 시행계획에 따른 추진 실적을, 각 군은 각 군 시행계획에 따른 추진 실적을 반기별로 국방부장관(보건복지관)에게 보고하여야 한다.

④ 국방부장관(보건복지관)은 시행계획의 추진실적을 분석 · 평가하여 그 결과를 기본계획 및 시행계획에 반영하여야 한다.

⑤ 시행계획에 필요한 세부적인 사항은 국방부장관이 정한다.

제5조(적용범위) 이 훈령은 국방부 본부, 국방부 직할부대(소속기관을 포함한다. 이하 "직할부대"라 한다), 합동참모본부, 한미연합군사령부, 육군 · 해군(해병대) · 공군(이하 "각 군"이라 한다)에 적용한다.

제2장 국방부 양성평등위원회

제6조(위원회의 구성) ① 국방부 양성평등위원회(이하 "위원회"라 한다)는 공동위원장을 포함한 20명 이내 위원으로 구성하되 성별균형을 고려하여 위촉한다.

② 공동위원장은 국방부 차관 및 민간위원 중 호선된 1인으로 한다.

③ 위원은 다음 각 호의 사람으로 한다.

1. 내부위원: 국방부 차관, 인사기획관, 법무관리관, 보건복지관, 육

군 · 해군 · 해병대 · 공군 양성평등센터장

2. 민간위원: 양성평등 정책 및 제도 관련 전문적 학식과 경험이 풍부한 사람 중에서 국방부장관이 위촉하는 사람

④ 군 위원 중 부득이한 사유로 위원회에 출석이 불가할 경우 직무대리로 임명된 자가 대리 출석할 수 있다. 이 경우 위원회 개최 전까지 간사에게 통보하고 위원장으로부터 사전 승인을 받아야 한다.

⑤ 위원회는 양성평등정책관련 분야별 정책적인 논의가 필요할 경우 관련 인원(과장급 이상)을 회의에 참석시킬 수 있다.

⑥ 위원회의 사무를 처리하기 위하여 간사 및 서기를 두며, 간사는 국방부 양성평등정책과장이 수행한다.

제7조(임기) ① 민간위원의 임기는 2년으로 하되, 1회에 한하여 연임할 수 있다.

② 군 위원은 보직 발령으로 위원에 위촉 또는 해촉된 것으로 본다.

③ 위원 교체 등으로 인해 위촉되는 민간위원의 임기는 전임 위원의 잔여 임기로 한다.

제8조(위원회의 임무) 위원회는 다음 각 호에 대하여 심의 · 조정 또는 의견을 제시한다.

1. 국방부 양성평등정책의 중장기 계획 수립 및 시행 등에 관한 사항
2. 연도별 양성평등정책 시행계획 및 추진실적에 관한 사항
3. 국방부 양성평등정책과제의 성과 분석 및 평가에 관한 사항
4. 성별격차 해소와 성 인지력 향상에 관한 사항
5. 성폭력 등 근절을 위한 예방대책 및 제도 수립에 관한 사항
6. 그 밖에 양성평등정책과 관련하여 위원장이 회의에 부치는 사항

제9조(위원회의 소집) ① 위원회는 본회의와 임시회의로 구분하여 운영한다.

② 본회의는 연2회(반기) 개최하고, 임시회의는 위원장이 필요하다고 인정하는 경우와 재적위원 3분의 1 이상의 회의소집 요구 또는 소위원회가 요구할 경우 소집한다.

③ 위원장이 위원회를 소집하고자 하는 때에는 회의 개최 7일 전까지 회의 일시 · 장소 및 심의안건을 각 위원에게 알려야 한다. 다만, 긴급을 요하거나 부득이한 사정이 있는 경우에는 그러하지 아니할 수 있다.

④ 제2항에 의한 통지방법은 위원장이 정한다.

제10조(위원의 해촉) 국방부장관은 다음 각 호의 어느 하나에 해당하는 경우 위원회의 의견을 들어 해촉할 수 있다.

1. 정당한 사유 없이 위원으로서의 업무를 기피 · 거부하거나 장기간 출석하지 않는 등 직무를 계속하게 하는 것이 부적절하다고 인정되는 경우
2. 군사상의 비밀을 누설하거나 군사상의 비밀을 이용하여 사익을 도모한 경우
3. 정치적 중립을 훼손하거나 품위를 손상하는 행위를 한 경우
4. 기타 일신상의 사유 등으로 직무를 계속하기 어려운 경우

제11조(위원장의 직무) ① 공동위원장은 공동으로 위원회를 대표하며 위원회의 업무를 통할한다.

② 민간위원장이 궐위된 경우 지체 없이 보궐 민간위원장을 민간위원 중에서 호선한다.

③ 민간위원장이 부득이한 사유로 직무를 수행할 수 없을 때에는 임시 민간위원장이 그 직무를 대행한다. 이 경우 임시 민간위원장은 민간위원 중에서 호선한다.

④ 국방부 차관이 부득이한 사유로 공동위원장 직무를 수행할 수 없을 때에는 "국방부 양성평등정책책임관"인 인사복지실장이 대행한다.

제12조(회의 의사 및 의결정족수) 위원회 회의는 공동위원장이 주재하며, 재적 위원 과반수의 참석으로 개의하고, 출석위원 과반수의 찬성으로 의결한다.

제13조(회의록) ① 서기는 위원회의 회의에 관하여 다음 각 호의 사항을 기재한 회의록을 작성하여 관리하여야 한다.

1. 회의 일시 및 장소
2. 출석위원 · 결석위원 및 배석자의 명단과 직책
3. 회의 진행순서 및 상정안건
4. 심의내용
5. 기타 필요하다고 인정되는 사항

② 제1항 제4호의 심의내용은 요지를 기재한다. 다만, 녹음기록을 별도로 보관할 수 있다.

③ 제1항의 규정에 의한 회의록은 공동위원장과 간사가 기명하고 날인 또는 서명한다.

제14조(소위원회) ① 위원회의 활동을 효율적으로 수행하기 위하여 위원회에 위원의 일부로 구성되는 소위원회를 둘 수 있다.

② 소위원회는 필요시 수시 개최할 수 있으며, 위원은 양성평등정책과장과 민간위원으로 구성한다.

③ 소위원회의 운영에 관한 세부 사항은 소위원회별 의결을 거쳐 위원장이 정한다.

제15조(의견청취 및 자료제출 요구) ① 위원회 및 소위원회는 직무를 수행하기 위하여 필요하다고 인정되는 경우에는 국방부 및 직할부대, 각 군에 자료 또는 의견의 제출 등을 요구할 수 있으며, 관계 공무원 또는 전문가를 참석하게 하여 의견을 들을 수 있다.

② 제1항의 자료 또는 의견의 제출 등을 요구받은 기관의 장 및 단체 등

의 관계 공무원 또는 전문가는 적극 지원한다.

제16조(이행실태점검) 위원회는 위원회 회의결과 등에 대한 이행 여부에 대해 자료제출을 요구할 수 있고, 주기적으로 이행결과를 확인할 수 있다.

제17조(위원회 현장방문) ① 위원회 및 소위원회는 양성평등정책과 관련하여 부대방문 등 현장 확인이 필요하다고 판단될 경우 현장방문을 각 군에 요청할 수 있다.

② 각 군은 위원회에서 부대방문 등 현장 확인을 요청 시, 부대 운영에 지장을 주지 않는 범위에서 적극 지원한다.

제18조(비밀유지의무 등) ① 위원회의 위원 및 위원이었던 사람은 위원회 업무와 관련하여 알게 된 비밀이나 개인정보 등 관련 내용에 대하여 공개 또는 누설하여서는 안 된다.

② 위원은 위원회 활동에 객관성과 공정성을 기해야 한다.

제19조(수당 등의 지급기준) 위원회 및 소위원회에 출석한 위원, 이해관계인 및 전문가 등에 대해서는 예산의 범위에서 수당 · 여비 등 기타 필요한 경비를 지급할 수 있다. 다만, 공무원이 소관 업무와 직접적으로 관련하여 출석하는 경우에는 그러하지 아니하다.

제20조(회의 공개) 위원회 및 소위원회의 결과는 공개를 원칙으로 하며, 위원회 의결이 있을 경우 비공개로 한다.

제21조(운영세칙) 그 밖에 위원회의 운영과 관련하여 필요한 세부사항은 위원회의 의결을 거쳐 위원장이 정한다.

제3장 성별영향평가

제22조(대상과제) ① 성별영향평가는 다음 각 호의 어느 하나에 해당하는 것을 대상으로 한다. 다만, 제2호 및 제4호의 경우에는 성평등에 중대한 영향을 미치는 것을 대상으로 한다.

1. 국방부 장관, 합참의장, 각 군 참모총장, 해병대사령관, 국방부 소속 및 직할기관의 장이 제 · 개정을 추진하는 행정규칙
2. 성평등 실행 목표 달성과 관련성이 높은 사업
3. 성평등에 중대한 영향을 미칠 수 있는 계획(정책서 포함) 및 사업
4. 그 밖에 국방부장관이 성평등 실현을 위하여 필요하다고 인정하는 사업

② 제1항에도 불구하고 다음 각 호의 어느 하나에 해당하는 경우에는 성별영향평가 대상과제에서 제외할 수 있다.

1. 정책이 사람에게 미치는 효과가 간접적인 것에 불과하거나 정책효과가 매우 광범위한 경우 등 정책효과를 성별에 따라 구별하기가 사실상 불가능한 경우
2. 국방부 조직, 업무 처리절차 등 운영 · 관리에 관한 경우
3. 그 밖에 정책이 성평등에 미치는 영향이 없음이 명백하거나 성별영향평가의 수행이 불가능한 특별한 사유가 있다고 인정되는 경우

제23조(성별영향평가책임관의 지정 및 임무) ① 성별영향평가를 효율적으로 실시하기 위하여 보건복지관을 성별영향평가책임관으로 한다.

② 성별영향평가책임관은 「성별영향평가법」 제14조 제2항에 따라 다음 각 호의 사무를 총괄한다.

1. 대상과제의 선정에 관한 사항
2. 성별영향평가의 실시 및 성별영향평가서의 작성에 관한 사항
3. 성별영향평가결과의 정책, 성인지 예산서 및 성인지 기금운용계획서 반영에 관한 사항

4. 개선 계획의 수립 · 시행 · 제출, 개선 조치결과의 제출에 관한 사항
5. 심층성별영향평가에 관한 사항
6. 성별영향평가 교육에 관한 사항
7. 성별영향평가 자문에 관한 사항
8. 그 밖에 성별영향평가 업무의 종합 · 조정 및 추진실적의 점검 등에 관한 사항

제24조(성별영향평가담당관 및 실무담당자의 지정 및 임무) ① 성별영향평가 총괄담당 부서의 장(양성평등정책과장, 각 군 양성평등센터장)을 성별영향평가담당관으로 하고, 성별영향평가담당관은 같은 부서의 직원 중에서 실무담당자를 지정하여야 한다.

② 제1항에 따라 지정된 성별영향평가담당관과 실무담당자의 업무는 다음 각 호와 같다.

1. 성별영향평가 대상과제의 선정현황 관리
2. 성별영향평가 추진과정 운영
3. 성별영향평가 실시 지원
4. 성별영향평가서 작성 지원
5. 성별영향평가 결과반영 지원
6. 심층성별영향평가 시행 지원
7. 성별영향평가 교육 운영지원
8. 종합결과보고서 작성
9. 성별영향평가 업무의 종합 · 조정 및 추진실적의 점검 등 성별영향평가에 관한 사항 지원

제25조(과제담당관 및 과제담당자의 지정 및 임무) ① 성별영향평가책임관은 제22조에 따라 선정된 과제의 국방부 부서장 및 소속기관(국립서울현충원, 국방홍보원, 국방전산정보원)의 관련부서장을 과제담당관으로 지정하고, 과제담당관은 같은 부서의 직원 중에서 과제담당자를 지정하여

야 한다.

② 제1항에 따라 지정된 과제담당관과 과제담당자의 업무는 다음 각 호와 같다.

1. 성별영향평가 대상과제의 선정
2. 성별영향평가서 작성
3. 성별영향평가 결과 정책개선안 도출
4. 종합결과보고서 작성 지원

제26조(대상과제 제출) ① 과제담당관은 성별영향평가 대상과제 안을 F-1년 11월말까지 성별영향평가담당관에게 1개 이상 제출한다.

② 성별영향평가담당관은 제22조 제1항 제2호, 제3호에 따른 사업일 경우 F-1년 12월말까지 대상사업안을 여성가족부에 제출 및 협의한다.

제27조(성별영향평가서 작성 등) ① 성별영향평가 과제 담당부서장은 다음 각 호의 사항을 포함하여 성별영향평가서를 작성하고, 성별영향평가담당관에게 제출하여야 한다.

1. 대상과제의 목적 및 개요
2. 정책 대상자의 성별비율 등 정책 환경의 성별 특성
3. 성평등을 위하여 필요한 조치 사항
4. 그 밖에 당해연도 여성가족부 성별영향평가지침에서 정한 사항

② 제26조 제2항에 따른 대상사업의 과제담당관은 F년 2월말까지 성별영향평가서를 작성하여 GIA시스템에 탑재하여 제출한다.

③ 성별영향평가담당관은 제27조 제1항에 따라 제출받은 성별영향평가서에 대해 다음 각호 사항을 종합적으로 고려하여 검토의견을 통보할 수 있다.(신설)

1. 성별 구분 또는 고정관념 유무
2. 신체적, 사회 · 문화적 차이 등 성별 특성 반영 여부
3. 성별 균형참여 확보 여부

4. 성인지 통계 구축 여부
5. 기타 성평등을 위한 조치사항

제28조(성별영향평가 결과의 반영) ① 과제담당관은 성별영향평가의 결과를 정책에 반영하여야 하고 「국가재정법」에 따른 성인지 예산서 작성에 반영하도록 노력하여야 한다.

② 과제담당관은 과제별 종합결과보고서(안)을 제29조 제1호에서 제3호까지 내용을 포함하여 F+1년 1월말까지 성별영향평가담당관에게 제출한다.

제29조(종합결과보고서의 작성 및 절차) 성별영향평가담당관은 다음 각 호의 내용이 포함된 종합결과보고서를 작성하여 F+1년 2월말까지 여성가족부에 제출하여야 한다.

1. 성별영향평가 추진실적
2. 성인지 예산서 작성과 연계 현황 등 성별영향평가를 정책에 반영한 결과
3. 전년도까지의 정책개선 실적

제30조(심층성별영향평가) ① 성별영향평가책임관은 심층성별영향평가를 실시할 수 있으며 대상과제는 다음과 같다.

1. 국방부 소관 시행중인 법령
2. 제22조에 따른 대상 과제 중 여성인력의 지위향상과 밀접한 관련이 있는 계획 및 사업

② 성별영향평가책임관은 심층성별영향평가를 실시하는 경우 성별영향평가위원회의 심의를 거쳐 대상을 선정한다.

③ 성별영향평가책임관은 심층성별영향평가 대상으로 선정된 과제의 과제담당관에게 심층성별영향평가를 실시하게 됨을 통보하여야 한다.

④ 성별영향평가책임관은 심층성별영향평가를 실시하기 위하여 해당

과제담당관에게 필요한 자료의 제출을 요구할 수 있다. 이 경우 자료제출을 요구받은 과제담당관은 특별한 사유가 없으면 이에 따라야 한다.

⑤ 성별영향평가책임관은 제3항에 따른 심층성별영향평가의 결과 성평등 실현을 위하여 필요하다고 인정되는 경우 해당 과제담당관에게 해당 과제의 개선을 권고하거나 의견을 표명할 수 있다. 다만 개선권고를 하는 경우 그 개선의 조치 기한을 정하여 권고하여야 한다.

⑥ 제5항에 따라 개선권고 또는 의견표명을 받은 과제담당관은 30일 이내에 그 개선계획을 성별영향평가책임관에게 제출하여야 한다. 다만 권고 및 의견표명 사항을 이행하지 아니하는 정당한 사유가 있는 경우에는 그 사유를 제출하여야 한다.

⑦ 과제담당관은 심층성별영향평가 결과를 반영하기 위하여 재정이 수반되는 경우에는 예산편성에 반영될 수 있도록 노력하여야 한다.

제31조(성별영향평가위원회의 설치 및 구성) ① 성별영향평가 운영 및 개선 등에 관한 사항을 심의 · 조정하기 위하여 성별영향평가위원회(이하 "평가위원회"라 한다)를 설치한다.

② 평가위원회는 다음 각 호의 사항을 심의 · 조정한다.

1. 성별영향평가의 기본방향에 관한 사항
2. 성별영향평가의 기준과 방법 등에 관한 사항
3. 성별영향평가 대상과제의 선정
4. 성별영향평가 결과에 따른 개선 권고 및 이행에 관한 사항
5. 성별영향평가 결과의 공표에 관한 사항
6. 성별영향평가 결과와 성인지 예 · 결산 및 연계에 관한 사항
7. 심층성별영향평가 대상 등에 관한 사항
8. 그 밖에 위원장이 평가위원회의 심의 · 조정이 필요하다고 인정하는 사항

제32조(평가위원회의 구성 및 임기) ① 평가위원회는 위원장 1명을 포함하여 6명 이내의 위원으로 구성한다.

② 위원장은 성별영향평가책임관이 수행한다.

③ 위원은 다음 각 호에 해당하는 사람 중에서 성별영향평가책임관이 임명한다.

1. 국방부 과제담당관 3인
2. 여성가족부에서 추천하는 2인

제33조(위원장의 직무) ① 위원장은 평가위원회를 대표하고 평가위원회의 업무를 총괄한다.

② 위원장이 부득이한 사유로 직무를 수행할 수 없을 때에는 위원 중 최고 연장자가 그 직무를 대행한다.

제34조(평가위원회의 운영 등) ① 평가위원회 정기회의는 매년 2회 개최하며, 위원장은 평가위원회의 회의를 소집하고 그 의장이 된다.

② 평가위원회의 회의는 다음 각 호의 어느 하나에 해당하는 경우에 개최한다.

1. 위원장이 개최할 필요가 있다고 인정하는 경우
2. 재적위원 3분의 1 이상이 개최를 요구하는 경우

③ 평가위원회의 회의는 재적위원 과반수의 출석으로 개의하고, 출석위원 과반수의 찬성으로 의결한다.

④ 평가위원회의 사무를 처리하기 위하여 간사 1명을 두며, 간사는 양성평등정책과 실무담당자가 수행한다.

⑤ 위원장은 심의 안건과 관련하여 필요할 때에는 관계자를 출석하게 하여 의견을 청취하거나 자료의 제출 및 설명을 요구할 수 있다.

⑥ 그 밖에 평가위원회의 운영에 관하여 필요한 사항은 평가위원회의 의결을 거쳐 위원장이 정한다.

제35조(수당 등) 평가위원회에 출석한 위원에게는 예산의 범위에서 수당과 여비를 지급할 수 있다. 다만 공무원인 위원이 그 소관 업무와 직접적으로 관련되어 평가위원회에 출석하는 경우에는 그러하지 아니하다.

제36조(성별영향평가 교육) 성별영향평가의 효율적인 시행을 위하여 성별영향평가책임관, 성별영향평가담당관, 실무담당자와 성별영향평가 대상과제 과제담당관 및 과제담당자는 성별영향평가 교육을 이수하여야 한다.

제37조(성별영향평가 자문) 과제담당관은 성별영향평가 및 심층성별영향평가 등의 운영 등에 대해 자문을 제공한 전문가에게 예산의 범위 내에서 수당과 여비를 지급할 수 있다.

제38조(포상) 성별영향평가 결과를 정책 등에 반영하여 성평등 실현에 기여한 우수사례를 매년 선정하고 해당 정책에 기여한 자에게 「국방부 공무원 포상심사 예규」에 따라 포상할 수 있다.

제4장 일-가정 양립 지원: 생략

제5장 성고충전문상담관

제1절 성고충전문상담관 운영

제65조(각 관의 임무) 성고충전문상담관(이하 "상담관"이라 한다) 운영에 관한 각 관의 임무는 다음 각 호와 같다.

1. 국방부장관(보건복지관)

   가. 운영위원회 운영

나. 상담관 선발 및 배치

다. 상담관 근무성적 종합평가 및 월 단위 활동실적 확인

2. 운영부대장(양성평등센터)

가. 상담관 직접운영부대를 지정, 상담관 편성 · 임명 및 관리

나. 각 군별 특성고려 상담관 운영지침 수립 및 하달

다. 상담관 근무성적 종합평가(반기단위) 및 국방부(양성평등정책과) 보고

라. 월 단위 상담관 활동실적 종합 및 국방부(양성평등정책과) 보고

마. 상담관 근무성적 평가결과 활용 재계약 등 인사조치

3. 육군 작전사령관, 해 · 공군 작전 · 교육사령관(양성평등관리담당)

가. 상담관 업무조정 · 통제 및 활동실태 지도 · 감독

나. 상담관이 접수한 고충에 대해 비밀 보장 하 신속한 조치 지원

다. 담관 근무성적 평가(분기단위) 및 운영부대(양성평등센터) 보고

라. 월 단위 상담관 활동실적 종합 및 운영부대(양성평등센터) 보고

4. 직접운영부대장(참모장)

가. 상담관 임무수행 여건보장을 위한 제반 조치(참모장 또는 참모장 미편성 시 그에 준하는 직책의 직속으로 편성 · 운영)

나. 예하부대 기동상담 여건보장을 위한 지휘조치

다. 상담결과 제기된 고충에 대한 엄정하고 적시적인 처리 및 감독

라. 상담관의 월간 활동계획 및 월간 활동실적 확인

마. 상담관 근무성적 평가(분기단위) 및 양성평등업무계선 보고

바. 여성인력현황 변경 시 인사부서를 통해 최신현황을 상담관에게 적시에 제공되도록 조치

제66조(운영위원회의 설치 및 기능) ① 상담관의 운영에 관한 사항을 심의하기 위하여 국방부에 성고충전문상담관 운영위원회(이하 "운영위원회"라 한다)를 둔다.

② 운영위원회는 다음 각 호의 사항을 심의한다.

1. 상담관의 채용, 배치 등 인사운영에 관한 사항
2. 상담관의 운영 지원에 관한 사항
3. 상담관의 고충처리에 관한 사항
4. 그 밖에 상담관의 운영과 관련하여 위원장이 정하는 사항

제67조(운영위원회의 구성) ① 운영위원회는 위원장 1명을 포함한 3명 이상 7명 이내의 위원으로 구성한다.

② 위원장은 국방부 보건복지관으로 하고, 위원은 국방부 양성평등정책과장, 각 군 본부 양성평등센터장, 필요시 국직부대(기관) 인사담당부서장, 성희롱 · 성폭력 등 관련 전문분야에 대한 학식과 경험이 풍부한 외부 민간 전문가로 성별균형을 고려하여 위촉한다.

③ 위원장은 운영위원회를 대표하며, 운영위원회의 업무를 총괄한다.

④ 운영위원회 위원 중 현재 또는 과거에 제66조에 따른 채용대상자의 친족 또는 직근 상급자나 그 밖에 직접적인 이해관계가 있다고 볼 만한 사유가 있는 사람은 그 심의 안건 · 의결에 관여하지 못한다.

⑤ 운영위원회의 위원장 또는 위원은 제4항에 해당하면 스스로 해당 심의 안건의 심의 · 의결을 회피하여야 하며, 제6항에 해당되면 회피할 수 있다.

⑥ 채용대상자는 위원장이나 위원 중에서 불공정한 의결을 할 우려가 있다고 인정할 만한 상당한 사유가 있을 때에는 기피를 신청할 수 있다. 이 경우에 운영위원회 재적위원 과반수의 출석과 출석위원 과반수의 찬성으로 기피 여부를 의결하며, 기피신청을 받은 사람은 그 심의 · 의결에 참여하지 못한다.

⑦ 위원장이 부득이한 사유로 그 직무를 수행할 수 없을 때에는 위원장이 사전에 지명한 위원이 그 직무를 대행한다.

⑧ 운영위원회의 사무를 처리하기 위하여 운영위원회에 간사 1명을 두되, 간사는 국방부 보건복지관실 상담관 관련 실무자로 한다.

제68조(운영위원회의 회의) ① 위원장은 운영위원회의 회의를 소집하고, 그 의장이 된다.

② 운영위원회의 회의는 재적위원 과반수의 출석으로 개의하고, 출석위원 과반수의 찬성으로 의결한다.

③ 다만, 위원장이 필요하다고 인정할 때에는 서면으로 의결할 수 있다.

[중간 생략]

제6장 양성평등담당관

제1절 양성평등담당관 운영

제96조(각 관의 임무) 양성평등담당관 운영에 관한 각 관의 임무는 다음 각 호와 같다.

1. 국방부장관(보건복지관)
   가. 양성평등정책 추진, 조직 및 전담전문인력 운영
   나. 양성평등담당관 제도의 발전
   다. 양성평등담당관 직무역량강화 교육
   라. 인트라넷에 고충상담창구 개설 · 운영
2. 각 군 참모총장(양성평등센터장)
   가. 양성평등센터 운영
   나. 양성평등정책 추진, 조직 및 전담전문인력 운영
   다. 양성평등담당관 운영 및 고충처리
   라. 국방부장관에게 양성평등담당관 현황 및 상담활동 결과 등 종합보고
   마. 양성평등담당관 운영실태 진단평가를 통한 제도 발전

바. 인트라넷에 고충상담창구 개설 · 운영

3. 양성평등담당관 운영부대장(국방부 직할부대 및 합동참모본부, 한미연합사령부, 육군은 사단급, 해군은 전단급, 해병대는 여단급, 공군은 비행단급 부대를 말한다. 이하 "부대장"이라 한다)
   가. 양성평등담당관 운영 및 고충처리
   나. 인트라넷에 고충상담창구 개설 · 운영
   다. 국방부 직할부대 및 합동참모본부, 한미연합사령부는 국방부장관(양성평등정책과장)에게, 각군 예하부대는 각 군 참모총장(인사참모부장)에게 양성평등담당관 현황 보고
4. 각급 부대 지휘관(부서장)
   가. 양성평등담당관에 의한 부대원 상담여건 보장
   나. 상담결과 제기된 고충에 대한 엄정하고 적시적인 처리 및 감독
   다. 성폭력 신고 상담이 접수된 단계부터 성고충전문상담관 또는 양성평등담당관의 조언을 받아, 가해자와 피해자를 공간적으로 우선 분리. 단, 이 경우 피해자의 의사를 최우선적으로 고려하되 가해자 분리를 원칙
   라. 성폭력 가해자와의 대면으로 인한 피해자의 2차피해를 방지
   마. 성폭력 가해자 및 제3자의 피해자에 대한 부당한 압력이나 회유, 소문 유포 등 행위 차단

제97조(운영부대) ① 국방부 직할부대 및 소속기관, 합동참모본부, 한미연합사령부는 양성평등담당관을 두어야 한다.
② 육군은 사단급, 해군은 전단급, 해병대는 여단급, 공군은 단급 이상 부대에 양성평등담당관을 두되, 추가 운영부대는 각 군이 판단한다.

제98조(임명) ① 양성평등담당관은 군생활 10년 이상 장교 또는 부사관, 군무원 중에서 임명하는 것을 원칙으로 하되, 10년 이상 대상자가 없을 경우 인사심의를 통해 지휘관이 품성과 자질을 고려하여 적임자를 임명하며,

필요시 남성 또는 여성으로 각각 운영할 수 있다. 다만, 상담전문인력으로 채용하여 운영할 경우에는 그러하지 아니하다.

② 부대장은 양성평등담당관 임명시 인사명령으로 임명하고 임명장을 수여하며, 임명사실을 전 간부에게 고지하여야 한다.

③ 각급 부대 인사실무자는 1년 이상 양성평등담당관 임무수행자에 대해 개인자력에 기록변경토록 조치한다.

제99조(운영활성화) ① 부대장은 양성평등담당관 운영 활성화를 위해 아래 각 호의 사항을 지원하여야 한다.

1. 인트라넷에 고충상담창구를 개설하고, 상담비밀 등이 유지되도록 관리
2. 부대원의 양성평등 및 성폭력 관련 고충을 파악하고 해소할 수 있도록 적극적으로 활동 여건을 보장
3. 양성평등담당관의 1:1 개인상담 등 상담여건 보장과 비밀을 보장할 수 있는 적절한 대책 강구
4. 양성평등담당관 운영체계를 확립하고, 수시 활용실태를 점검하여 문제점을 보완 후 관리체계를 제도화
5. 양성평등담당관의 활동여건 보장을 위하여 당직근무 면제 등 실질적인 근무여건 보장 및 조치
6. 양성평등담당관 활동을 보장하기 위한 별도의 상담실 설치와 차량 지원(간부 직접운전면허 허용) 등 지원대책 강구
7. 상급 기관 또는 부대에서 실시하는 양성평등담당관 직무역량강화 교육에 참석하도록 조치
8. 양성평등담당관을 통해 제기된 고충 중 처리 가능한 사항은 즉시 조치하고, 조치가 제한되는 사항에 대해서는 그 사유를 설명 및 통제 (단, 피해자가 분명히 밝힌 의사에 반하여 해당업무 금지)
9. 양성평등담당관의 임무로서 다음 제100조부터 제101조까지 임무 외에 기타 임무를 부과하여서는 아니되며, 일반적인 고충상담 및 고

충해소를 위한 부대 차원의 조치사항, 양성평등담당관 활동비 예산 집행, 기타 양성평등관련 제반 행정업무(여성편의시설 현황 파악, 양성평등주간 운영 등)는 인사부서에서 처리하도록 명확히 통제

② 국방부 직할부대 및 각 군에서 양성평등담당관을 상담전문인력으로 운영할 경우에는 참모장(또는 참모장 미편성시 그에 준하는 직책) 직속으로 편성하여 운영하며, 제77조(임무), 제91조(교육 및 전문성 제고 등), 제92조(기타 행정지원) 제1항 2호 · 4호 · 5호를 준용하고 훈령에 명시되지 않은 세부사항은 국방부 직할부대 및 각 군에서 정하여 운영한다.

제2절 양성평등담당관 임무

제100조(고충상담 및 관리 업무) ① 양성평등담당관은 부대원의 양성평등 및 성폭력 관련 고충을 상담하고 관리한다. 특히 양성평등담당관은 여성 초급간부를 중점적으로 관리한다.

② 양성평등담당관은 임신여군에 대해서 진료여건, 근무 시 애로사항 등 전반적인 사항에 대해 확인하고 특이사항이 있을 경우 지휘관에게 보고한다.

③ 양성평등담당관은 고충상담 또는 간담회 등을 통하여 제기된 고충을 부대장에게 보고하여 처리하되, 자체적으로 해결이 불가능한 사항이나 정책적 제도 발전사항에 대해서는 각 군 참모총장(인사참모부장) 또는 국방부장관(보건복지관)에게 보고한다. 다만, 피해자가 분명히 밝힌 의사에 반하여 본 조항에 따른 업무 등을 하여서는 아니 된다.

제101조(성폭력 발생시 조치) ① 성폭력 신고상담 접수 시 그 사실을 국방부장관(양성평등정책과장)이 지정하는 양식에 따라 양성평등업무계선으로 개요보고(단, 피해자가 분명히 밝힌 의사에 반하여 본 조항에 따른 업무 금지)하여야 한다.

② 영관급 이상 및 군 수사기관 연루 · 언론보도(예상) · 미성년 성폭행 등 사회 이슈화 가능 사건 등 중대사고의 경우에는 국방부장관(양성평등정책과장)이 지정하는 양식에 따라 양성평등업무계선으로 개요보고 후 최단시간 내 세부내용을 보고하여야 한다.

③ 양성평등담당관은 피해자에게 성폭력 처리절차 및 신고방법 등을 안내한다. 이때 양성평등담당관은 국방부 「부대관리훈령」 제245조 제3항에 따라 신고자가 지휘계통에 따르지 아니하고 상급부대 신고 등을 하였다는 이유로 어떠한 불이익의 처분을 할 수 없다는 규정을 알려주어야 한다.

④ 양성평등담당관은 피해자가 요청(동의)할 경우 성고충전문상담관과 협업하여 피해자 통합지원시스템(상담 · 진료 · 법률지원 등)을 적극 활용할 수 있도록 조치한다.

⑤ 양성평등담당관은 성폭력 처리과정에서 피해자의 의사를 최우선적으로 고려하여 가해자 분리, 보직조정, 2차 피해 방지 등 피해자 보호를 위한 조치를 관련 부대(서)장에게 건의할 수 있다.

⑥ 피해자의 신상노출 방지를 위하여 보고계통 및 관련 인원을 최소화한다.

⑦ 성폭력 관련 고충을 접수한 양성평등담당관은 위 제1항부터 제6항까지의 규정에 따른 제반사항에 대해 조치를 하고, 이를 묵인하거나 은폐 · 조작하여서는 아니된다.

제102조(양성평등담당관 활동비 사용) 활동비는 목적과 취지에 부합되도록 양성평등담당관이 사용하되, 5년차 미만 여성인력에 대한 1:1 개별상담과 초임간부 전입교육 및 간담회, 계급별 간담회 등 활동에 연중 균형되게 사용한다.

제103조(운영세칙) 양성평등담당관 운영에 관하여 필요한 사항은 국방부 및 직할부대, 각 군이 따로 정할 수 있다.

제104조(재검토기한) 국방부장관은 이 훈령에 대하여 2019년 1월 1일 기준으로 매 3년이 되는 시점(매 3년째의 12월 31일까지를 말한다)마다 그 타당성을 검토하여 개선 등의 조치를 하여야 한다.

참고문헌

강성영, "국제형사재판소의 전시 성폭력범죄의 처벌과 개인의 형사책임 형태에 관한 고찰", 『국제법학회논총』 제65집 4호, 2020.

고성진, "훈육대장의 변혁적 리더십이 생도들의 학습동기와 생활만족에 미치는 영향", 영남대학교 박사학위논문, 2010.

고익환, "삶과 직업관", 『인문과학연구』 제23집, 2002.

공군본부, 팸플릿 "공군 핵심가치 실천", 2020.

곽만연 · 이학춘, 『현대사회와 직업윤리』, 중앙경제사, 2000.

곽우영 외, 『군대윤리』, 진영사, 2009.

국방부, 『간부용 군대윤리』, 국군인쇄창, 2016.

______, 『정신전력지도지침서』, 1997.

______, 『군대윤리』, 2004.

______, 『정신교육 기본교재』, 2008.

______, 『정신전력 기본교재』, 2019.

국방부 군사편찬연구소, 『이라크 전쟁과 안정화작전』, 국군인쇄창, 2014.

국방일보, "밴 플리트 중위의 마지막 편지", 2016.7.18 보도.

_______, 기획보도 "하나의 육군, 핵심가치로 결집하다 Ⅰ~Ⅴ편", 2020.5.8~13.

국제적십자위원회, "국제인도법 기본규칙", https://kr.icrc.org/ihl/introduction/

권정희, "전시 여성 성범죄 예방을 위한 방안", 대진대학교 통일대학원 석사학위 연구보고서, 2017.

그리스도교 철학연구회, 『현대사회와 평화』, 서광사, 1991.

김남권 외, 『군대윤리와 충효예 교육』, 진영사, 2003.

김동일 외, 『현대인의 직업윤리』, 문음사, 1995.

김성우, 『국가관과 군대윤리』, 진영사, 2014.

김성진, "한국 육군의 장교단 충원제도의 직업안정성에 관한 연구", 국민대학교 박사학위논문, 2015.

김순현, 『최신군사용어한영사전』, 2006.

김영석, 『국제인도법』, 박영사, 2012.

김진표 의원실(2019.10.7), 2018~2022 여군인력 확대 계획.

김찬환 외 5인(2010), 『시사논술 개념사전』, 파주: Book 21 아울북.

김형구 "국제법상 전후법(Jus Post Bellum)에 관한 현대적 논의: 개념과 원칙을 중심으로", 『국제법학회논총』 제54호, 2009.

김희진, "전쟁과 여성", 『기독교사상』 2016.3.

남기봉 외, 『군대윤리』, 2016.

남성욱 외, "북한의 급변사태 이후 효율적인 안정화와 통합전략: 미군의 안정화 작전을 중심으로" 『국방연구』 제59권, 2016.

노엄 촘스키 · 하워드 진 외, 『미국의 이라크 전쟁』, 도서출판 북막스, 2002.

다야치카코 지음, 이민효 외 옮김, 『전쟁범죄와 법』, 연경문화사, 2010.

류두원 · 차동욱 · 김정식 · 류두진, "팀장의 윤리적 리더십이 조직 구성원의 조직 시민행동에 미치는 영향에 관한 실증연구: 조직공정성과 직무만족의 매개역할을 중심으로", 『산업혁신 연구』 제28권 제4호, 2012.

류명수 외, 『실천하고 행동하는 군대윤리』, 학지사, 2007.

류인자, "청소년들의 직업관과 직업선호도에 대한 연구", 연세대학교 석사학위논문, 1999.
막스 베버 지음, 박문재 옮김, 『프로테스탄티즘의 윤리와 자본주의 정신』, 현대지성, 2018.
문주호, "윤리적 리더십이 구성원의 태도 및 행동에 미치는 영향에 관한 연구", 동신대학교 석사학위논문, 2014.
문화일보(2020.7.10) 보도, "군 성범죄 적발 최근 5년간 연 1232건".
박병기 · 추병완, 『윤리학과 도덕교육』, 인간사랑, 2011.
박보식, 『리더십』, 대영문화사, 2019.
박수근 외, 『실천하고 행동하는 군대윤리』, 글로벌, 2009.
박유진, 『현대사회의 조직과 리더십』, 민음사, 2007.
박정호, "윤리적 리더십과 공공봉사동기에 관한 연구", 『한국인사행정학회보』 제16권 제2호, 2017.
박정화 · 심동철, "윤리적 리더십이 공공조직 구성원의 업무열의에 미치는 영향", 『한국인사행정학회보』 제17권 제2호, 2018.
배영기, "직업윤리에 관한 교육학적 연구", 단국대학교 대학원 석사학위논문, 1990.
법률신문(2020.9.7.) 보도, "국제형사재판소 '성노예'에 관한 첫 유죄판결 선고".
브라이언 타이어니, 『서양 중세사』, 집문당, 1998.
신원하, 『전쟁과 정치』, CLC, 2003.
신재현, "이라크전 분석을 통한 미래전 수행 발전방향", 『군사연구』 제121호, 2005.
양한주, "중학생의 직업 가치관과 직업선호도에 관한 연구", 서울대학교 대학원 석사학위논문, 1998.
여성가족부(2021), 「제2차 양성평등정책 기본계획(2018~2022)」.
연합뉴스(2018.10.05.) 보도, "'전쟁 성범죄'에 맞선 노벨평화상 2인… "정의는 모든 사람의 일"".
요한 갈퉁, 『평화적 수단에 의한 평화』, 들녘, 2000.

유기동, "윤리적 리더십이 제언행동, 업무성과 및 일탈행동에 미치는 영향 연구", 성균관대학교 박사학위논문, 2017.

육군교육사령부, 『국가와 안보(Ⅰ)』, 2020.

육군본부, 『장교의 도』, 1997.

________, 『내적가치 함양! 위국헌신의 참다운 육군』, 2018.

________, 『초급간부 자기계발서 리더십』, 2018.

________, 육지시 제20-1001호, "2020년 공보정훈업무수행 지시", 2020.

윤대혁, 『현대사회와 직업윤리』, 무역경영사, 2001.

윤정일 외, 『교육행정학 원론』, 학지사, 2007.

이동기, "2차 대전 종전 뒤안, 강간과 학살의 기억", 한겨레21, 2015, 5.

이민수, 『전쟁과 윤리』, 철학과 현실사, 1998.

______, 『전쟁과 리더: 윤리와 덕목』, 철학과 현실사, 2013.

이병태(2016), 『법률용어사전』.

이상금 외, 『행동하는 양심 군대운리』, 글로벌, 2014.

이성찬, "장기복무 제대군인의 취업지원제도 개선에 관한 연구", 경희대학교 행정대학원, 석사학위논문, 2004.

이재평 외, 『행동하는 양심 군대윤리』, 글로벌, 2014.

________, 『직업군인론』, 글로벌, 2016.

이택호 외, 『군대윤리』, 2003.

이혜정, "전쟁의 도덕성에 대한 철학적 고찰", 『철학연구』 제65호, 2004.

임경택, "군조직에서의 리더십 발전방향: 군 리더십과 이론의 관계를 중심으로", 공주대학교 석사학위논문, 2007.

정상근, "독일 연방군 내적지휘 철학의 한국적 적용", 『정신전력연구』 제58호, 2019.

정재민, 『불멸의 화랑』, 황금알, 2017.

조승옥 외, 『군대윤리』, 봉명사, 2003.

조은영, "군 리더의 도덕교육 발전방향에 대한 연구", 화랑대연구소, 2013.

조은영 외, 『사례중심 군대윤리』, 집문당, 2017.
존 듀이 지음, 강윤중 옮김, 『경험과 교육』, 배영사, 2018.
존 메릴스, 『국제분쟁의 해결방법』, 교육과학사, 1998.
철학연구회, 『정의로운 전쟁은 가능한가』, 철학과 현실사, 2006.
최조웅, 『현대인의 직업윤리』, 형설출판사, 1991.
클라우제비츠 지음, 김홍철 옮김, 『전쟁론』, 민음사, 1994.
하지윤, "동양의 직업윤리사상", 동아대학교 교육대학원 석사학위논문, 2004.
『한국경제용어사전』(2018).
한국직업능력개발원, 취업 및 직업통계자료, 2020.
한만민 외, 『군 초급간부를 위한 군대윤리』, 진영사, 2018.
해군본부, 팸플릿 "해군 핵심가치 실천", 2020.
홍치모, 『칼빈의 경제윤리』, 성광문화사, 1985.
황보식, "군(軍) 리더십을 매개로 한 윤리적 문제성 고찰 및 결심방안에 관한 연구: 베트남 전쟁 시 미군의 군대윤리를 중심으로", 『대한정치학회보』 제23집 제3호, 2015.
황재규, 『현대사회와 인간』, 공동체, 2017.

Brown, M. E., and Trevino, L. K., "Ethical leadership: A review and future directions," *The Leadership Quarterly* Vol. 89, No. 4, 2006.
Epitropaki and Martin, "Implicit leadership theories in applied settings: Factor structure, generalizability, and stability overtime," *Journal of Applied Psychology* Vol. 89, No. 2, 2004.
Gebert D., Heinitz, K., and Buengeler. C., "Leaders' charismatic leadership and followers' commitment: The moderating dynamics of value erosion at the societal level," *The leadership quarterly* Vol. 27, 2016.
Gebhardt, Miriam., *Crimes Unspoken: The Rape of German Women at the End of the Second World War*, Nick Somers trans, Polity Press, 2020.
Gini, A., *Ethics, the heart of leadership*, CT: Quorum Books, 1998.

Gushee, David P., "Just war divide: one tradition, two views," *The Christian Century* Vol. 17, 2002.

Himes, Kenneth R., *Drones and the Ethics of Targeted Killing*, Rowman & Littlefield Publishers, 2016.

Katz, K., and Kahn, R. L., "Leadership Practices in Relation to Productivity and Morale," In Cartwright, E., and Zander, A. (eds), *Group dynamics*, New York: Harper and Row, 1953.

Koontz, H., and O'donell, C., *Principle of Management* (2nd ed), New York: McGraw-Hill Book Company, 1959.

Allman, Mark J. Winright, Tobias L. *After the Smoke Clears: The Just War Tradition and Post-War Justice*, Orbis Books, 2010.

Marion, R., and M. Uhl-Bien., "Leadership in Complex Organizations," *The Leadership Quarterly* Vol. 12, 2001.

Northouse, P. G., *Leadership: Theory and Practice* (7th ed), CA: SAGE, 2016.

Orend, Brian., *War and Internatioanal Justice: a Kantian Perspective*, Waterloo: Wilfrid Laurier University Press, 2000.

Ramsey, Paul., *The Just War: Force and Political Responsibility*, University Press of America, 2002.

Simpson, Thomas W., Muller, Vincent C. "Just War And Robots' Killings," *Philosophical Quarterly* Vol. 66, 2016.

Walzer, Michael., *Just and Unjust Wars*, Basic Books, 1977.

대한민국 헌법(10호), "제5조 1, 2항", 1987.

대한민국 헌법(10호), "제39조 1항", 1987.

법률 제14180호, "군 인사법", 2016.

법률 제16584호, "군인의 지위와 복무에 관한 기본법", 2019.

법률 제17684호, "병역법 제3조 1항", 2020.

군인 징계령 시행규칙[국방부령 제1029호, 2020.7.28, 일부개정].

국방 양성평등 지원에 관한 훈령[국방부훈령 제2441호, 2020.7.1].

성폭력범죄의 처벌 등에 관한 특례법(2021.1.21, 법률 제17507호).

양성평등기본법[법률 제12844호(2014.11.19), 법률 제18099호 (2021.4.20)].

유엔 안전보장이사회 결의 제808호(1993.2.22), 제827호(1993.5.3.), 제1820호 (2008.6.19).

찾아보기

인물

용어

ㄱ

ㄴ

ㄷ

ㄹ

저자

고 성 진

건국대학교를 졸업하고 ROTC 31기로 임관하여 공보정훈장교로서 야전 및 정책부서에서 주요 참모를 역임하였다. 특히, 육군훈련소, 육군3사관학교, 종합행정학교, 국방정신전력원 등에서 정신전력교육 및 교수법 교관을 담당하면서 군 정신전력교육과 교수법 발전에 크게 기여하였다. 영남대학교에서 교육학 박사학위를 취득하고 현재는 육군리더십센터에서 리더십교관으로 근무하면서 육군의 리더십 발전과 간부들의 리더십 수준 향상을 위해 헌신하고 있다. 주요 저서로는 『군사교육학의 이론과 실제』, 『군사학개론』 등이 있으며, 정신전력과 리더십, 교육학 관련 다수의 연구논문이 있다.

김 병 진

인천대학교를 졸업하고 ROTC 31기로 임관하여 전후방 각급 부대에서 지휘관 및 참모를 역임하였다. 특히, 현역 시절 국군체육부대에서 훈련과장, 군체육 연구장교 등으로 근무하면서 군 체육발전에 공헌하였다. 육군 소령으로 전역 후 문경대학교 군사학과를 거쳐 현재는 영남이공대학교 군사학과 교수로 재직하면서 후학양성에 매진하고 있다. 안동대학교에서 체육학 전공으로 이학박사학위를 취득하였으며, 대한민국 소프트발리볼협회 부회장, 대구광역시 유도회 이사로 활동하고 있다. 주요 저서로는 『국방체육』, 『테러 및 대테러학개론』 등이 있으며, 국방체육 관련 다수의 연구논문이 있다.

나 승 학

경북대학교 정치학 박사를 취득하고, 경북대학교와 청주대학교 초빙교수를 거쳐, 현재 동명대학교 군사학과 전임교수 및 학과장으로 재직 중이다. 주요 연구로는 국제정치, 군사사, 리더십, 독도관련 분야로 탈냉전 이후 한미동맹의 변화요인에 관한 연구, 임진왜란기 조선 수군 진영 전염병의 발생 실태와 영향, 군 리더의 위기관리 역량 강화방안 연구 등의 다수 논문이 있다.

강 찬 영

육군 소령으로 군종목사(61기)로 임관하여 전후방 각급 부대에서 군종참모로 근무하면서 군 신앙전력강화에 크게 공헌하고 있으며, 현재는 육군3사관학교 군종실장으로 재직 중에 있다. 아울러 미(美) 육군 군종고군반(OAC)을 수료하였고, 미(美) Columbia Theological Seminary 객원 연구원으로서 근무한 이력을 가지고 있다. 특히, 고신대학교에서 목회학과 철학신학으로 석사학위를 취득하였고, 동대학에서 기독교윤리학 박사과정 수료하고 학위 취득을 위한 연구 중에 있다.